全国高职高专院校药学类与食品药品类专业“十三五”规划教材

化工制图技术

（供药学、中药学、药品生产技术专业用）

主　编　朱金艳
副主编　刘喜红
编　者（以姓氏笔画为序）
朱金艳（天津生物工程职业技术学院）
刘喜红（湖南食品药品职业学院）
杜　静（天津市医疗器械研究所）
李　燕（天津生物工程职业技术学院）
郑淑琴（长江职业学院）
黄　潇（江西中医药大学）
鲍　娜（湖南食品药品职业学院）

中国健康传媒集团
中国医药科技出版社

内 容 提 要

本教材是全国高职高专院校药学类与食品药品类专业“十三五”规划教材之一，根据化工制图技术教学大纲的基本要求和课程特点编写而成，内容上涵盖了五个项目，即设备的认识、识图基础、零件图的绘制与阅读、化工设备图的绘制与阅读等。本教材具有教学做一体，难度适中，以学生为主体，动手动脑结合，具有启发性和实用性等特点。还编写了《化工制图技术习题册》，与本教材配套使用。

本教材供药学、中药学、药品生产技术专业使用。

图书在版编目（CIP）数据

化工制图技术/ 朱金艳主编．—北京：中国医药科技出版社，2017. 3

全国高职高专院校药学类与食品药品类专业“十三五”规划教材

ISBN 978－7－5067－8804－5

Ⅰ. ①化… Ⅱ. ①朱… Ⅲ. ①化工机械－机械制图－高等职业教育－教材 Ⅳ. ①TQ050. 2

中国版本图书馆 CIP 数据核字（2016）第 305516 号

美术编辑 陈君杞
版式设计 张 璐

出版 **中国健康传媒集团**｜中国医药科技出版社
地址 北京市海淀区文慧园北路甲 22 号
邮编 100082
电话 发行：010－62227427 邮购：010－62236938
网址 www. cmstp. com
规格 787×1092mm 1/16
印张 14 3/4
字数 296 千字
版次 2017 年 3 月第 1 版
印次 2023 年 8 月第 4 次印刷
印刷 三河市万龙印装有限公司
经销 全国各地新华书店
书号 ISBN 978－7－5067－8804－5
定价 39. 00 元（共 2 册）

获取新书信息、投稿、为图书纠错，请扫码联系我们。

出 版 说 明

全国高职高专院校药学类与食品药品类专业“十三五”规划教材（第三轮规划教材），是在教育部、国家食品药品监督管理总局领导下，在全国食品药品职业教育教学指导委员会和全国卫生职业教育教学指导委员会专家的指导下，在全国高职高专院校药学类与食品药品类专业“十三五”规划教材建设指导委员会的支持下，中国医药科技出版社在2013年修订出版“全国医药高等职业教育药学类规划教材”（第二轮规划教材）（共40门教材，其中24门为教育部“十二五”国家规划教材）的基础上，根据高等职业教育教改新精神和《普通高等学校高等职业教育（专科）专业目录（2015年）》（以下简称《专业目录（2015年）》）的新要求，于2016年4月组织全国70余所高职高专院校及相关单位和企业1000余名教学与实践经验丰富的专家、教师悉心编撰而成。

本套教材共计57种，均配套“医药大学堂”在线学习平台。主要供全国高职高专院校药学类、药品制造类、食品药品管理类、食品类有关专业［即：药学专业、中药学专业、中药生产与加工专业、制药设备应用技术专业、药品生产技术专业（药物制剂、生物药物生产技术、化学药生产技术、中药生产技术方向）、药品质量与安全专业（药品质量检测、食品药品监督管理方向）、药品经营与管理专业（药品营销方向）、药品服务与管理专业（药品管理方向）、食品质量与安全专业、食品检测技术专业］及其相关专业师生教学使用，也可供医药卫生行业从业人员继续教育和培训使用。

本套教材定位清晰，特点鲜明，主要体现在如下几个方面。

1.坚持职教改革精神，科学规划准确定位

编写教材，坚持现代职教改革方向，体现高职教育特色，根据新《专业目录》要求，以培养目标为依据，以岗位需求为导向，以学生就业创业能力培养为核心，以培养满足岗位需求、教学需求和社会需求的高素质技能型人才为根本。并做到衔接中职相应专业、接续本科相关专业。科学规划、准确定位教材。

2.体现行业准入要求，注重学生持续发展

紧密结合《中国药典》（2015年版）、国家执业药师资格考试、GSP（2016年）、《中华人民共和国职业分类大典》（2015年）等标准要求，按照行业用人要求，以职业资格准入为指导，做到教考、课证融合。同时注重职业素质教育和培养可持续发展能力，满足培养应用型、复合型、技能型人才的要求，为学生持续发展奠定扎实基础。

3. 遵循教材编写规律，强化实践技能训练

遵循“三基、五性、三特定”的教材编写规律。准确把握教材理论知识的深浅度，做到理论知识“必需、够用”为度；坚持与时俱进，重视吸收新知识、新技术、新方法；注重实践技能训练，将实验实训类内容与主干教材贯穿一起。

4. 注重教材科学架构，有机衔接前后内容

科学设计教材内容，既体现专业课程的培养目标与任务要求，又符合教学规律、循序渐进。使相关教材之间有机衔接，坚持上游课程教材为下游服务，专业课教材内容与学生就业岗位的知识和能力要求相对接。

5. 工学结合产教对接，优化编者组建团队

专业技能课教材，吸纳具有丰富实践经验的医疗、食品药品监管与质量检测单位及食品药品生产与经营企业人员参与编写，保证教材内容与岗位实际密切衔接。

6. 创新教材编写形式，设计模块便教易学

在保持教材主体内容基础上，设计了“案例导入”“案例讨论”“课堂互动”“拓展阅读”“岗位对接”等编写模块。通过“案例导入”或“案例讨论”模块，列举在专业岗位或现实生活中常见的问题，引导学生讨论与思考，提升教材的可读性，提高学生的学习兴趣和联系实际的能力。

7. 纸质数字教材同步，多媒融合增值服务

在纸质教材建设的同时，还搭建了与纸质教材配套的“医药大学堂”在线学习平台（如电子教材、课程PPT、试题、视频、动画等），使教材内容更加生动化、形象化。纸质教材与数字教材融合，提供师生多种形式的教学资源共享，以满足教学的需要。

8. 教材大纲配套开发，方便教师开展教学

依据教改精神和行业要求，在科学、准确定位各门课程之后，研究起草了各门课程的《教学大纲》(《课程标准》)，并以此为依据编写相应教材，使教材与《教学大纲》相配套。同时，有利于教师参考《教学大纲》开展教学。

编写出版本套高质量教材，得到了全国食品药品职业教育教学指导委员会和全国卫生职业教育教学指导委员会有关专家和全国各有关院校领导与编者的大力支持，在此一并表示衷心感谢。出版发行本套教材，希望受到广大师生欢迎，并在教学中积极使用本套教材和提出宝贵意见，以便修订完善，共同打造精品教材，为促进我国高职高专院校药学类与食品药品类相关专业教育教学改革和人才培养作出积极贡献。

中国医药科技出版社

2016年11月

教材目录

序号	书　名	主　编	适用专业
1	高等数学（第2版）	方媛璐　孙永霞	药学类、药品制造类、食品药品管理类、食品类专业
2	医药数理统计*（第3版）	高祖新　刘更新	药学类、药品制造类、食品药品管理类、食品类专业
3	计算机基础（第2版）	叶　青　刘中军	药学类、药品制造类、食品药品管理类、食品类专业
4	文献检索	章新友	药学类、药品制造类、食品药品管理类、食品类专业
5	医药英语（第2版）	崔成红　李正亚	药学类、药品制造类、食品药品管理类、食品类专业
6	公共关系实务	李朝霞　李占文	药学类、药品制造类、食品药品管理类、食品类专业
7	医药应用文写作（第2版）	廖楚珍　梁建青	药学类、药品制造类、食品药品管理类、食品类专业
8	大学生就业创业指导	贾　强　包有或	药学类、药品制造类、食品药品管理类、食品类专业
9	大学生心理健康	徐贤淑	药学类、药品制造类、食品药品管理类、食品类专业
10	人体解剖生理学*（第3版）	唐晓伟　唐省三	药学、中药学、医学检验技术以及其他食品药品类专业
11	无机化学（第3版）	蔡自由　叶国华	药学类、药品制造类、食品药品管理类、食品类专业
12	有机化学（第3版）	张雪昀　宋海南	药学类、药品制造类、食品药品管理类、食品类专业
13	分析化学*（第3版）	冉启文　黄月君	药学类、药品制造类、食品药品管理类、食品类专业
14	生物化学*（第3版）	毕见州　何文胜	药学类、药品制造类、食品药品管理类、食品类专业
15	药用微生物学基础（第3版）	陈明琪	药品制造类、药学类、食品药品管理类专业
16	病原生物与免疫学	甘晓玲　刘文辉	药学类、食品药品管理类专业
17	天然药物学	祖炬雄　李本俊	药学、药品经营与管理、药品服务与管理、药品生产技术专业
18	药学服务实务	陈地龙　张　庆	药学类及药品经营与管理、药品服务与管理专业
19	天然药物化学（第3版）	张雷红　杨　红	药学类及药品生产技术、药品质量与安全专业
20	药物化学*（第3版）	刘文娟　李群力	药学类、药品制造类专业
21	药理学*（第3版）	张　虹　秦红兵	药学类，食品药品管理类及药品服务与管理、药品质量与安全专业
22	临床药物治疗学	方士英　赵　文	药学类及食品药品类专业
23	药剂学	朱照静　张荷兰	药学、药品生产技术、药品质量与安全、药品经营与管理专业
24	仪器分析技术*（第2版）	毛金银　杜学勤	药品质量与管理、药品生产技术、食品检测技术专业
25	药物分析*（第3版）	欧阳卉　唐　倩	药学、药品质量与安全、药品生产技术专业
26	药品储存与养护技术（第3版）	秦泽平　张万隆	药学类与食品药品管理类专业
27	GMP 实务教程*（第3版）	何思煌　罗文华	药品制造类、生物技术类和食品药品管理类专业
28	GSP 实用教程（第2版）	丛淑芹　丁　静	药学类与食品药品类专业

序号	书 名	主 编	适用专业
29	药事管理与法规*（第3版）	沈 力 吴美香	药学类、药品制造类、食品药品管理类专业
30	实用药物学基础	邸利芝 邓庆华	药品生产技术专业
31	药物制剂技术*（第3版）	胡 英 王晓娟	药学类、药品制造类专业
32	药物检测技术	王文洁 张亚红	药品生产技术专业
33	药物制剂辅料与包装材料	关志宇	药学、药品生产技术专业
34	药物制剂设备（第2版）	杨宗发 董天梅	药学、中药学、药品生产技术专业
35	化工制图技术	朱金艳	药学、中药学、药品生产技术专业
36	实用发酵工程技术	臧学丽 胡莉娟	药品生产技术、药品生物技术、药学专业
37	生物制药工艺技术	陈梁军	药品生产技术专业
38	生物药物检测技术	杨元娟	药品生产技术、药品生物技术专业
39	医药市场营销实务*（第3版）	甘湘宁 周凤莲	药学类及药品经营与管理、药品服务与管理专业
40	实用医药商务礼仪（第3版）	张 丽 位汶军	药学类及药品经营与管理、药品服务与管理专业
41	药店经营与管理（第2版）	梁春贤 俞双燕	药学类及药品经营与管理、药品服务与管理专业
42	医药伦理学	周鸿艳 郝军燕	药学类、药品制造类、食品药品管理类、食品类专业
43	医药商品学*（第2版）	王雁群	药品经营与管理、药学专业
44	制药过程原理与设备*（第2版）	姜爱霞 吴建明	药品生产技术、制药设备应用技术、药品质量与安全、药学专业
45	中医学基础（第2版）	周少林 宋诚挚	中医药类专业
46	中药学（第3版）	陈信云 黄丽平	中药学专业
47	实用方剂与中成药	赵宝林 陆鸿奎	药学、中药学、药品经营与管理、药品质量与安全、药品生产技术专业
48	中药调剂技术*（第2版）	黄欣碧 傅 红	中药学、药品生产技术及药品服务与管理专业
49	中药药剂学（第2版）	易东阳 刘 葵	中药学、药品生产技术、中药生产与加工专业
50	中药制剂检测技术*（第2版）	卓 菊 宋金玉	药品制造类、药学类专业
51	中药鉴定技术*（第3版）	姚荣林 刘耀武	中药学专业
52	中药炮制技术（第3版）	陈秀瑷 吕桂凤	中药学、药品生产技术专业
53	中药药膳技术	梁 军 许慧艳	中药学、食品营养与卫生、康复治疗技术专业
54	化学基础与分析技术	林 珍 潘志斌	食品药品类专业用
55	食品化学	马丽杰	食品类、医学营养及健康类专业
56	公共营养学	周建军 詹 杰	食品与营养相关专业用
57	食品理化分析技术	胡雪琴	食品质量与安全、食品检测技术、食品营养与检测等专业用

*为“十二五”职业教育国家规划教材。

全国高职高专院校药学类与食品药品类专业“十三五”规划教材

前言

PREFACE

本教材编写以《中华人民共和国工人技术等级对识图绘图能力的要求》为依据，按照全国高职高专院校药学类与食品药品类专业“十三五”规划教材的编写思路、原则与要求组织编写的。同时，还编写了《化工制图技术习题册》，与本教材配套使用。

随着化工行业的飞速发展，对懂得本行业相关知识的高级技术操作人员的需求越来越迫切。在化工类各专业知识技能需求的调研中，我们发现具备本专业制图和识图技能的人才需求尤为突出。一直以来《机械制图》作为制图类的典型教材得到非机械制图专业的应用，但专业特色又驱使《化工制图技术》的诞生，我们在《机械制图》的基础上，丰富化工行业需要的知识，剪除不必要的内容，以实用和够用为原则，将学与做紧密联系起来。化工制图的基本方法与机械制图基本方法相同，但在应用中有自己的特点和重点。

本教材强化化工专业制图的内容，突出化工行业特点。教材内容安排符合教学规律，体现循序渐进的原则，在教材内容和文字叙述方面，注重语言简练、简明易懂，主要让学生知道是什么、怎么读图、怎么画图，不强调为什么，比较适合以应用为目的的制图教学。教材遵循“三基、五性、三特定”的教材建设规律，注意把握理论知识的深浅度，做到理论知识“必需、够用”，不过分强调理论知识的系统性和完整性。在教材的编写过程中，我们坚持与时俱进，注意吸收新知识、新技术、新方法，适当拓展知识面，为学生后续发展奠定必要的基础。

为了体现职业教育的职业性、实践性和开放性，我们邀请有实践经验的企业工程技术人员参加编写工作，体现药品生产经营特色，有针对性地编写了本教材。结合实训基地情况，充分考虑学生进入企业的工作需要，尽力满足药学、中药学、药品生产技术等专业高职高专学生对识图技能学习的需求，为制药设备等后续课程奠定基础。我们集中多年的教学积累，总结实践经验，参考许多相关行业的书籍与资料，将课堂内容、实践内容、动手操作、习题密切结合，教学做一体，方便学生的学习，满足学生的要求。

本教材内容包括五个项目。项目一设备的认识，以图片及说明的形式展示了原料药生产设备、制剂生产设备，并在本项目中介绍了化工企业常用的公用设备例如制水设备等，让同学们对企业生产有真切的认识。项目二介绍识图基础和国家标准的一些基本规定。本项目分为六个任务，从初识绘图工具、平面绘图、三视图、轴测图及物体的表达方式几方面介绍了绘图的基础知识。教学内容多出课时，任课教师可根据不同专业、不同课时酌情删减。项目三零件图的绘制与阅读，本项目介绍了零件图的基本内容、零件图尺寸标注方法及标注尺寸的注意事项、零件图上技术要求的注法、零件图的阅读方法。项目四介绍化工设备图的识图、画法特点和设备图应包含的内容。对同学进入企业了解设备结构有一定的帮助。项目五工艺流程图是在生产中应用较广泛的一类图样，要求同学能够读懂并能绘制简单的流程框图及施工流程图。可结合各院校现有流程模型，实测绘制，与实际对照并能清楚地认识工艺流程的实际情况。

本教材由朱金艳主编，具体分工为：朱金艳编写项目一及项目二的部分内容，刘喜红编写项目二部分内容及附录，鲍娜编写项目二部分内容，郑淑琴编写项目三，李燕编写项目四，黄潇编写项目五。全书由朱金艳、杜静统稿。

由于编者的水平有限、时间仓促，难免有不足之处，望用书师生提出宝贵意见以备再版修改，在此表示感谢。

编　者

2016 年 9 月

目录

CONTENTS

项目一

设备的认识

学习目标

知识要求 **1. 掌握** 各种典型企业生产设备相关知识。
2. 熟悉 企业生产环境。
3. 了解 企业典型设备的维护保养知识。

技能要求 1. 学会对典型设备主要结构的认知。
2. 基本掌握药品生产企业设备布置及生产流程。

案例导入

案例： 人们生病的时候都会吃些药，药品的质量关系到人们的健康甚至生命，因此对于药品的生产设备、生产过程有着极其严格的要求。

讨论： 1. 你了解制药设备吗？
2. 你知道药品是怎样生产出来的吗？

拓展阅读

对药品生产车间的了解

图1-1 针剂生产过程

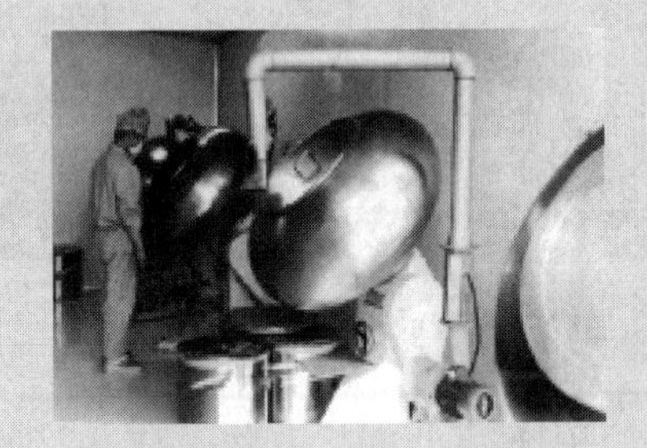

图1-2 生产过程

图1-3 无菌生产

图1-4 老师带领学生实际操作设备

任务一　典型设备的认识

一、原料药生产设备

（一）塔体

精馏过程是利用混合液中各组分具有不同挥发度，将各组分分离并达到规定的纯度要求；即同一温度下各组分的蒸气分压不同，使液相中轻组分转移到气相，气相中的重组分转移到液相，实现组分的分离。制药生产中就是利用精馏原理回收酒精（图1－5），采用精馏的设备称之为精馏塔。精馏塔主要由塔体、冷凝器、再沸器三个部分组成。大型塔见图1－6所示。

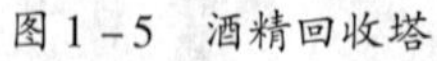

图1－5　酒精回收塔

图1－6　大型塔

（二）罐体

1. 反应器　用来进行化学反应的装置，带有搅拌装置的釜式反应器称为反应釜。由于制药工业的规模和产量一般较小，生产以间歇式生产为主。反应釜具有结构简单，互换性大，投资费用相对较小等特点，是化学合成制药生产使用最普遍的一种反应器。除了用于完成卤化、烃化、硝化、缩合等制药单元反应操作，还可以用来完成结晶、蒸馏、蒸发、加热、冷却、物料混配等物理单元操作。

反应釜材质一般有碳锰钢、不锈钢、锆、镍基（哈氏、蒙乃尔）合金及其他复合材料，以满足耐酸、耐高温、耐磨损、抗腐蚀等不同工作环境的工艺需要。搅拌器有锚式、框式、桨式、涡轮式、刮板式、组合式，转动机构可采用摆线针轮减速机、无级变速减速机或变频调速等，可满足各种物料的特殊反应要求。加热、冷却可采用夹套、半管、盘管、米勒板等结构，加热方式有蒸汽加热、电加热（图1－7）、导热油加热等。

2. 沉淀罐　为了提高中药提取液的纯度及澄明度，生产中常采取水提醇沉或醇提水沉工艺进行纯化，沉淀罐就是被广泛采用的纯化设备（图1－8）。沉淀罐是由附夹套的椭圆封头、锥形底的圆筒体，内装三叶搅拌以及特殊的微调旋出液管等组装而成；设备一般采用不锈钢制造，内部进行抛光处理。夹套内夹套中可通低温冷却水，可进行低温冷冻沉降，使液固进行分离。传动部位采用机械密封、防爆电机，部分沉淀罐还配有高压水自动喷淋清洗系统，确保生产过程安全，符合GMP要求。

图1－7　电加热反应釜　　　　图1－8　酒精沉淀罐

3. 多功能提取罐　是医药化工中常用的浸出提取设备，广泛应用于中药的水煎、温浸、热回流、芳香成分提取等工艺操作中。根据罐体形状，可分为直筒式、直锥式、斜锥式、倒锥式、蘑菇式。根据是否带有搅拌器，分为动态和静态两大类。多功能提取罐罐体外有夹套，用于蒸汽加热，罐体底部设有气动排渣门和锁紧装置，顶部设有进料口和多个能与其他设备连接的接口。

4. 球形浓缩罐　是用于制药生产中料液的浓缩、蒸馏及有机溶媒回收的常用设备，主要由浓缩罐主体、冷凝器、气液分离器、受液桶四个部分组成。该设备可连接真空系统，进行减压浓缩。减压条件下，料液沸点降低，故浓缩时间短，且不会破坏热敏性物料。目前生产中使用的球形浓缩罐与物料接触部分均为不锈钢制造，具有良好的耐腐蚀性能，经久耐用，并符合GMP要求。

二、制剂设备

1. 锤击式粉碎机　有高速旋转的旋转轴，轴上安装有数个锤头，机壳上有衬板，下部有筛板，当物料由加料斗进入粉碎室时，由于高速旋转的锤头的冲击力和剪切作用以及被抛向衬板的撞击力等作用而被粉碎，细粉通过筛板出料，粗料继续粉碎。转子低于临界撞击速度时，由于撞击力太小，起不到撞击作用；而且所有的粒子成圆球状，说明粉碎是由摩擦作用形成的，而不是撞击。

锤击式粉碎机对物料的作用力以撞击及锤击为主，适用于脆性、韧性物料以及中碎、细碎、超细碎等的应用。其结构简单、紧凑，操作方便、安全。适用于粉碎干燥、性脆易碎的药物；不适于黏性药物。

粉碎机由料斗、震荡室（偏心重锤、橡胶软垫、主轴、轴承）、联轴器、电机组成。工作原理：可调节的偏心重锤经电机驱动传送到主轴中心线，在不平衡状态下产生离心力，使物料强制改变在筛内形成轨道漩涡；重锤调节器的振幅根据不同物料和筛网进行调节。

其特点是能连续生产，自动分级筛选；封闭结构，无粉尘；结构紧凑，噪声低，产量高，能耗低；启动迅速，停车平稳；体积小，安装简单，操作维护方便；根据不同目数安装丝网，且更换容易。低温超微粉碎机见图1－9所示。

2. 旋振筛 由振荡器、筛框和筛子组成。开机后，药粉可在筛面旋转振动，从而使粗细粉分开。

3. 三维运动混合机 由机座、传动系统、电器控制系统、多向运动机构、混合筒等组成（图1－10）。机身均由不锈钢制造，且内外壁抛光，无死角，无污染。在主动轴带动下，做周而复始平移、转动、翻滚，加速了物料的流动和扩散，避免了因离心作用而产生的物料的比重偏析和聚集。效率高，混合物料可达最佳状态。各组分可由悬殊的质量比进行混合，且混合时间仅为6～10分钟。混合均匀性可达99%以上。最佳装载容量为料筒的80%，最大装载系数可达0.9。低噪声，低能耗，寿命长，体积小，结构简单，便于操作与维护。混合同时可进行定时、定量喷液。适于不同密度和状态的物料。

图1－9 低温超微粉碎机

图1－10 三维运动混合机

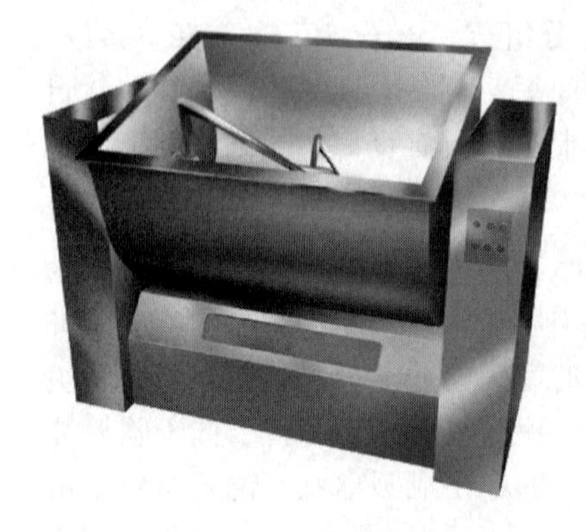

图1－11 槽型混合机

4. 槽型混合机 槽体、机箱外壳体采用不锈钢板制作（图1－11）。搅拌桨叶与槽体之间间隙小，混合无死角。搅拌轴两侧设有密封装置以防止物料外泄。混合效率高，混合效率比一般混合机提高25%以上，能保持物料的完整性，不对外界产生污染。操作方便，出料时将槽体倾斜105°，出料完全，清洗方便。装料量占总容积80%。常用于混合干燥物料的设备，也可用于湿物料，如团块的捏合与混合。

5. 旋转压片机 如图1－12所示，其生产效率高，每小时最高产量可达20万片，可与高速压片机相媲美。

符合 GMP 要求。具有以下特点：①外围罩壳及压片室内部台面均采用不锈钢材料，转台经特殊处理，无毒、光滑、耐磨。②功率大、耐压性强，设有预压导轨，运转平稳，可压制难成形物料。③配有强迫加料装置，可根本改善颗粒的流动性和填充性能，确保加料精度。④配有过载保护装置。压力过载时，报警灯闪亮，并自动停机。⑤采用变频调速，操作方便，安全准确。⑥具有网络通讯功能，可根据用户特殊要求设置该设备地址并在通讯协议规范下数据上传，实现上级对各设备工作与产量进行管理。⑦集中润滑系统，使各润滑点得到充分的润滑。润滑系统具有极高的可靠性，充分发挥了人性化的设计理念，使机器易于清理和保养。⑧传动系统密闭在主体下方蜗轮箱中，是安全分隔的独立部件，既不会互相污染，又使传动部件得到充分的润滑，减少噪声和磨损。⑨特殊的安装结构，应用新型专利使下冲轨道及下压轮的更换和维修变得方便快捷。⑩PLC 和人机界面控制，操作直观简便。

6. 高效无孔包衣机 是中药、西药的片剂、丸剂、微丸、小丸、水丸、滴丸、颗粒制丸等包制糖衣、有机薄膜衣、水溶薄膜衣和缓、控释包衣的一种高效、节能、安全、洁净、电脑控制、符合 GMP 要求的机电一体化设备（图 1－13）。

图 1－12 旋转压片机

图 1－13 高效无孔包衣机

其工作原理是素芯（微丸、小丸或素片等）在洁净、密闭的旋转滚筒内，在流线型导流板的作用下做复杂的轨迹运动，由计算机控制，按优化的工艺参数自动喷洒包衣辅料，同时在负压状态下，热风由滚筒中心的气体分配管一侧导入，洁净的热空气通过素芯层经埋入素芯中密布小孔的鸭嘴形（或卵圆形）风桨汇集到气体分配管的另一侧排出，使喷洒在素芯表面的包衣介质得到快速、均匀的干燥，从而在素芯表面形成一层坚固、致密、平整、光滑的表面薄膜。

本机具备了 BGB－C 系列高效包衣机的所有特点。包衣滚筒为无孔结构，可对 ϕ0.6mm 以上的素芯进行包衣，适应性广。具有特殊结构的配风结构，进、排风配管可根据需要相互调换。不同物料配备不同风桨，风桨可根据工艺需要埋入或离开物料。具有特殊清洗排水装置。

7. 小型制粒机 可将混合的粉末状物制成颗粒，也可将块状的干料粉碎成所需的颗粒

(图1－14)。适用于制药、化工、食品、科研单位、实验室、医院、小型保健品厂小批量生产。

小型制粒机是一种用旋转筒的摇摆作用，通过筛网可将潮湿的粉末原料研成颗粒。小型制粒机可以粉碎储存期间凝成块状的药品。

8. 高效湿法制粒机 适用于医药、化工、食品等行业中粉与粉之混合、粉与黏合剂之造粒（图1－15)。整机由可编程序控制，统一工艺，确保质量稳定，亦可进行手动操作，便于摸索工艺参数和流程。搅拌桨与切割刀均采用变频调速，易于控制颗粒大小。转动轴腔充气密封，消除了粉尘黏结现象。具有自动清洗功能。其圆锥形料槽可使物料翻滚均匀。槽底为夹层，内置水冷循环系统，恒温性能比一般气冷系统好，提高了颗粒质量。锅盖自动提升，出料口与干燥设备相匹配；大机型自带扶梯，便于操作。具有桨叶升降系统，更有利于桨叶和锅体清洗。出料口为圆弧形，杜绝了死角。

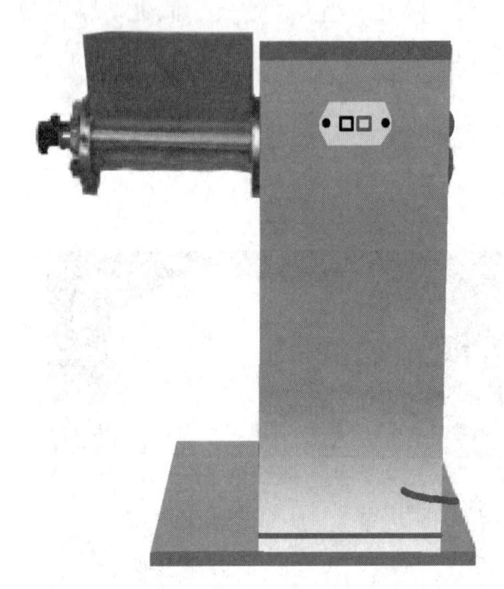

图1－14 小型制粒机

图1－15 高效湿法制粒机

9. 快速整粒机 在制药、化工、食品工业多年运用，效果良好。旋翼过滤机有设计合理的滤网杆件，能粉碎大堆易碎的产品，并根据离心力原理，用特殊孔滤网，仔细筛滤。专用摩擦滤网杆件能扎碎筛滤坚固的粒子，同时磨碎大块聚物，与各种制粒机配套使用，大幅度提高了颗粒的质量。

10. 全自动胶囊填充机 主电机经减速器、链轮带动主传动轴，主传动轴上有两个槽凸轮，和四个盘凸轮。

机器的电器部分采用变频调速系统无级调速、运动平稳，转速由数字显示，操作灵活方便，运动协调准确，工作可靠，效率高。机器填充计量可以根据需要进行调整，机器有较好的适应性，装上各种胶囊规格的附件可生产出相应规格的胶囊（图1－16)。

11. 平板式软（硬）塑泡罩包装机 适用于医疗器械（针头、注射器等)、中西药品、电子元件、化工产品、食品及敏感性防污染物品的包装（图1－17)，可以同步完成塑片的对板加热、负压和正压同时成型、物品充填、板式网纹封合、打印批号、纵横裁切及成品输送的全过程。

图 1-16　全自动胶囊填充机

图 1-17　平板式软（硬）塑泡罩包装机

平板式软（硬）塑泡罩包装机采用 PLC 可编程控制、人机界面操作，属自动化程度较高的机电一体化设备。采用步进或伺服电机和链条夹持组成装置，行程可调。配置光标自动对板装置，保证了包装图案准确定位。打印和压痕的位置可调。模具采用销钉定位，换模方便。

三、常用公用设备

（一）常用管件

管件（图 1-18）是制药生产中常用的机械零件，各种各样的管件与管路结合达到输送药品的目的。

图 1-18　管件

（二）阀门

阀门是管路流体输送系统中的控制部件，用于改变通路断面和介质流动方向，具有导流、截止、调节、节流、止回、分流或溢流卸压等功能（图 1-19）。用于流体控制的阀门，从最简单的截止阀到极为复杂的自控系统中所用的各种阀门，其品种和规格繁多，阀门的公称通径从极微小的仪表阀大至通径达 10m 的工业管路用阀。阀门可用于控制水、蒸汽、油品、气体、泥浆、各种腐蚀性介质、液态金属和放射性流体等各种类型流体的流动，阀门的工作压力可从 0.0013MPa 到 1000MPa 的超高压，工作温度从 -269℃ 的超低温到 1430℃ 的高温。阀门的控制可采用多种传动方式，如手动、电动、液动、气动、蜗轮、电

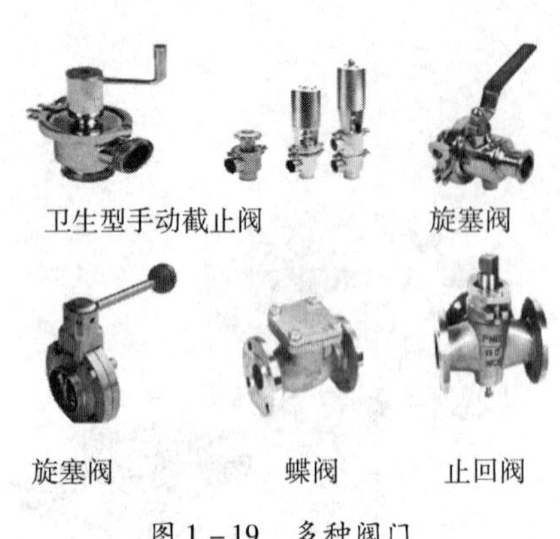

图 1－19 多种阀门

磁动等；可以在压力、温度或其他形式传感信号的作用下，按预定的要求动作，或者不依赖传感信号而进行简单的开启或关闭，阀门依靠驱动或自动机构使启闭件做升降、滑移、旋摆或回转运动，从而改变其流道面积的大小以实现其控制功能。

按作用和用途，阀门可以分为以下几类。

1. 截断阀 截断阀又称闭路阀，其作用是接通或截断管路中的介质。截断阀类包括闸阀、截止阀、旋塞阀、球阀、蝶阀和隔膜等。

2. 止回阀 止回阀又称单向阀或逆止阀，其作用是防止管路中的介质倒流。水泵吸水的底阀也属于止回阀类。

3. 安全阀 安全阀类的作用是防止管路或装置中的介质压力超过规定数值，从而达到安全保护的目的。

4. 调节阀 调节阀类包括调节阀、节流阀和减压阀，其作用是调节介质的压力、流量等。

5. 分流阀 分流阀类包括各种分配阀和疏水阀等，其作用是分配、分离或混合管路中的介质。

（三）常用设备

1. 平板式换热器 通常称为板式换热器（图 1－20），是由一组已冲压出凹凸波纹的长方形薄金属板平行排列，并以密封垫片及夹紧装置组装而成。两相邻板片的边缘衬有垫片，压紧后可达到密封的目的。采用不同厚度的垫片可以调节相邻两板之间的距离，即流体通道的大小。操作时要求板间通道内冷、热流体相间的流动，即一个通道走热流体，其两侧相邻的通道走冷流体。每一块板面都是传热面。每片板的四个角上各开有一个孔道，实际上它是冷、热流体在板面上的进出口。

图 1－20 板式换热器

2. 列管式换热器 又称为管壳式换热器，是应用最广泛的间壁式换热器。主要由壳体、管束、折流挡板、管板和封头等部分组成。管束安装在壳体内，换热器的两端固定在管板上，管板外是封头，供管程流体的进入和流出，以保证各管中流量分配均匀，使其流动情况比较一致。它的突出优点是单位体积具有的传热面积大、结构紧凑、坚固、传热效果好，而且能用多种材料制造，适用性较强，操作弹性大。在高温、高压以及大型装置中多采用列管式换热器。

3. 套管式换热器 是由同心的内管和外套管组成（图 1－21）。冷热流体分别在内管和套管间隙中流动，同时进行换热。这种换热器中的管内和环隙内的流体皆可选用较高的流速，故传热系数较大，并且两流体可安排为纯逆流。内管用 U 型管串联，套管在两端用直管进行连接。套管式换热器结构简单，传热面积容易增减，传热快，易于清洗，拆装方便，流速适宜可呈纯逆流，换热速率大，一般适用于压强较高的场合。符合医药行业 GMP、食品行业等工业冷却（换热）要求。

管段安装用弹簧式螺旋上升方式，固定在中心支架上，可减少占地面积，使各管段与水平面有 5°～10°的倾斜度，药液流过内管无滞留。

4. SS 型三足式离心机 为人工上部卸料、间歇操作的过滤式离心机（图 1－22）。适合分离含固相颗粒≥0.01mm 的悬浮液。固相颗粒可为粒状、结晶状或纤维状等形态，也可供成件物品（如纱束、纺织品等）的脱水。电机带动离合器由三角胶带将动力传递给转鼓，使转鼓绕自身轴线高速回转，形成离心力场。物料从顶部加料管进入转鼓内的离心力场中，离心力迫使物料均匀分布在转鼓壁上进行脱液分离，液相透过固相物料和滤网缝隙，经鼓壁孔甩到机壳空间，从机身底盘出液口排出。固相物料截留在转鼓内，停机后人工上部卸出。

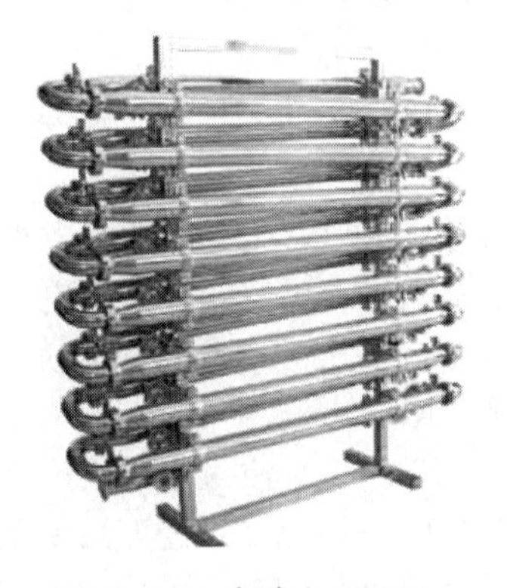

图 1－21 套管式换热器

图 1－22 SS 型三足式离心机

该系统离心机具有结构简单、操作方便，各操作工序可按要求任意调整，滤渣能得到充分洗涤，固相颗粒不易破损，适应性强等特点。

5. 水环式真空泵 利用高速水流通过一个带喇叭口的出水管，高速水流产生负压，抽走气体，产生真空。因为是用水，真空度受水蒸气气压的限制，或者说形成的真空中会有水蒸气。

水环泵最初用作自吸水泵，而后逐渐用于石油、化工、机械、矿山、轻工、医药及食品等许多工业部门。在工业生产的许多工艺过程中，如真空过滤、真空引水、真空送料、真空蒸发、真空浓缩、真空回潮和真空脱气等，水环泵得到广泛的应用。由于真空应用技术的飞跃发展，水环泵在粗真空获得方面一直被人们所重视。由于水环泵中气体压缩是等温的，故可抽除易燃、易爆的气体，此外还可抽除含尘、含水的气体，因此，水环泵应用日益增多。

在泵体中装有适量的水作为工作液。当叶轮顺时针方向旋转时，水被叶轮抛向四周，由于离心力的作用，水形成了一个决定于泵腔形状的近似于等厚度的封闭圆环。水环的下部分内表面恰好与叶轮轮毂相切，水环的上部内表面刚好与叶片顶端接触（实际上叶片在水环内有一定的插入深度）。此时叶轮轮毂与水环之间形成一个月牙形空间，而这一空间又被叶轮分成和叶片数目相等的若干个小腔。如果以叶轮的下部0°为起点，那么叶轮在旋转前180°时小腔的容积由小变大，且与端面上的吸气口相通，此时气体被吸入，当吸气终了时小腔则与吸气口隔绝；当叶轮继续旋转时，小腔由大变小，使气体被压缩；当小腔与排气口相通时，气体便被排出泵外。

综上所述，水环泵是靠泵腔容积的变化来实现吸气、压缩和排气的，因此它属于变容式真空泵。

6. 恒温恒湿净化设备 空气恒温恒湿净化器的净化有被动式净化类（滤网净化类）和主动净化类（无滤网型）。

被动式净化类主要原理是：用风机将空气抽入机器，通过内置的滤网过滤空气，主要能够起到过滤粉尘、异味、有毒气体和杀灭部分细菌的作用。

主动净化设备根据这些产品的主动杀菌原理可分为银离子技术、负离子技术、低温等离子技术、光触媒技术和净离子群离子技术。

7. 医用无油空压机 医用无油空压机并不是空压机，不需要空压机油，而是排出的压缩空气中不含油。这说明它有良好的油气分离性能，它排出的压缩空气适合食品医药等用气。

无油空压机的工作原理是：环境空气吸入空气端使压力与温度升高，经热交换器升温后即进入无油转换器，完全无油的压缩空气经热交换器冷却后再次经后部冷却器冷却后排出压缩机。

8. 药用制水设备 水是药物生产中用量最大、使用最广的一种基本原料，可用于生产过程及药物制剂的制备。制药用水是制药业的生命线。

随着科学技术的不断进步，有关制药用水的制备技术也发生了革命性的改变。注射用水必须由蒸馏工艺制备这一局限早已被突破，技术更先进、更节能、品质更稳定可靠的高纯水（highly purified water，HPW）及其制备工艺早在1975年已经得到正式确认。现在，美国药典已经在其连续7个版本中明确确认了反渗透（RO）为基础的HPW工艺可以作为制取注射用水的法定工艺，并且，历经数十年的医药实践，HPW注射用水生产技术被证明是最先进、可靠的方法之一，以至于在美国的药物专利25条中，反渗透方法是最常用的注射用水生产工艺。现在以RO为基础的HPW已经被许多发达国家确认，成为医用纯化水的标准制备方法之一。

在与国际接轨过程中，《中国药典》亦对医药用水的法定制备方法进行了重新定义。《中国药典》（2000年版）中所收载的制药用水，较以往有很大进步，因其使用的范围不同而分为纯化水、注射用水及灭菌注射用水，首次将过去的蒸馏水改为纯化水，并且对纯化水具体定义为“纯化水为采用蒸馏法、离子交换法、反渗透法或其他适宜的方法制得供药用的水”，实际上放弃了对生产工艺“必须为蒸馏法”的限定，为相关企业采用国际上广为流行的反渗透HPW方法制备纯化水奠定了法理基础。更为重要的是，新的国家药典将注射用水定义为“纯化水经蒸馏所得的水”，从而使RO技术进入注射用水制备过程成为可能。2000年版《中国药典》在制药用水技术上朝国际先进领域迈进了一大步。

任务二 对企业的了解

一、安全生产在化学制药工业中的地位

安全生产及安全管理工作是企业生存和发展的基础，也是国家财产和人民群众生命安

全及健康的根本保证。安全是一切生产活动的保障，化学制药工业生产更是如此。因此，化学制药工业生产与安全、化学制药工业生产与环境之间的关系越来越多地引起大家的关注。化学制药工业的安全生产和环境保护是今后化学制药工业能否持续、高速发展的关键问题。

化学制药工业生产具有易燃、易爆、腐蚀性强，并在生产过程中伴随着高温、高压等特点。化学制药工业的生产特点与其他生产制造业相比，其危险性更大，一旦发生安全生产事故，所造成的人身伤亡事故和经济损失也更为严重，事故后的社会遗留问题也更持久。一般把工业生产中突然发生的破坏性事件称为事故，按其危害对象分为设备事故、工艺事故和人身事故。设备事故的主要后果是造成设备的损伤。工艺事故，也叫操作事故，是指由于操作不当或处理不当所发生的事故。例如因阀门开错造成跑料、冒料，从而造成物料损失；因操作不当使反应条件超越工艺指标范围而出了废品，造成质量损失或产量损失；因加错反应物料使物料长时间不反应造成时间损失。人身事故的主要后果是使人体受到伤害。化学药品对人身的毒害是造成职业病的主要来源，如果不及时加以控制，将导致职工群体体质下降，直接影响生产和职工的人身安全。

因此，安全生产是化学制药工业生产的前提，离开这个前提，任何东西都是子虚乌有，它将导致化学制药工业难以正常运行，甚至不能运行。

装置规模大型化、生产过程连续化是化学制药工业发展的方向之一。连续化生产程度越高，连锁性的安全生产事故也越频繁，一旦发生安全生产事故，所带来的人身伤亡和经济损失也越严重，造成的社会负面影响也越大。

总之，化学制药工业的生产企业若忽视安全生产，将导致重大的灾难性事故发生，由此而引发人员伤亡、生产停顿、供需失调、社会的不安定成分增加。因此，安全生产是化学制药工业实现现代化生产的前提条件。

二、安全生产的基本原则

《中华人民共和国安全生产法》明确规定“安全生产管理，坚持安全第一，预防为主的方针”。安全生产方针为我国安全生产确定了总原则。

“安全第一”，就是在生产劳动过程中，把劳动者的生命安全与健康放在首位，把劳动安全卫生工作作为生产劳动顺利运行的前提和保证。对于各级管理者来说，就是要牢记“以人为本”，只能在保证劳动者安全与健康的前提下，改进工艺、技术、设备；而绝不能不顾安全，片面追求提高产量和产值，片面追求降低消耗和成本，片面追求利润的增加。对于劳动者来说，则要珍惜自己和他人的生命与健康，在进行每项工作时，都要首先考虑在工作中可能存在哪些危险因素或事故隐患，应该采取哪些预防措施来防止事故的发生；同时要严格遵守、执行安全操作规程，杜绝违章操作，以避免伤害自己和他人。当生产与安全发生矛盾时，生产必须服从于安全。

“预防”是实现安全生产、劳动保护的基础。它要求用人单位在整个生产劳动过程中提供符合劳动安全卫生规程和标准的劳动工具及劳动条件和环境，确保“物”处于安全状态；同时通过经常性的宣传、教育、培训提高所有成员（包括各级管理者和劳动者）的安全素质，尽可能减少人的不安全行为和管理缺陷。“预防为主”就是要求把预防事故及职业危害、职业病作为劳动安全卫生工作的重点和目标，变事后处理为事前预防，从立法执法、组织管理、教育培训、技术、设备等方面，采取各种有效措施，发现和治理事故隐患，防止因为生产劳动中存在的物的不安全状态、人的不安全行为以及管理缺陷而导致事故和职业危害、职业病的发生。

三、化学制药工业安全生产、经营的基本内容

1. 消除化学药品在生产、经营过程中的不安全、不健康因素，防止伤亡事故和职业病的发生。

（1）保护职工的安全和健康，防止工伤事故和职业病的危害。

（2）防止其他各类事故的发生，确保人员和财产免受伤害。

2. 基本内容

（1）预防化学制药工业生产、经营中的工伤事故和各类事故的安全技术。如防火、防爆，危险化学品的储存、经营、使用、管理、销毁等安全技术；压力容器、电气设备等操作的安全技术。

（2）预防职业病伤害的安全技术。如防尘、防毒、降噪、通风、现场急救等安全技术。

（3）制定和完善安全技术规范、规定、条例、标准。

四、医药化工操作人员应有的良好习惯

为了国家的利益和自身的安全，保证化工生产安全，医药化工操作人员应有意识地养成一些良好的习惯，避免事故和伤害的发生。这些习惯如下。

1. 加强明火管理，不将火柴、打火机或其他引火物带入生产车间，在生产厂区内不吸烟。

2. 不穿带钉子的鞋进入易燃易爆车间，手持工具时不随便敲敲打打，不在厂房内投掷工具零件。

3. 不使用汽油等易燃液体擦洗设备、用具和衣物；不在室内排放易燃及有毒的液体和气体；不将清洗易燃和有毒物料设备的清洗渣料在室内排放。

4. 在易燃易爆车间内动火检修，要办动火证；进入设备、地沟、下水井时要事先分析可燃物、毒物的液体含氧量；养成认真检查动火证再开始工作的工作习惯。

5. 进入生产岗位，按规定穿戴劳动保护用品。注意车间的气味，当气味异常时要检查出物料泄漏处，带好防护用品进行处理。

五、医疗器械的重点内容

1. 医疗器械产品的分类 医疗器械产品分为以下3类。

第一类医疗器械是指，通过常规管理足以保证其安全性、有效性的医疗器械。

第二类医疗器械是指，对其安全性、有效性应当加以控制的医疗器械。

第三类医疗器械是指，植入人体；用于支持、维持生命；对人体具有潜在危险，对其安全性、有效性必须严格控制的医疗器械。

2. 区分药品与含有药物成分的医疗器械的重点

（1）对于产品中由药品起主要作用、医疗器械起辅助药品作用的（如预装了药品的注射器等），按药品管理。

（2）对于产品中由医疗器械起主要作用、药品起辅助作用的（如含药支架、带抗菌涂层的导管、含药避孕套、含药节育环等），按医疗器械管理。

（3）含抗菌、消炎药品的创可贴按药品管理。

（4）中药外用贴敷类产品作为传统的中药外用贴敷剂，按药品管理。

3. 我国对医疗器械产品生产实行的管理制度 我国对医疗器械实行产品生产注册制度。

生产第一类医疗器械，由设区的市级人民政府药品监督管理部门审查批准，并发给产品生产注册证书。

生产第二类医疗器械，由省、自治区、直辖市人民政府药品监督管理部门审查批准，并发给产品生产注册证书。

生产第三类医疗器械，由国务院药品监督管理部门审查批准，并发给产品生产注册证书。

4. 经营医疗器械产品需具备的资格 分为以下两种情况。

开办第一类医疗器械经营企业，应当向省、自治区、直辖市人民政府药品监督管理部门备案。

开办第二类、第三类医疗器械经营企业，应当经省、自治区、直辖市人民政府药品监督管理部门审查批准，并发给《医疗器械经营企业许可证》。无《医疗器械经营企业许可证》的，工商行政管理部门不得发给营业执照。

5. 医疗器械上市前需要经过临床试验 医疗器械的临床试验分为医疗器械临床试用和医疗器械临床验证。

对市场上尚未出现过，安全性、有效性有待确认的医疗器械，在批准上市前需要进行医疗器械临床试用研究。

对同类产品已上市，其安全性、有效性需要进一步确认的医疗器械，在批准上市前需要进行医疗器械临床验证研究，避免事故和伤害的发生。

6. 医疗器械说明书、标签和包装标识 医疗器械说明书是指由生产企业制作并随产品提供给用户的，能够涵盖该产品安全有效基本信息并用以指导正确安装、调试、操作、使用、维护、保养的技术文件。

医疗器械包装标识是指在包装上标有的反映医疗器械主要技术特征的文字说明及图形、符号。

重点：对各种典型企业生产设备、医疗器械的认识及其安全知识的学习。

难点：典型设备、医疗器械的维护保养知识。

目标检测

1. 上网查找典型制药设备及其作用。(如片剂、胶囊、丸剂生产线等)
2. 医药化工操作人员应有的良好习惯有哪些？
3. 麻醉机有哪些用途？
4. 医疗器械产品分为哪 3 类？
5. 我国对医疗器械产品生产实行什么样的管理制度？
6. 搜集化工行业安全生产事例。

项目二

识图基础

学习目标

知识要求 **1. 掌握** 尺寸标注的方法及平面绘图的方法；三视图的画法以及各视图之间的对应关系。

2. 熟悉 常用绘图工具、绘图用品和测量工具的作用和使用方法。

3. 了解 国家相关标准和规定；轴测图、剖视图的基本概念、分类、形成和画法；圆规的来历，图纸的重要性；中国传统文化的相关内容。

技能要求 1. 熟练运用几何作图方法进行平面绘图。

2. 能准确绘制形体的轴测图、剖视图；能准确进行图纸尺寸的标注；能正确使用绘图基本工具绘制图框、标题栏、书写规范。

3. 会运用形体分析法，准确绘制基本体和组合体的三视图并标注尺寸。

案例导入

案例：1. 如图 2－1 所示为手柄平面图形。

2. 圆规的来历。

3. 习近平总书记对保护好古建筑的重视。

讨论：1. 如何绘出手柄平面图形？

2. 如何进行准确的尺寸标注？

3. 圆规起源于哪个朝代？

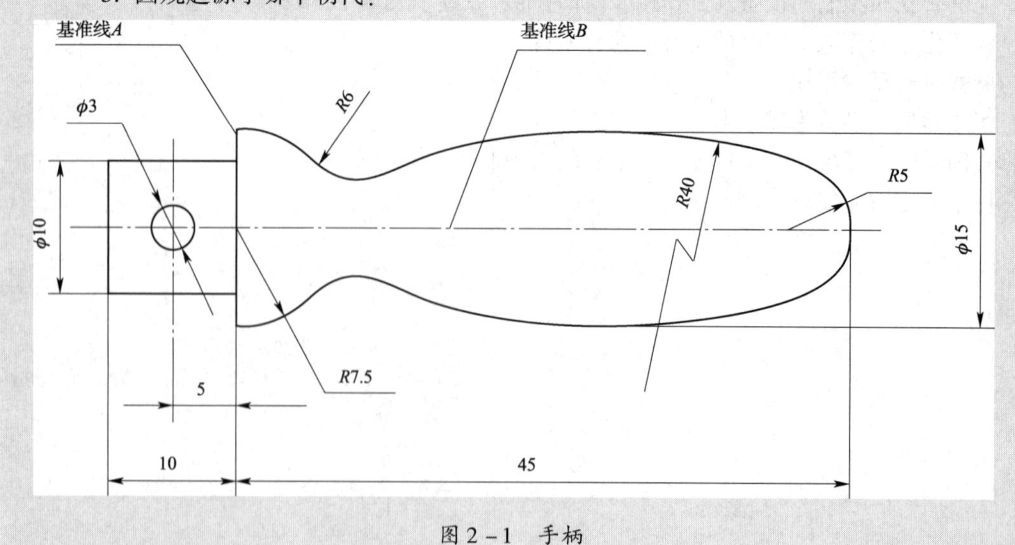

图 2－1 手柄

拓展阅读

线面分析法

对一些复杂的组合体，有时仅用形体分析法还不能完全读懂，这时可从线和面的角度去分析物体的形状。根据线、面的投影特性，分析投影图中每条线段、每一个封闭线框的含义，判断其形状和位置，这种方法称为线面分析法。

读图步骤：

1. 抓住特征分清线、面。

（1）运用投影特征，分析线、线框含义。

线：交线、外形素线、积聚线。

线框：面（平面或曲面）、复合面（两个或两个以上表面光滑连接）、空心结构。

（2）运用投影特征，分析线、线框空间位置。

2. 最后综合想象整个组合体形状。

在看懂物体各表面的空间位置和形状后，还必须根据视图弄清面与面的相对位置，进而想象出物体的整体形状。

任务一　常用绘图工具的使用

一、常用绘图工具的使用

正确使用绘图工具和仪器是确保绘图质量、提高绘图速度的重要因素，是正确绘制图样的前提。常用的绘图工具和仪器的使用方法简要介绍如下。

1. 图板和丁字尺

（1）图板　图板是木制的矩形板，主要用来铺放图纸，表面要光滑。图板的左边是工作边，必须平直。绘图时为了保证图面的平整，需将图纸固定在图板上，如图 2－2（a）所示。在作图时图板要和丁字尺配合使用如图 2－2（b）所示，一般以图板的短边为导边。

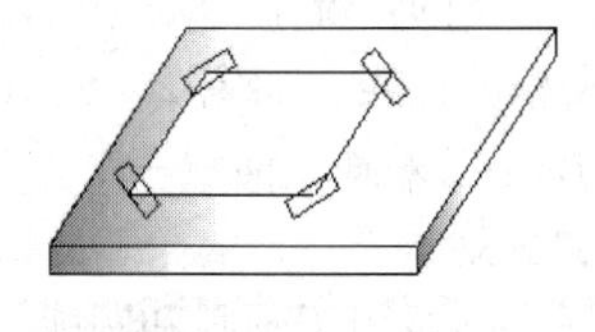

(a)

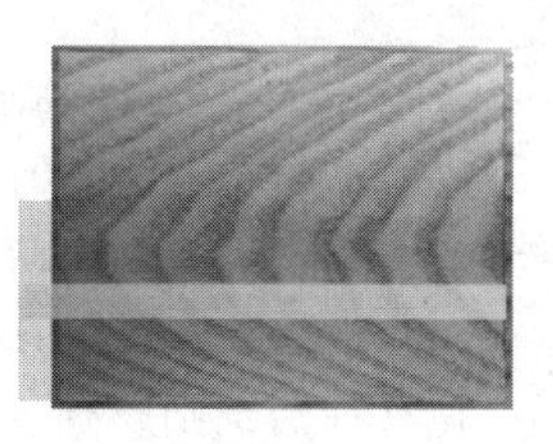

(b)

图 2－2　图板的使用

（2）丁字尺　丁字尺由尺头和尺身组成，尺头与尺身相互垂直呈丁字形，一般由有机玻璃制成，尺身的上边为工作边，刻有刻度。使用时，用左手握住尺头，其内侧工作边紧靠图板左侧工作边，利用带有刻度的尺身工作边由左向右画水平线，上下移动丁字尺，可画出一组不同位置的水平线，如图2－3（a）所示。

由于图板的四边只是相对的平直，为了保证图线的平直，丁字尺在使用中不能调转方向，更不能用丁字尺来画垂直线，如图2－3（b）所示。在使用中要保护刻度边不要出现凹凸不平的情况。同时，在使用时养成保持尺身清洁的习惯。

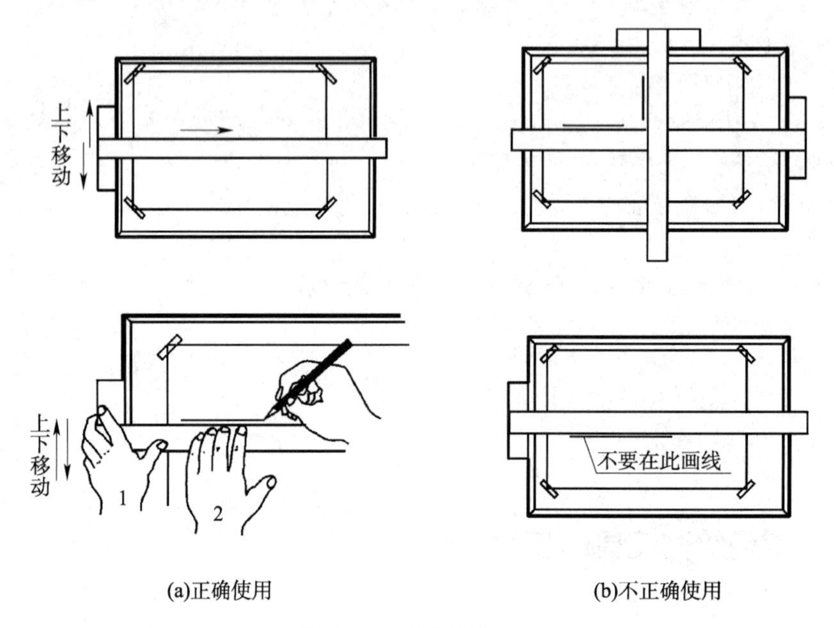

图2－3 丁字尺的使用

2. 三角板 学生用三角板由一块45°的等腰直角三角形和一块30°、60°的直角三角形组成，一般采用有机玻璃制成，如图2－4所示。在使用时要保护板面平直，清洁，刻度准确。

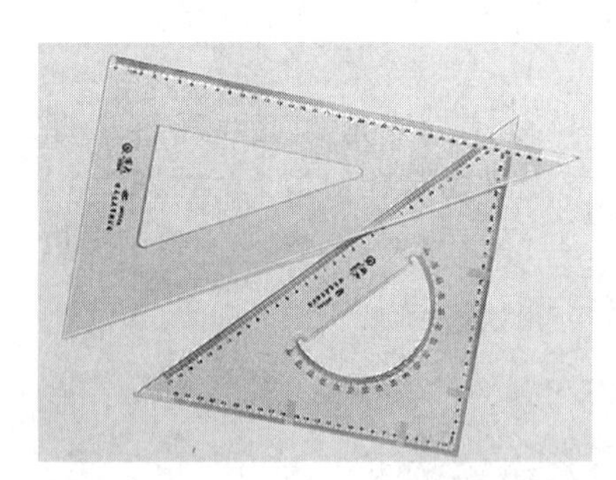

图2－4 学生用三角板

三角板与丁字尺配合使用，利用直角边自下而上可画出不同位置的垂直线，如图2－5（a）所示，还可以画出与水平线成15°的整数倍数的特殊角度的倾斜线，如图2－5（b）所示。

在没有丁字尺的情况下，两块三角板配合还可以绘制出平行线和垂直线，如图2－5（c）所示。利用45°的三角板还可以来画剖面线。

3. 圆规和分规

（1）圆规 圆规用于画圆和圆弧。圆规的两条腿一侧称为固定腿，另一侧称为活动腿。圆规固定腿上的钢针有两种不同形状的尖端：带台阶的尖端是画圆或圆弧时定心用的，带锥形的尖端可作分规使用。活动腿上具有肘形关节，还可更换插脚（铅芯插脚、鸭嘴插脚和作分规用的锥形钢针插脚）和延长杆。画图时，要注意调整钢针在固定腿上的位置，使两脚在并拢时钢针略长于铅芯而可插入图板内，如图2－6（a)所示；再将圆规按顺时针方向旋转，并稍向前倾斜，且要保证针脚和铅芯均垂直于纸面，如图2－6（b）所示。

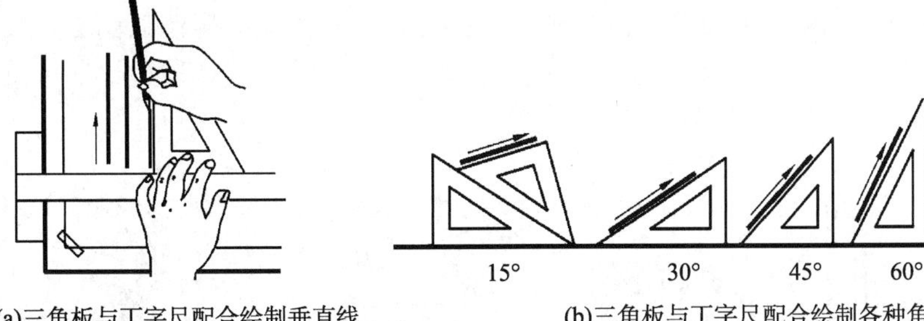

(a)三角板与丁字尺配合绘制垂直线　(b)三角板与丁字尺配合绘制各种角度斜线

(c)三角板与丁字尺配合绘制平行线和垂直线

图2-5　三角板的使用

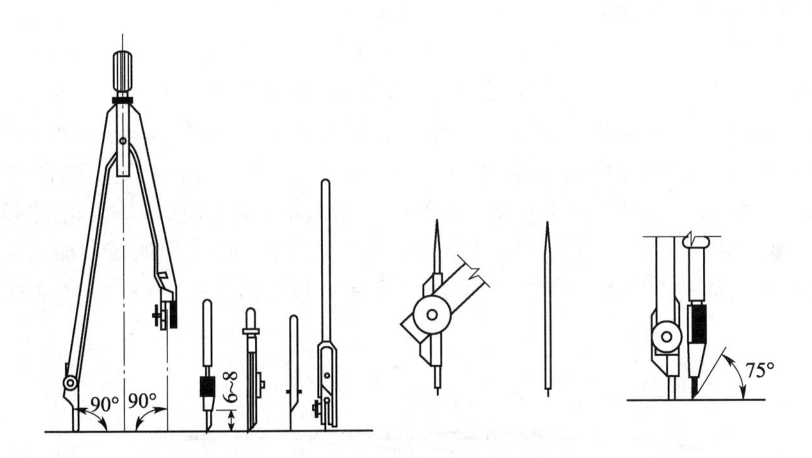

(a)圆规的插脚

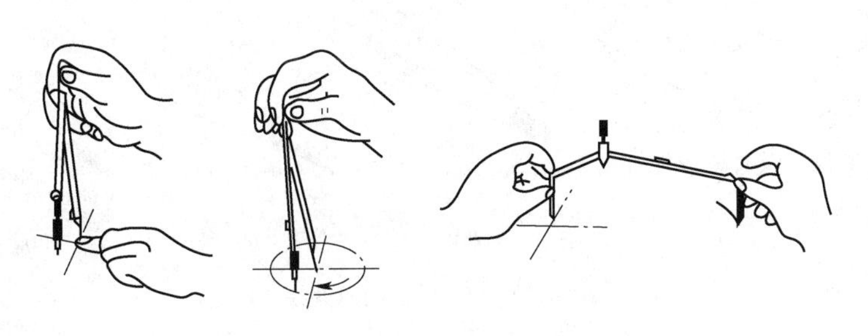

(b)画圆方法

图2-6　圆规的用法

（2）分规　分规用于量取尺寸和等分线段。分规两条腿上均装钢针，当两条腿并拢时，两针尖应对齐。使用前，应检查分规两脚的针尖并拢后是否平齐，如图 2－7（a）所示；还可用于量取尺寸，如图 2－7（b）所示。用分规等分线段的用法如图 2－7（c）所示。

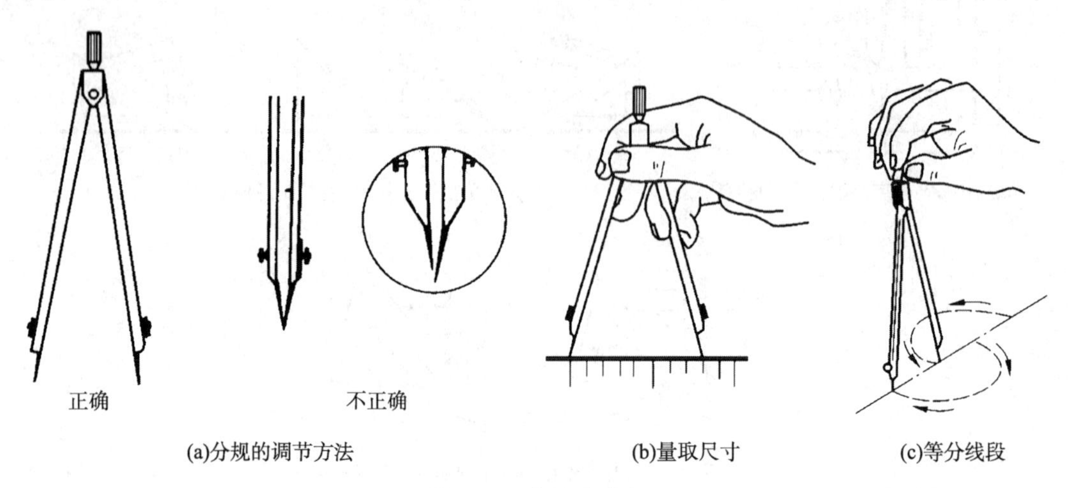

图 2－7 分规的用法

二、常用绘图用品的使用

除了上面介绍的几种绘图主要工具外，绘图过程中还有几种常用的绘图用品。

1. 铅笔 绘图铅笔的铅芯有软硬之分，软硬程度分别用字母 B、H 表示。B 前的数值越大，表示铅芯越软，所画图线越黑；H 前的数值越大，表示铅芯越硬，所画图线越浅。HB 铅笔软硬适中。绘制图样时一般准备三种铅芯软、硬不同的铅笔。画图时，一般用“H”铅笔打底稿，用“HB”铅笔写字、画箭头，用“B”铅笔加深图线。画底稿线、细线和写字时，（“HB”“2H”）铅笔应削成锥形头部，如图 2－8（a）所示。加深粗实线的铅笔（“2B”）应削成楔形头部，如图 2－8（b）所示。不要出现图 2－8（c）或图 2－8（d）的削法。

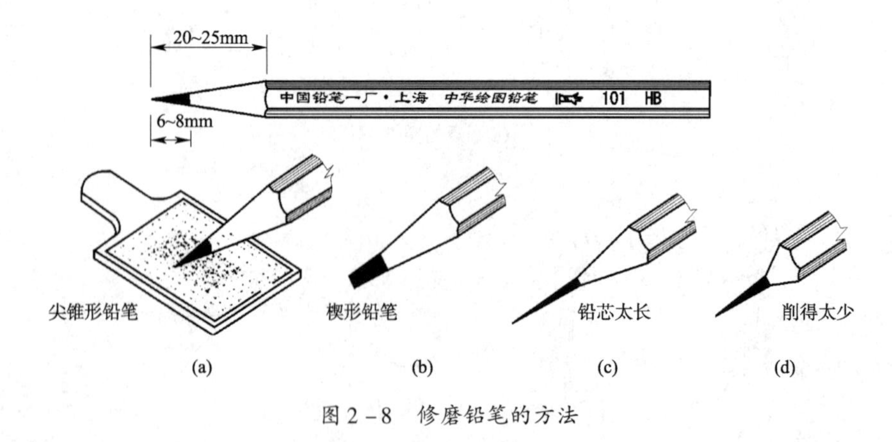

图 2－8 修磨铅笔的方法

2. 橡皮 橡皮用于修改图线。为了保证图面整洁，应选用软质橡皮；橡皮屑要及时清理干净，否则会粘在图面上。

3. 铅笔刀 铅笔刀在制图中一方面用来削铅笔，一方面可用来裁纸。在使用中注意安全。

4. 胶带 为了保证绘图质量，在绘图时要用胶带将图纸固定在图板上，将胶带粘在图纸的四角。粘图纸时要把图纸粘平，注意图纸在图板上的位置，图纸下方留多于一个丁字尺的宽度。图纸的左侧与丁字尺的正刻度对齐，靠左侧粘贴。图纸上边尽量与丁字尺的刻度边重合。

5. 擦图片 为了保证图面清洁可以利用擦图片来修改图线，同时还可以进行图线的转换，如图 2－9 所示。在打底稿时可以不考虑线形，在加深前用擦图片将直线修改为虚线或点划线。将需擦去的图线对准擦图片上相应的孔洞，再用橡皮擦拭，可避免影响邻近的线条。

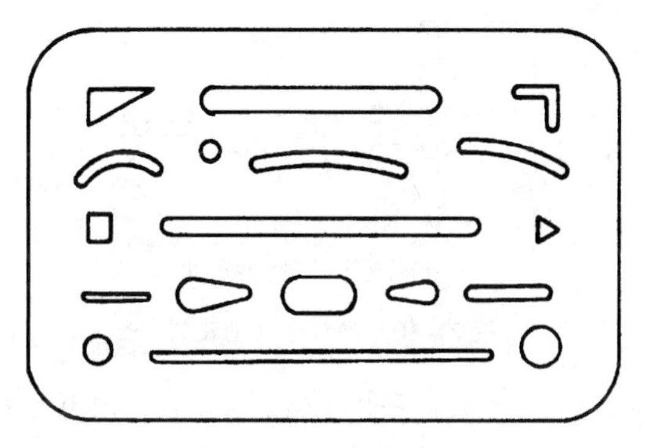

图 2－9 擦图片

6. 模板 利用模板的模孔可以完成许多绘图内容，简化绘图过程，同时又可保证图线的统一性，利用模板上的字体模孔写出大小一致的汉字、数字；利用小圆模孔绘制圆规无法绘制的小孔径圆；利用箭头模孔绘制大小一致的箭头，增加全图的美观。

除此之外还会用到砂纸、比例尺、刷子等用品。

三、测量工具的使用

测量工具根据测量要求的不同分为很多类型，以下介绍钢直尺、卡钳、游标卡尺的常用方法。

1. 钢直尺 使用钢直尺时，应以左端的零刻度线为测量基准，这样不仅便于找正测量基准，而且便于读数。测量时，尺要放正，不得前后左右歪斜。用钢直尺测圆截面直径时，被测面应平，使尺的左端与被测面的边缘相切，摆动尺子找出最大尺寸，即为所测直径。

2. 游标卡尺 游标卡尺的使用如图 2－10 所示。在使用前应检查卡尺外观，检查各部位的相互作用、两测量面的光洁程度。移动游标，使两量爪测量面闭合，观察两量爪测量面的间隙（精度为 0.02mm 卡尺的间隙应小于 0.006mm；精度为 0.05mm 和 0.1mm 卡尺的间隙应小于 0.01mm），然后校对“0”位。校对“0”位时，无论游标尺是否紧固，“0”位都应正确。当紧固或松开游标尺时，“0”位若发生变化，不要使用。

游标卡尺的正确使用方法：测量外尺寸时，应先把量爪张开比被测尺寸稍大；测量内尺寸时，把量爪张开得比被测尺寸略小，然后慢慢推或拉动游标，使量爪轻轻接触被测件表面。

3. 卡钳 凡不适于用游标卡尺测量的，用钢直尺、卷尺也无法测量的尺寸，均可用卡钳进行测量。卡钳结构简单，使用方便。按用途不同，卡钳分为内卡钳和外卡钳，如图 2－11所示。内卡钳用于测量内部尺寸，外卡钳用于测量外部尺寸。

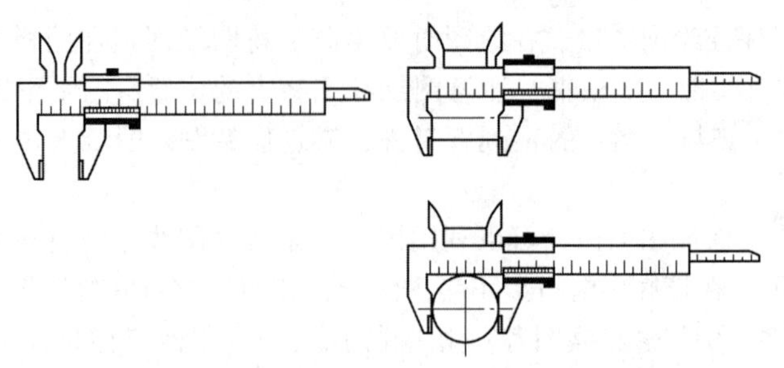

(a)游标卡尺测线性尺寸

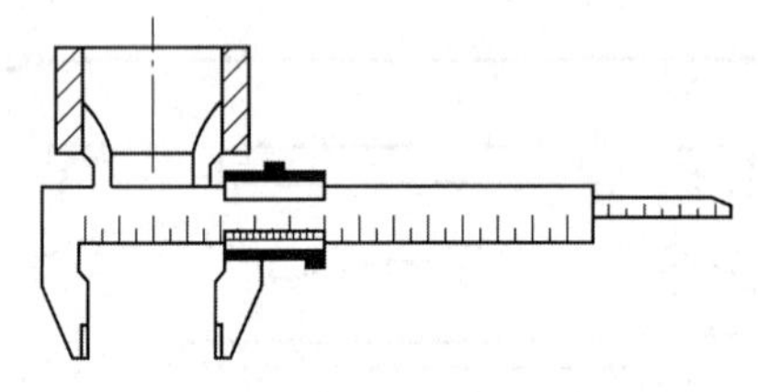

(b)游标卡尺测直径尺寸

图 2－10　游标卡尺的使用

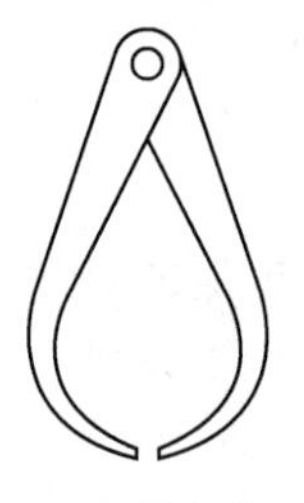

(a)外卡钳　　(b)内卡钳

图 2－11　卡钳

正确的使用卡钳的方法是：用内卡钳时，用拇指和食指轻轻捏住卡钳的销轴两侧，将卡钳送入孔或槽内。用外卡钳时，右手的中指挑起卡钳，用拇指和食指撑住卡钳的销轴两边，使卡钳在自身的重量下两量爪滑过被测表面。卡钳与被测表面的接触情况，凭手的感觉。手有轻微感觉即可，不宜过松，也不要用力使劲卡卡钳。把量得的卡钳放在钢直尺、游标卡尺或千分尺上量取尺寸。测量精度要求高的用千分尺，一般用游标卡尺，测量毛坯之类的用钢直尺校对卡钳即可。

任务二　国家标准的有关规定及平面绘图

一、国标的有关规定

为了适应现代化生产、管理的需要和便于技术交流，国家标准《技术制图》和《机械制图》中对图纸幅面、比例、字体、图线和尺寸注法等都做了统一的规定。我国与国际标准相适应的制图国家标准，代号“GB”。

1. 绘图图纸的有关规定　在绘图时图纸的幅面和图面要求应采用表 2－1 中的规定。

表 2－1　图纸基本幅面尺寸（单位 mm）

<table>
<tr><th>幅面代号</th><th>$B \times L$</th><th>e</th><th>c</th><th>a</th></tr>
<tr><td>A0</td><td>841 × 1189</td><td rowspan="2">20</td><td rowspan="3">10</td><td rowspan="5">25</td></tr>
<tr><td>A1</td><td>594 × 841</td></tr>
<tr><td>A2</td><td>420 × 594</td><td rowspan="3">10</td></tr>
<tr><td>A3</td><td>297 × 420</td><td rowspan="2">5</td></tr>
<tr><td>A4</td><td>210 × 297</td></tr>
</table>

幅面尺寸中，B 表示短边，L 表示长边。各种幅面的 B 和 L 的关系为：$L=\sqrt{2}B$。

如图 2－12 中粗实线为基本幅面的关系，必要时也允许选用与基本幅面短边成正整数倍增加的加长幅面。其相应关系如图 2－12 所示。

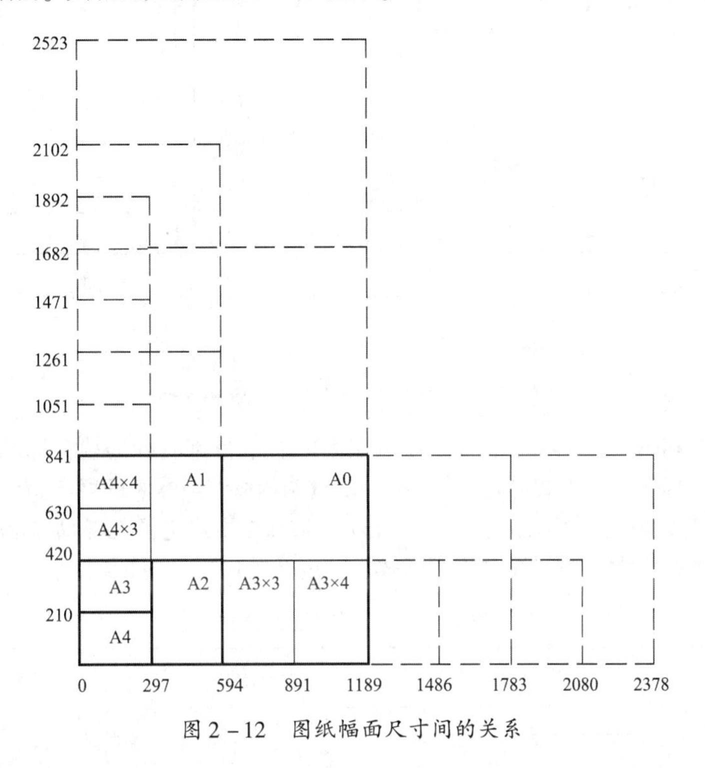

图 2－12　图纸幅面尺寸间的关系

图样中的图框由内外两框组成，外框用细实线绘制，大小为幅面尺寸，内框由粗实线绘制，内外框间的间距与格式有关，分为有装订边和无装订边两种，如图 2－13 和图 2－14 所示。两种格式图框周边尺寸 a、c、e 见表 2－1。但应注意，同一产品的图样只能采用一种格式。

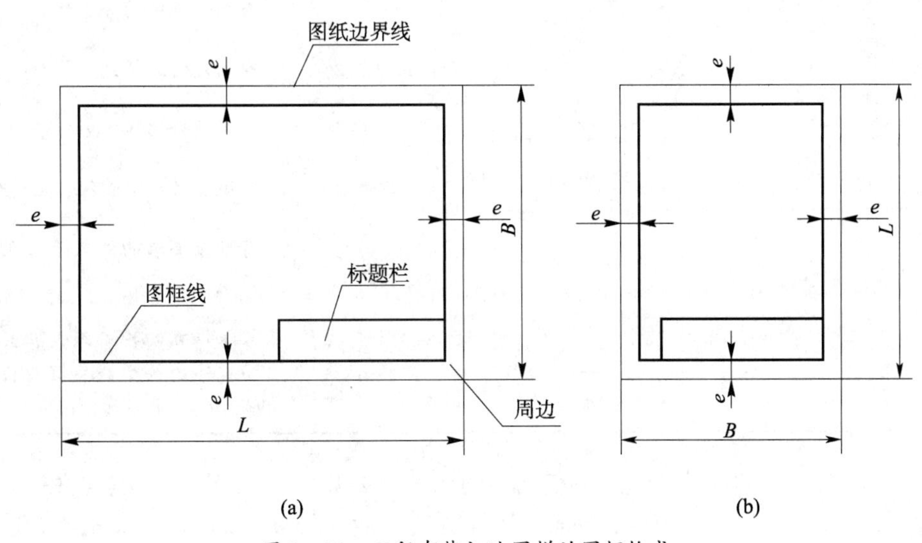

图 2－13　不留有装订边图样的图框格式

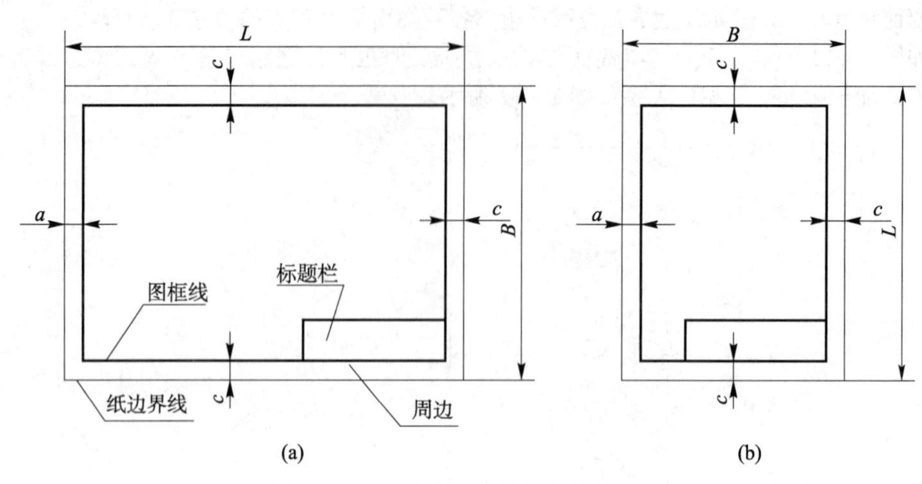

图 2-14 留有装订边图样的图框格式

从图 2-13 和图 2-14 还可以看出在每张图的右下角都有标题栏，标题栏中的文字方向为看图方向，标题栏的格式和尺寸应符合 GB/T 10609.1-2008 的规定。

2. 图线的有关规定 国家标准 GB/T 4457.4-2002 中规定了 15 种基本线型及基本线型的变形。机械图样中常用的图线名称、形式、宽度及其应用见表 2-2 所示。

表 2-2 常用图线的表达

图线名称	图线形式	图线宽度	主要用途
粗实线	A	b	可见轮廓线
细实线	B	约 b/2	尺寸线、尺寸界线、剖面线、引出线、重合断面的轮廓线
波浪线	C	约 b/2	机件断裂处的外界线、视图与局部剖视的分界线
双折线	D	约 b/2	断裂处的边界线
虚线	2~6 F	约 b/2	不可见轮廓线
细点画线	3 15~30 G	约 b/2	轴线、对称中心线、轨迹线
粗点画线	J	b	有特殊要求的线或表面的表示线
双点画线	K	约 b/2	极限位置的轮廓线、相邻辅助零件的轮廓线、假想投影轮廓线、中断线

图样中采用粗、细两种线宽，它们之间的比例为 2∶1，线宽推荐系列为：0.13、0.18、0.25、0.35、0.5、0.7、1、1.4、2mm。粗线宽度一般常用 0.5mm 或 0.7mm，避免采用 0.18mm。应用举例见图 2-15 所示。

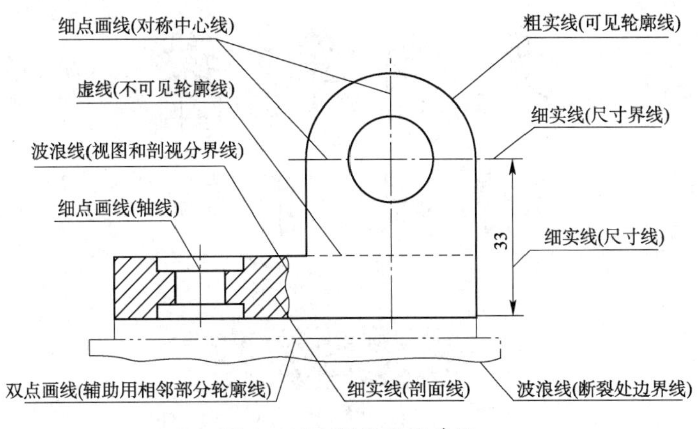

图 2-15　图线应用举例

在同一张图样中，同类图线的宽度应一致，并保持线型均匀，颜色深浅一致。图线画法中应注意以下几点。

(1) 同一图样中，同类图线的宽度应基本一致。

(2) 虚线、点画线及双点画线的线段长度和间隔应各自大小相等。

(3) 两条平行线（包括剖面线）之间的距离应不小于粗实线宽度的两倍，其最小距离不得小于 0.7mm。

(4) 点画线、双点画线的首尾应是线段而不是点；点画线彼此相交时应该是线段相交；中心线应超过轮廓线 2～3mm。

(5) 虚线与虚线、虚线与粗实线相交应是线段相交；当虚线处于粗实线的延长线上时，粗实线应画到位，而虚线相连处应留有空隙，如图 2-16 所示。

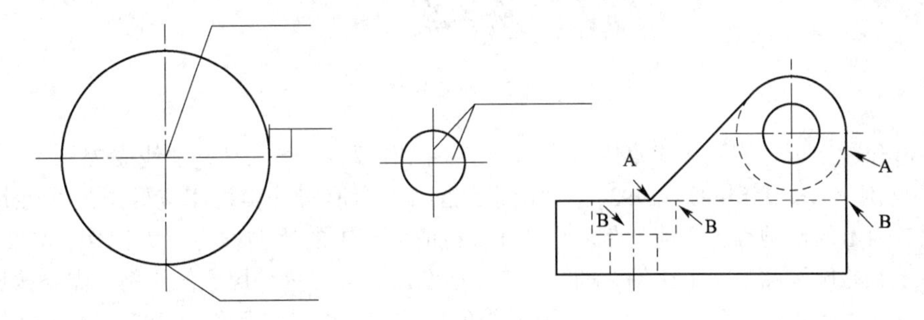

图 2-16　图线画法

3. 字体（GB/T 14691-1993）　图样上除了表达形体形状的图形外，还要用数字和文字说明形体的大小、技术要求和其他内容。在图样中书写的字体必须做到：字体工整，笔画清楚，间隔均匀，排列整齐（图 2-17）。

字体高度（用 h 表示）的公称尺寸系列为：1.8、2.5、3.5、5、7、10、14、20mm 等 8 种。字体高度代表字体的号数，图样中字体可分为汉字、字母和数字。

(1) 汉字　汉字应写成长仿宋体，并采用中华人民共和国国务院正式公布推行的《汉字方案》中规定的简化字。汉字的高度 h 不应小于 3.5mm，其字宽一般为 $h\sqrt{2}$。

(2) 字母和数字　字母和数字分为 A 型和 B 型两种。A 型字体的笔画宽度（d）为字高的 1/14，B 型字体的笔画宽度（d）为字高的 1/10。在同一张图样上，只允许选用一种形式的字体。

变 材 章 锻

符 塑 泵 锌

0123456789

1234567890

ABCDEFGHIJKLMNO

PQRSTUVWXYZ

abcdefghijklmnopq

rstuvwxyz

图 2－17 字体

字母和数字可写成斜体或直体。斜体字字头向右倾斜，与水平基准线成75°。

4. 比例（GB/T 14690－1993） 比例是指图中图形与其实物相应要素的线性尺寸之比。比值为1的比例称为原值比例，即1:1。比值大于1的比例称为放大比例，如2:1等。比值小于1的比例称为缩小比例，如1:2等。绘图时，应尽量采用原值比例。需要按比例绘制图样时，由表2－3规定的系列中选取适当的比例。不论采用何种比例，图形中所标注的尺寸数字必须是形体的实际大小，与图形的比例无关，如图2－18所示。

表 2－3 绘图比例系列

种类	比例
原值比例	1:1
放大比例	2:1　5:1　1×10^n:1　2×10^n:1　5×10^n:1 (2.5:1)　(4:1)　(2.5×10^n:1)　(4×10^n:1)
缩小比例	1:2　1:5　1:1×10^n　1:2×10^n　1:5×10^n (1:1.5)　(1:2.5)　(1:3)　(1:4)　(1:6)　(1:1.5×10^n) (1:2.5×10^n)　(1:3×10^n)　(1:4×10^n)　(1:6×10^n)

注：图中（）中的内容是另一个系列的比例。

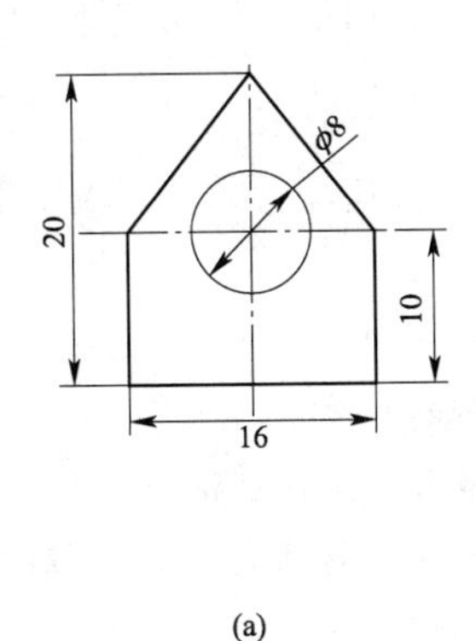

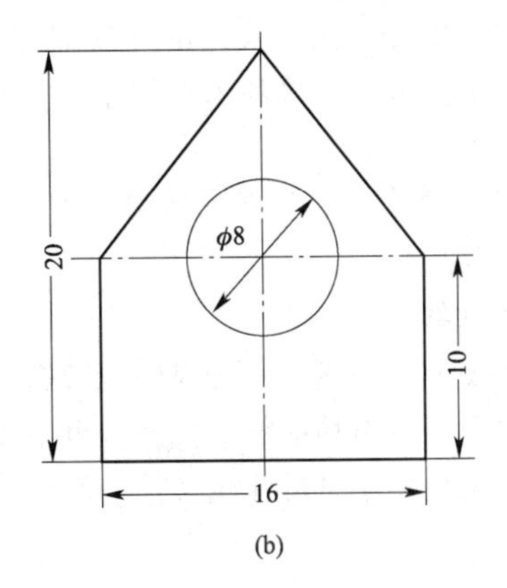

(a) (b)

图 2-18 不同比例的尺寸注法

二、尺寸标注

1. 标注尺寸的基本规则（GB/T 4458.4-2003）

（1）尺寸数值为机件的真实大小，与绘图比例及绘图的准确度无关。

（2）图样中的尺寸，以毫米为单位，如采用其他单位时，则必须注明单位名称。

（3）图中所注尺寸为零件完工后的尺寸，否则应另加说明。

（4）每个尺寸一般只标注一次，并应标注在最能清晰地反映该结构特征的视图上。

（5）标注尺寸时，应尽量使用符号和缩写词。

2. 尺寸的组成 一个完整的尺寸由尺寸界线、尺寸线、尺寸数字和尺寸线终端组成，如图 2-19 所示。

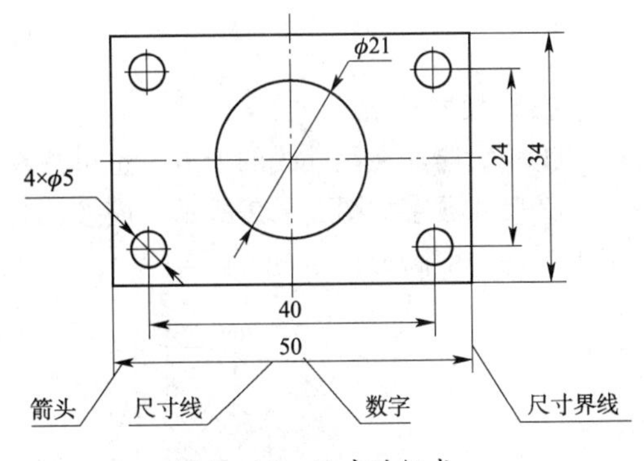

图 2-19 尺寸的组成

（1）尺寸数字 表示形体尺寸的实际大小。尺寸数字一般应标注在尺寸线的上方。

（2）尺寸线 表示尺寸的度量方向，用细实线单独画出，不能用其他图线代替，也不得与其他图线重合或画在其他图线的延长线上。尺寸线与所标注的线段平行。

（3）尺寸线终端 尺寸线的终端有下列两种形式。

①箭头 箭头的形式如图 2-20（a）所示，d 为粗实线的宽度，箭头尖端与尺寸界线接触，不得超出或留有空隙；箭头的尖端应为实心，不能画成空心。它适用于各种类型的图样。

②斜线 斜线用细实线绘制，其方向和画法如图 2-20（b）所示，h 为字体高度。

同一张图样中只能采用一种尺寸线终端形式。

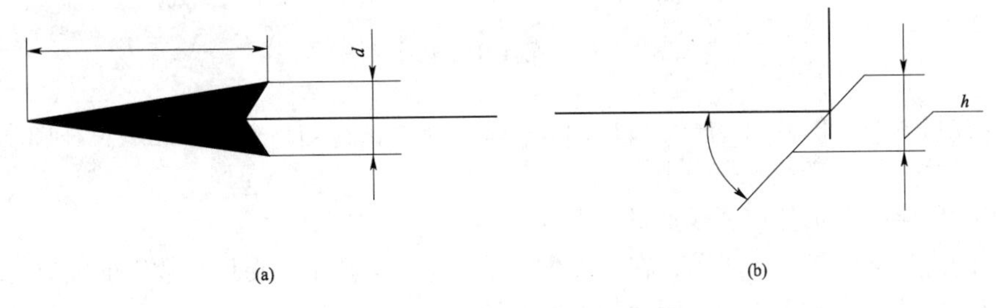

(a) (b)

图 2-20 尺寸线终端的两种形式

（4）尺寸界线　表示尺寸的度量范围，用细实线绘制，由图形的轮廓线、轴线或对称中心线处引出，也可直接利用它们作尺寸界线。

3. 尺寸画法

（1）尺寸界线　尺寸界线为细实线，并应由轮廓线、轴线或对称中心线处引出，也可用这些线代替。

（2）尺寸线

①尺寸线为细实线，一端或两端带有终端（箭头或斜线）符号。

②尺寸线不能用其他图线代替，也不得与其他图线重合或画在其延长线上。

③标注线性尺寸时尺寸线必须与所标注线段平行。尺寸线的画法如图 2－21 所示。

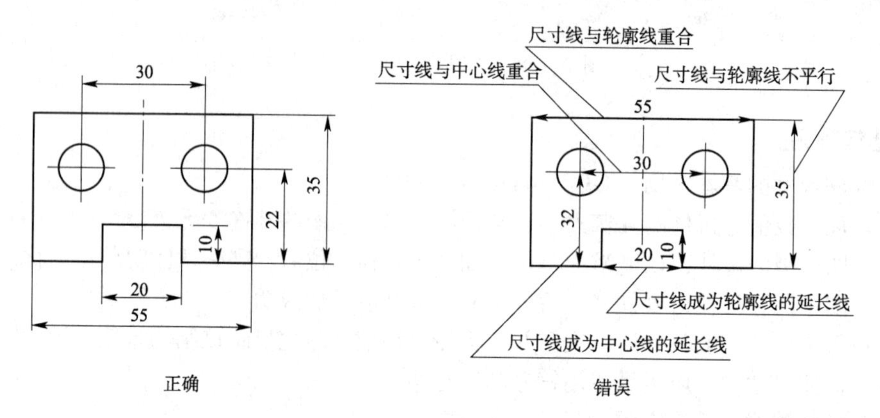

图 2－21　尺寸线的画法

（3）尺寸数字

①一般应注在尺寸线的上方，也可注在尺寸线的中断处。

②尺寸数字如图 2－22 所示，应按国标要求书写，并且水平方向字头向上，垂直方向字头向左，字高 >3. 5mm。

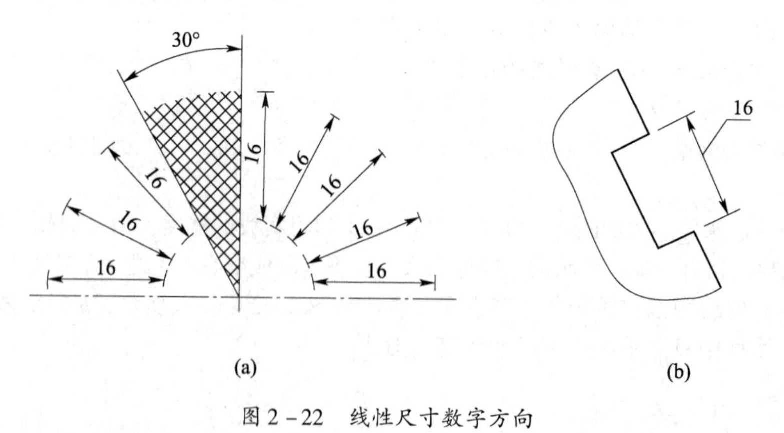

图 2－22　线性尺寸数字方向

③线性尺寸数字的方向，一般应按图 2－22 所示方向注写，并尽可能避免在图示 30°范围内标注尺寸，无法避免时应引出标注。

④尺寸数字不可被任何图线通过，否则必须将该图线断开。

⑤圆的直径如图 2－23 所示，在尺寸数字前加 ϕ，圆弧半径在尺寸数字前加 R，尺寸线的终端应画成箭头，按图 2－23 所示的方法标注。

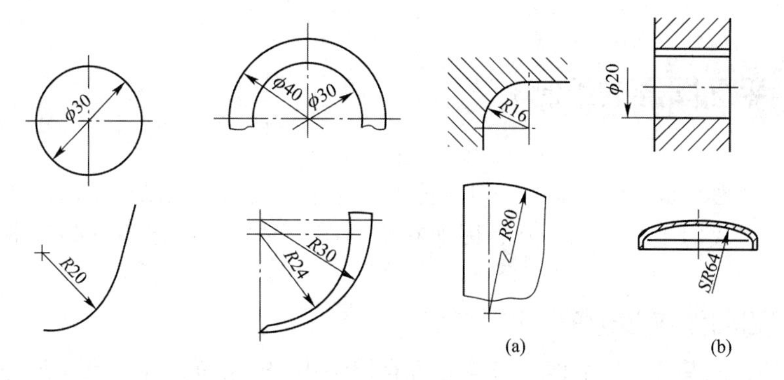

图 2－23　圆和圆弧的尺寸数字

⑥狭小部位的尺寸数字如图 2－24 所示，当没有足够位置画箭头或写数字时，可有一个布置在外面；位置更小时，箭头和数字可以都布置在外面；狭小部位标注尺寸时箭头可用圆点代替（当尺寸界线两侧均无法画箭头时）。

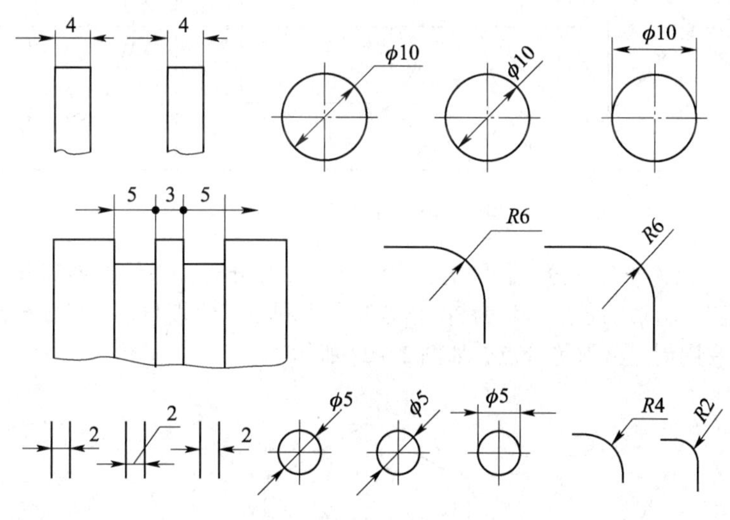

图 2－24　狭小部位的尺寸数字

⑦角度的尺寸数字如图 2－25 所示，角度的尺寸数字一律水平填写，角度的尺寸数字应写在尺寸线的中断处，必要时允许写在外面，或引出标注；角度的尺寸界线必须沿径向由角顶点引出，尺寸线为以角顶点为圆心的圆弧。

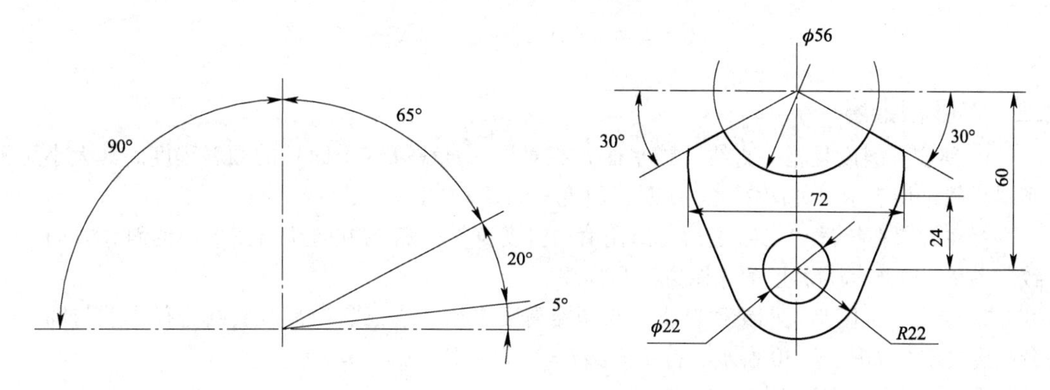

图 2－25　角度的尺寸数字

任务三 平面图形的绘制

形体的轮廓形状是多种多样的，但在技术图样中，表达它们结构形状的图形大都是由直线和圆弧所组成的平面几何图形，因而在绘制图样时要熟练运用一些基本的几何作图方法。

一、等分圆周和作正多边形

1. 圆的四、八等分 圆的四、八等分可直接利用45°三角板与丁字尺配合作图，如图2－26所示。

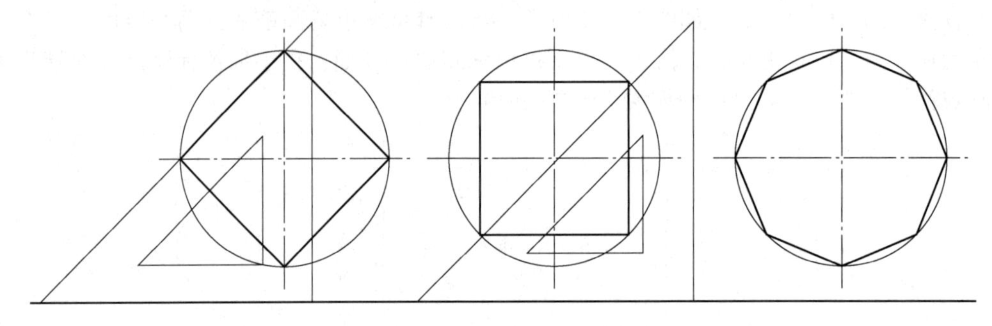

图2－26 圆的四、八等分

2. 圆的三、六、十二等分 作圆的三、六、十二等分时，它们的各等分点与圆心的连线，以及相应正多边形的各边，均为30°倍角线。可利用三角板与丁字尺配合作图，也可用圆的半径直接在圆周上截取等分点，如图2－27所示。

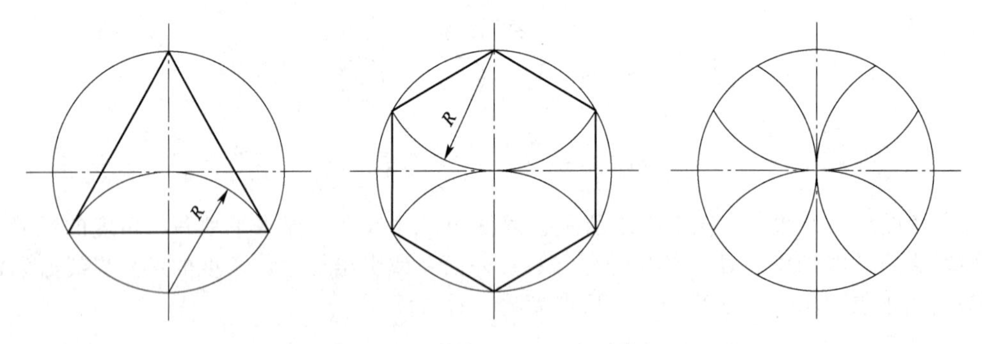

图2－27 圆的三、六、十二等分

二、斜度和锥度

1. 斜度 斜度是指一直线（或平面）相对另一直线（或平面）的倾斜程度。其大小用倾斜角的正切表示，如图2－28所示，斜度 $= \tan\alpha = H/L = 1:n$。

标注时，在符号“∠”之后写出比值，斜度符号的斜线方向应与图形中的斜线方向一致。图2－29所示为斜度的作图方法与标注。

2. 锥度 锥度是正圆锥底圆直径与圆锥高度之比，或正圆锥台两底圆直径之差与圆锥台高度之比，如图2－30所示，锥度 $= D/L = (D-d)/l = 1:n$。

锥度的作图方法如图2－31所示。

(a)斜度

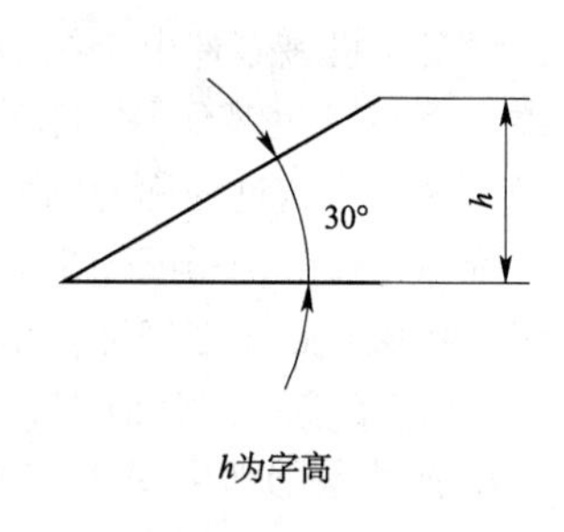

(b)斜度符号

图 2－28　斜度及其符号

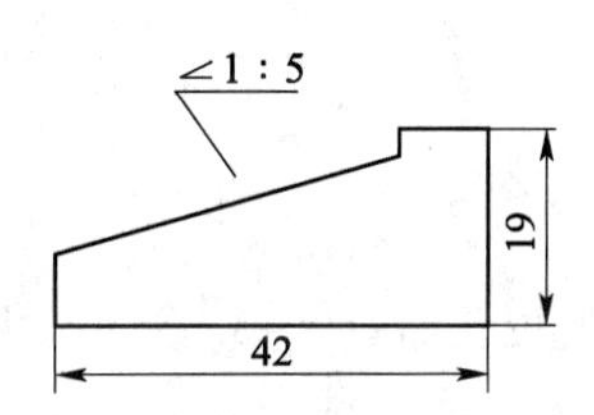

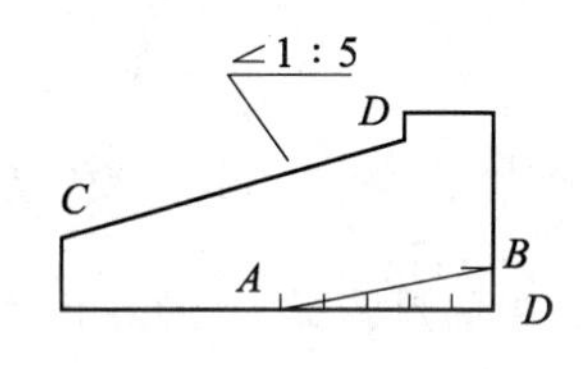

图 2－29　斜度的作图和标注

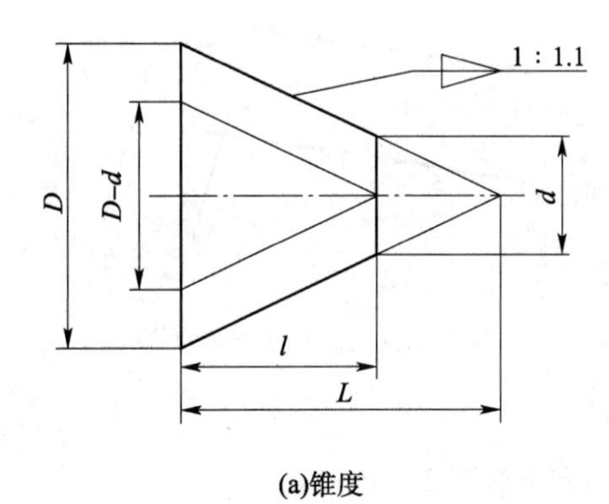

(a)锥度

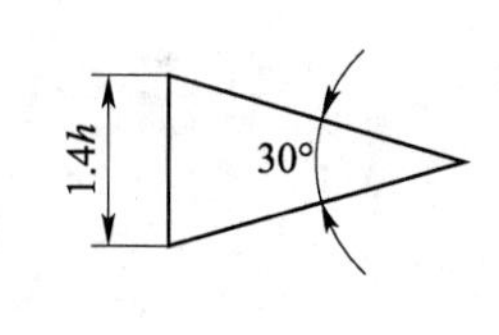

(b)锥度符号

图 2－30　锥度及其符号

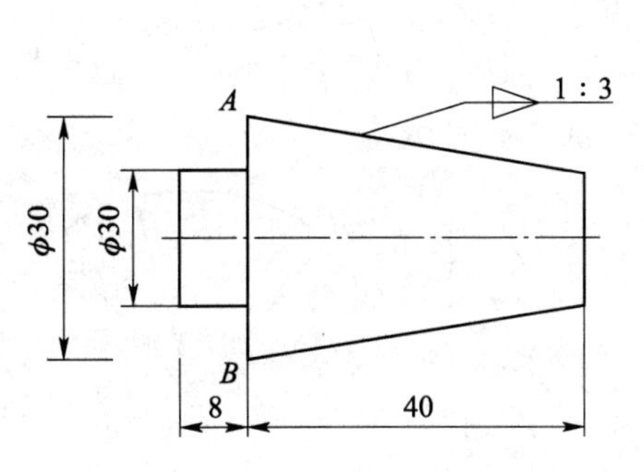

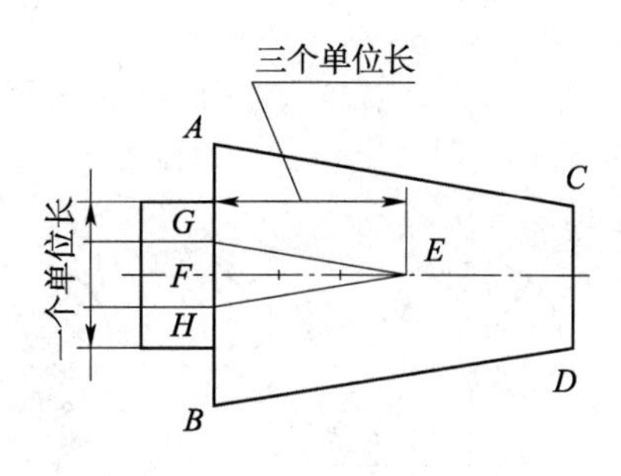

图 2－31　锥度的作图和标注

三、圆弧连接

设备、机械零件由于结构、功用、加工制造工艺的需要，其轮廓往往是光滑地从一条直线（圆弧）过渡到另一条线（直线和圆弧）。在制图中，用圆弧来光滑连接已知直线或圆弧，这种作图过程称为圆弧连接。

圆弧连接时，用已知半径的圆弧（连接圆弧）光滑连接（相切）已知直线或圆弧，为了保证相切，必须准确地找出连接圆弧的圆心和切点的位置。

（一）直线与圆弧的连接

1. 两边是圆弧中间用直线直连 已知两圆弧的位置，用直尺找两圆弧的共切线，如图2－32所示。

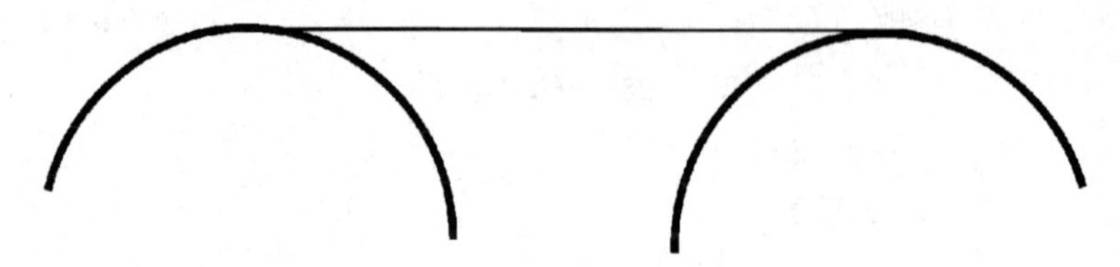

图2－32 直线连接两圆弧

2. 两边是直线，中间是圆弧 已知两直线的位置如图2－33所示，无论两直线成直角、锐角、钝角均可采用向圆弧中心方向推平行线的方法（两平线的距离为R），如图2－34所示。

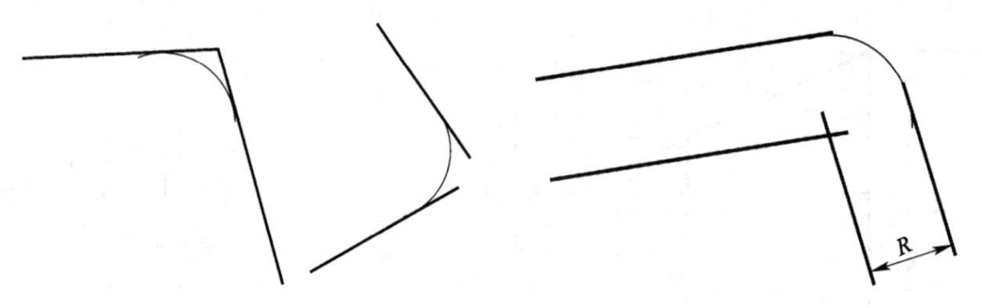

图2－33 圆弧连接两直线　　图2－34 直线与圆弧连接

（二）圆弧与圆弧的连接

用半径为R的圆弧连接两已知圆弧，作图方法如图2－35所示。

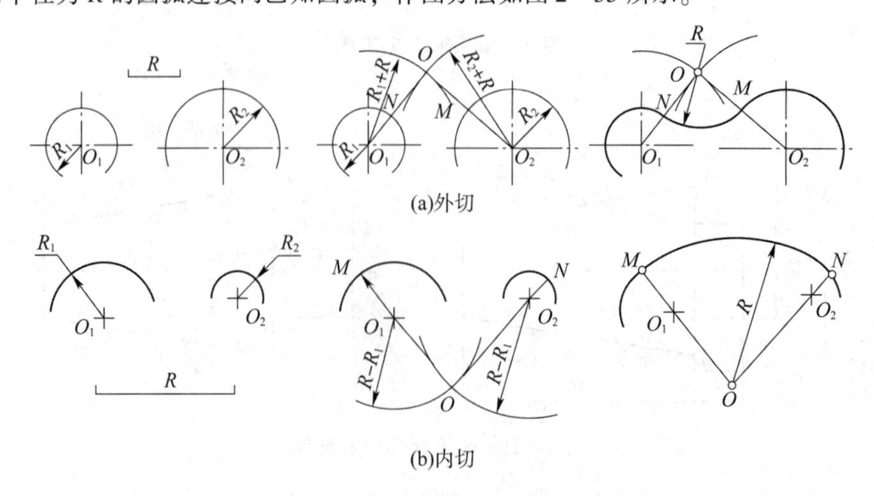

图2－35 用半径R的圆弧连接两已知圆弧

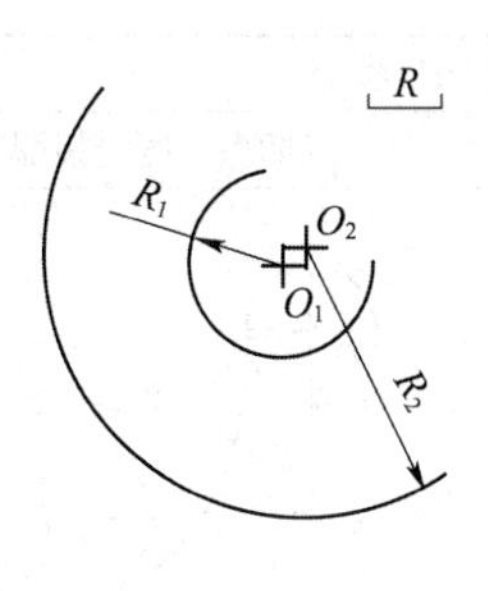

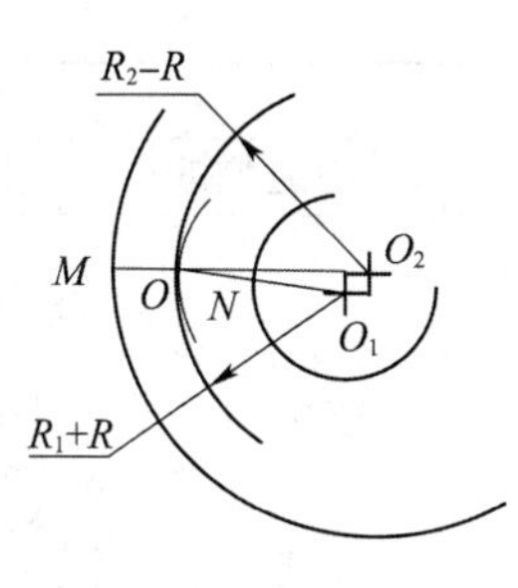

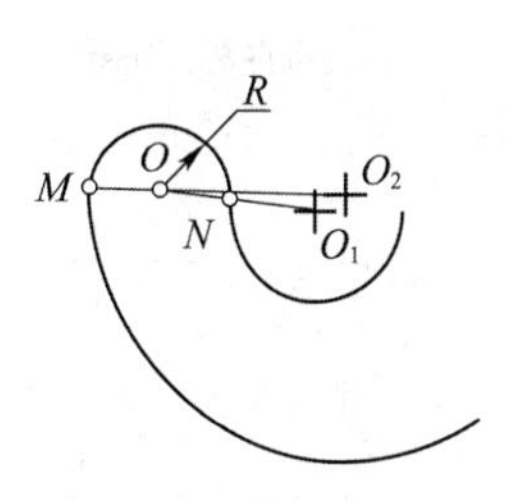

(c)内、外切

图 2－35 用半径 R 的圆弧连接两已知圆弧

（三）圆弧连接作图方法

如表 2－4 所示。

表 2－4 圆弧连接作图方法

连接形式		已知条件和作图要求	作图方法与步骤	
			求连接弧圆心	求切点，画连接弧
用圆弧连接两已知圆弧	外连接	已知：两圆弧的圆心 O_1、O_2；半径 R_1、R_2；连接弧半径 R 求作：以 R 为半径的圆弧与两已知圆弧外径	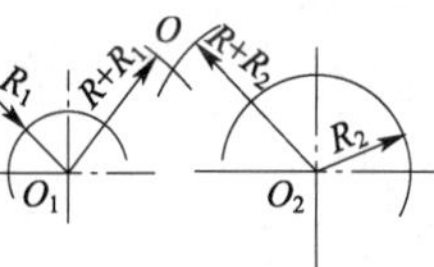 分别以 O_1、O_2 为圆心，以 $(R+R_1)$ 及 $(R+R_2)$ 为半径画弧，两弧的交点 O，即为所求连接弧的圆心	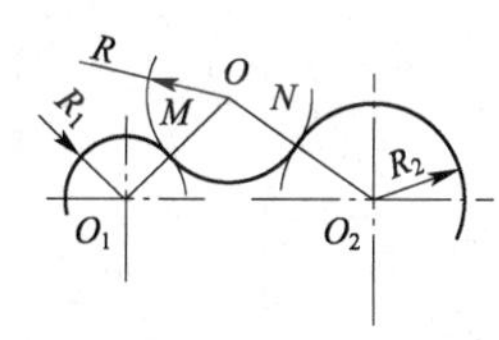 (1) 连接 OO_1 与 OO_2，分别与两已知弧相交于 M、N 点，M、N 点即为切点 (2) 以 O 为圆心，以 R 为半径自 M 至 N 点画圆弧即为所求
	内连接	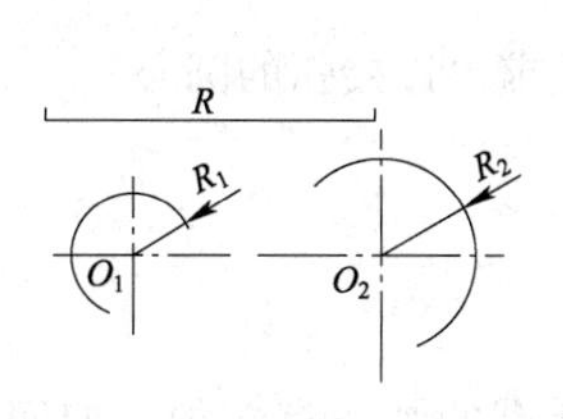 已知：两圆弧的圆心 O_1、O_2，半径 R_1、R_2，连接弧半径 R 求作：以 R 为半径的圆弧与两已知圆弧内切	分别以 O_1、O_2 为圆心，以 $(R-R_1)$ 及 $(R-R_2)$ 为半径画弧，两弧的交点 O，即为所求连接弧的圆心	(1) 连接 OO_1 及 OO_2 并延长，分别与已知弧相交于 M、N 两点，M、N 点即为切点 (2) 以 O 为圆心，以 R 为半径自 M 至 N 点画圆弧即为所求

续表

连接形式	已知条件和作图要求	作图方法与步骤	
		求连接弧圆心	求切点，画连接弧
用圆弧连接两已知圆弧 内外连接	已知：两圆弧的圆心 O_1、O_2，半径 R_1、R_2，连接弧半径 R 求作：以 R 为半径的圆弧内、外切两已知圆弧	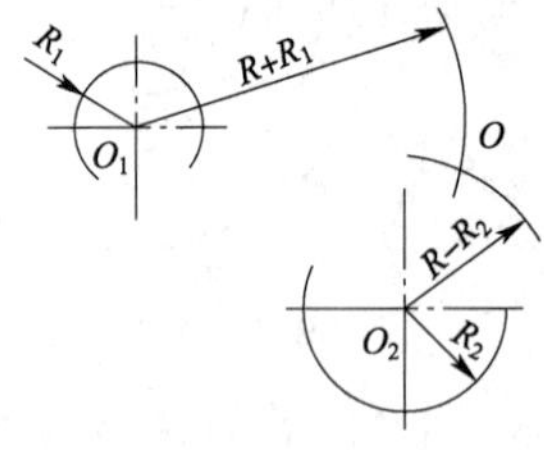 以 O_1、O_2 为圆心，以（$R+R_1$）及（$R-R_2$）为半径画弧，两弧的交点 O，即为所求连接弧的圆心	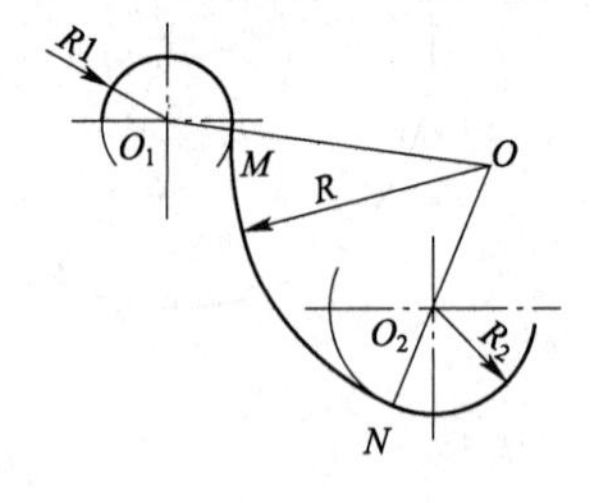 (1) 连接 OO_1 及 OO_2 并延长，分别与已知弧相交于 M、N 两点，M、N 点即为切点 (2) 以 O 为圆心，以 R 为半径自 M 至 N 点画圆弧即为所求
直线和一圆弧 用圆弧连接	已知：直线 AB，圆弧的圆心 O_1、半径 R_1，连接弧半径 R 求作：以 R 为半径的圆弧外切于已知圆弧 O_1，并与直线 AB 相切	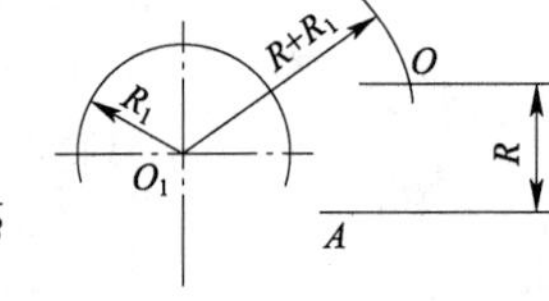 以 R 为间距作 AB 直线的平行线，与以 O_1 为圆心、（$R+R_1$）为半径所画圆弧相交于 O 点，即为所求连接弧的圆心	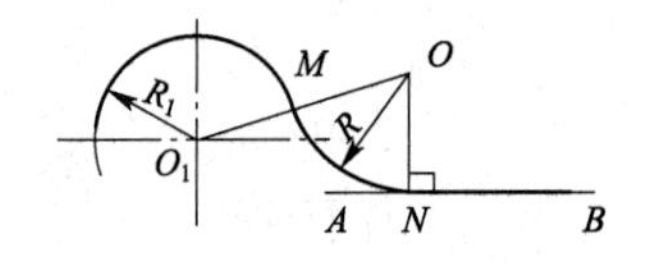 (1) 连接 OO_1 与已知圆弧相交于 M 点，由 O 点作 AB 线的垂线得垂足 N，M、N 即为切点 (2) 以 O 为圆心，以 R 为半径自 M 至 N 点画圆弧即为所求

综上所述，可归纳出圆弧连接的画图步骤如下。

1. 求圆心　根据圆弧连接的作图原理，作圆心轨迹线求出连接弧的圆心。

2. 求连接点　求连接弧与已知直线或圆弧的切点。

3. 画连接弧　用连接弧半径在两切点间画圆弧。

四、椭圆的画法

在化学制药设备中许多零件的外形由椭圆形构成，椭圆的画法有多种，如四心法、同心圆法、经验法等。其中四心法的近似度较高，且作图简便，画图过程如图 2－36 所示。

五、平面图形的绘制方法

在绘制平面图形时，必须对平面图形的尺寸和连接线段进行分析，以确定绘图的方法和步骤，并检验绘图的正确性。下面以图 2－37 手柄轮廓图为例，说明平面图形的分析方法和作图方法。

（一）平面图形尺寸的分析

平面图形中的尺寸，按其作用可分为定形尺寸和定位尺寸。

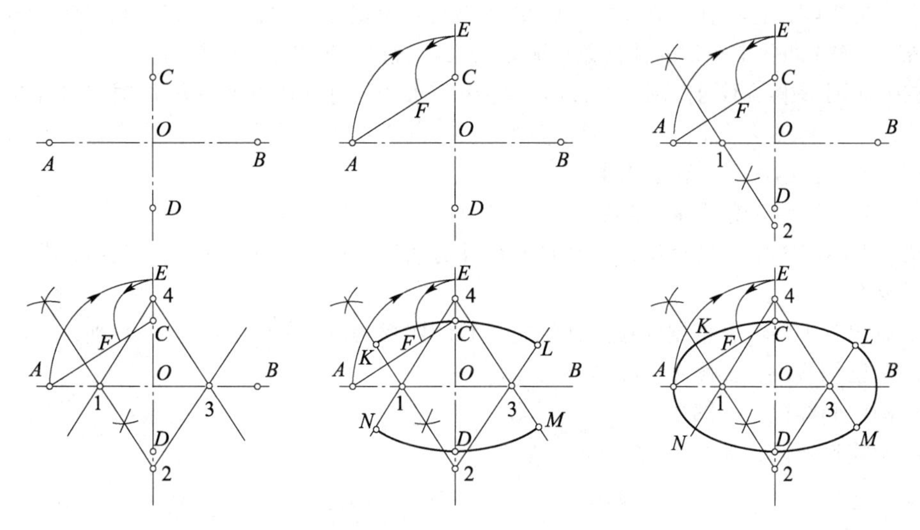

图 2-36 四心法绘制椭圆

1. 定形尺寸 为确定图形中各部分形状和大小的尺寸。如圆的直径和半径，即图 2-37 中的 $R15$、$\phi20$ 等尺寸。

2. 定位尺寸 确定图形中各部分之间相对位置的尺寸。如圆心的位置尺寸，即图 2-37 中 8，可确定 $\phi5$ 小圆圆心的左右位置。

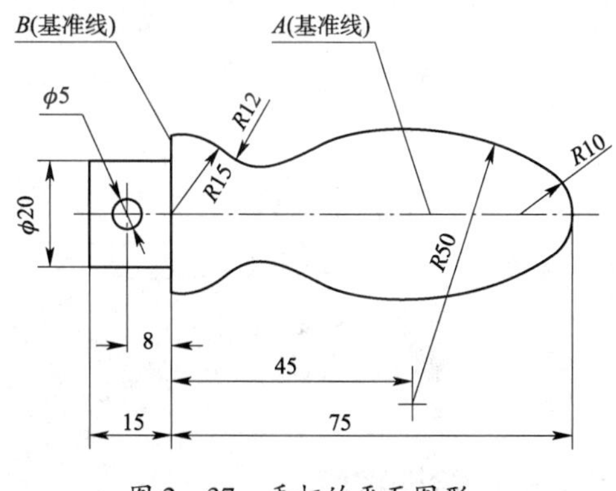

图 2-37 手柄的平面图形

在标注平面图形定位尺寸时，总要以图形中某些线段作为度量尺寸的出发点，这些作为度量尺寸出发点的线段称为尺寸基准。在平面图形中，通常选择对称图形的对称轴线、图形的边界线、较大圆的中心线作为基准。在平面图形中，水平方向和垂直方向可有一个或多个基准，一个为主要基准，其他基准是以主要基准确定的线为出发点，这些基准称为辅助基准，如图 2-37 中 A 为垂直方向基准，B 为水平方向基准，过 $\phi5$ 的垂直方向点划线为水平方向的辅助基准。

（二）平面图形线段的分析

平面图形中的线段，按所给尺寸的多少可分为以下三种。

1. 已知线段 凡能按给定的尺寸直接画出的线段，即给出定形尺寸和定位尺寸的线段称为已知线段。在图 2-37 中，左边矩形线框和 $\phi5$ 小圆，由于它们的定形尺寸和定位尺寸都已经有了，能直接画出来，所以是已知线段。

2. 中间线段 线段只有定形尺寸而缺少一个定位尺寸，需依靠与其一端相邻线段的连接关系即相切的几何条件来确定位置，线段才能作出，这种线段称为中间线段。在图 2-37 中，$R50$ 圆弧为中间线段，它具有定形尺寸 $R50$，给出一个圆心定位尺寸，还缺少一个定位尺寸，圆弧的圆心位置依靠与其一端相连接的已知线段 $R10$ 相切的几何条件确定，$R50$ 圆弧才能画出。

3. 连接线段 线段有定形尺寸，无定位尺寸，需要依靠与其两端相邻线段的连接关系即与两端相切的几何条件来确定位置，线段才能作出，称为连接线段。在图 2-37 中，$R12$

圆弧为连接线段，它具有定形尺寸而缺少圆心的两个定位尺寸，需依靠与其两端相连接的线段 *R*50、*R*15 即两个相切的几何条件确定圆心位置，*R*12 圆弧才能画出。

在平面图形中，不同作用的线段具有相应要求的尺寸，因此平面图形的尺寸不应有多余尺寸，也不能缺少尺寸，否则图形将画不出。图 2－37 所示手柄的平面图形，尺寸刚好满足这一要求，图形能顺利地画出。

（三）平面图形的作图步骤

从以上不同作用的线段及其应具有的尺寸分析，如图 2－38 所示，可归纳出平面图形的作图步骤。

1. 画出基准线，并根据定位尺寸确定各封闭图形的位置如图 2－38（a）所示。
2. 画已知线段，如图 2－38（b）所示。
3. 画中间线段，如图 2－38（c）所示。
4. 画连接线段，如图 2－38（d）所示。

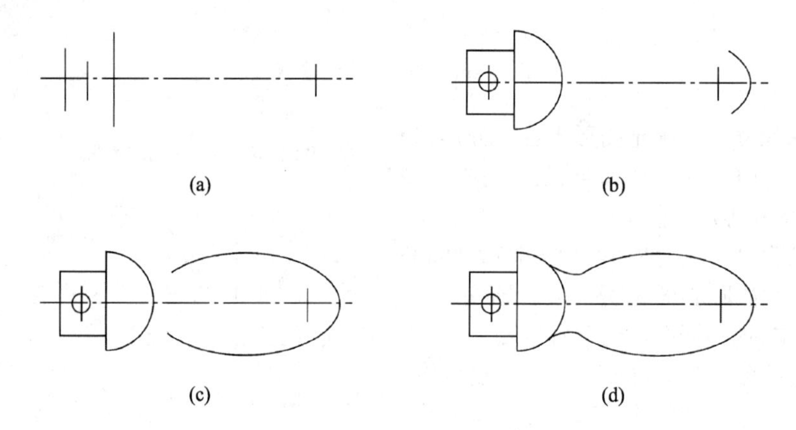

图 2－38　平面图形绘图步骤

六、一般绘图程序

1. 绘图前的准备工作　准备好绘图所需资料、工具和用品，削好铅笔，将图纸用胶带纸固定在图板的左下方（图纸下方留足放置丁字尺的位置）。

2. 图框、标题栏　按国家标准规定的幅面尺寸和标题栏位置，绘制图框和标题栏。

3. 布置图纸　根据形体预先选好的表达方案，按照国家标准规定的各视图的投影关系配置，留有标注尺寸、注写技术要求的余地，定出各个视图在图纸上的位置，使绘出的各个图形均匀地分布。

4. 画底稿　用“H”铅笔轻淡地打底稿。其绘制顺序如下。

（1）按布图确定各图形的位置，先画轴线或对称中心线，再画主要轮廓线，然后画细节。

（2）若图形是剖视图或断面图时，最后画剖面符号。图形完成后，画其他符号。底稿完成后，经校核，擦去多余的作图线。

5. 图线加深　用“B”或“2B”铅笔加深图线。画圆时，圆规的铅芯应比画相应直线的铅芯软一号。应注意全图相同线性的粗细要一致。

6. 标注尺寸　标注尺寸时，先画出尺寸界线、尺寸线和箭头，再注写尺寸数字和其他文字说明。

7. 填写标题栏　经仔细检查图纸后，填写标题栏中的各项内容，完成全部绘图工作。

任务四　投影基础知识

一、投影概念

形体在阳光或灯光等光线的照射下，会在墙面或地面上投下影子，这就是投影现象。投影法是将这一现象加以科学总结而产生的。投射线通过形体，向选定的面投射，并在该面上得到图形的方法称为投影法。投影法分为中心投影法和平行投影法两种。

（一）中心投影法

如图2－39（a）所示，设 *S* 为投射中心，通过三角形上各点的投射线与投影面的交点称为点在平面上的投影，这种投射线都通过投射中心的投影法称为中心投影法。日常生活中，照相、电影和人眼看东西得到的影像，都属于中心投影。由于用中心投影法绘制的图形符合人们的视觉习惯，立体感强，因而常用来绘制建筑物的透视图。但是，由于中心投影法作图复杂，且度量性差，故制图图样中很少采用。

（二）平行投影法

将投射中心 *S* 移到无穷远，使所有的投射线都相互平行，这种投影法称为平行投影法。

按投射线与投影面是否垂直，平行投影法又可分为正投影法和斜投影法。

1. 斜投影法　投射线倾斜于投影面的投影法，如图2－39（b）所示。

2. 正投影法　投射线垂直于投影面的投影法，如图2－39（c）所示。

由于正投影能准确地反映形体的形状和大小，便于测量，且作图简便，所以机械图样通常采用正投影法绘制。今后若不特别说明，投影均指正投影。

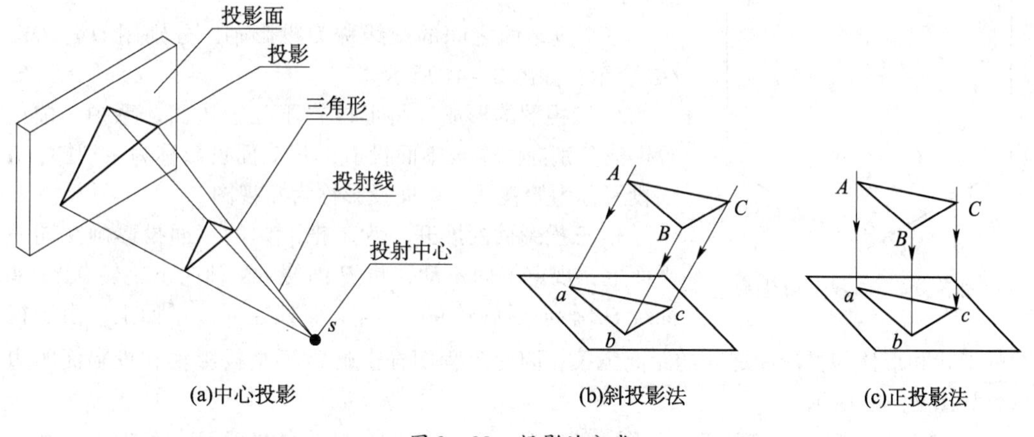

图2－39　投影的分类

（三）正投影的基本特性

1. 真实性　当直线（或平面）平行于投影面时，其投影反映实长（或实形），这种投影特性称为真实性，如图2－40（a）所示。

2. 积聚性　当直线（或平面）垂直于投影面时，其投影积聚成点（或直线），这种投影特性称为积聚性，如图2－40（b）所示。

3. 类似性　当直线或平面既不平行也不垂直于投影面时，直线的投影仍然是直线，但长度缩短，平面的投影是原图形的类似形（与原图形边数相同，平行线段的投影仍然平行)，但投影面积变小，这种投影特性称为类似性，如图 2－40（c）所示。

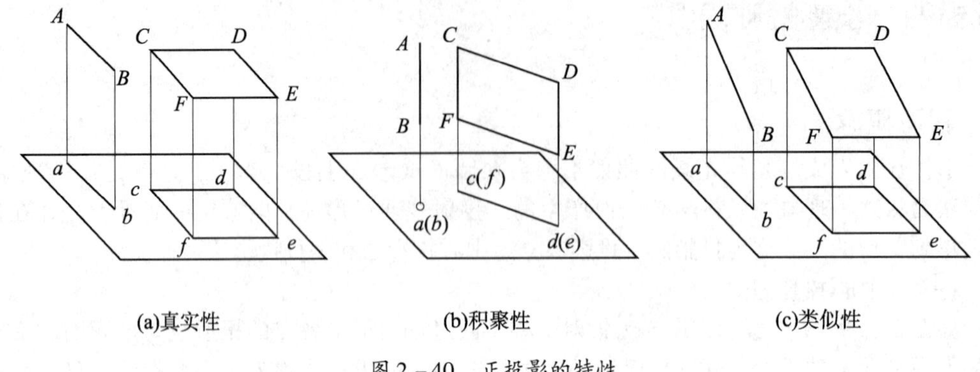

图 2－40 正投影的特性

二、形体的三视图

根据有关标准和规定，用正投影法绘制出的形体的图形，称为视图。空间形体具有长、宽、高三个方向的形状，而形体相对投影面正放时得到的单面正投影图只能反映形体两个方向的形状。为了完整地表达形体的形状，常采用从几个不同方向进行投射的多面正投影图。从形体的六个方向进行正投影得到的图形，称为基本视图。使用最多的是三视图。

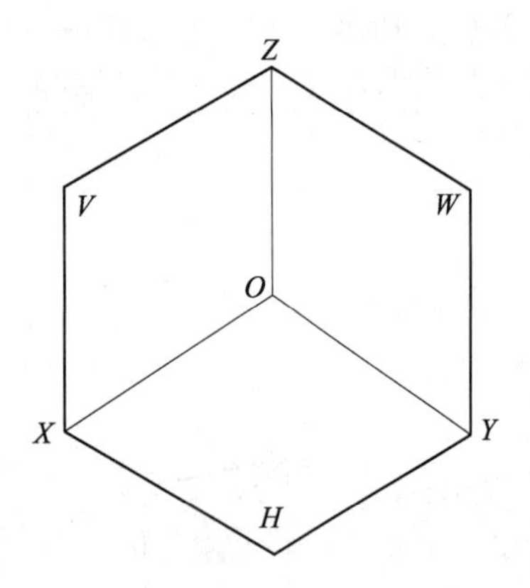

图 2－41 三投影面体系

1. 三投影面体系的建立 用三个互相垂直的投影面构成一个三投影面体系，三个投影面分别为：正面投影面，用 *V* 表示；水平投影面，用 *H* 表示；侧面投影面，用 *W* 表示。

三个投影面之间的交线称为投影轴，分别用 *OX*、*OY*、*OZ* 表示，如图 2－41 所示。

2. 三视图的形成 将形体置于三投影面体系中，按正投影法分别向三个投影面投射，其 *V* 面投影称为主视图，*H* 面投影称为俯视图，*W* 面投影称为左视图。

3. 三投影面的展开 为了把形体的三面投影画在同一平面上，规定 *V* 面不动，将 *H* 面绕 *OX* 轴向下旋转 90°，*W* 面绕 *OZ* 轴向后旋转 90°，与 *V* 面处在同一平面上。由于视图的形状和形体与投影面之间的距离无关，因此工程图样上通常不画投影轴和投影面的边框，如图 2－42 所示。

4. 三视图之间的对应关系 如图 2－42 所示，主视图反映形体的高度和长度；俯视图反映形体的长度和宽度；左视图反映形体的高度和宽度。三视图之间的对应关系为：①主、俯视图长对正；②主、左视图高平齐；③俯、左视图宽相等。

“长对正、高平齐、宽相等”是画图和读图必须遵循的最基本的投影规律。应用这个规律作图时，要注意形体的上、下、左、右、前、后六个方位与视图的关系。如俯视图的下面和左视图右面都反映形体的前面，俯视图的上面和左视图的左面都反映形体的后面，即“远离主视为前”。因此，在俯、左视图上量取宽度时，要特别注意量取的起点和方位。

5. 画三视图的方法 首先，选择反映形体形状特征最明显的方向作为主视图的投射方向。将形体在三投影面体系中放正，然后，保持形体不动，按正投影法向各投影面投射，具体画图步骤如图 2－43 所示。

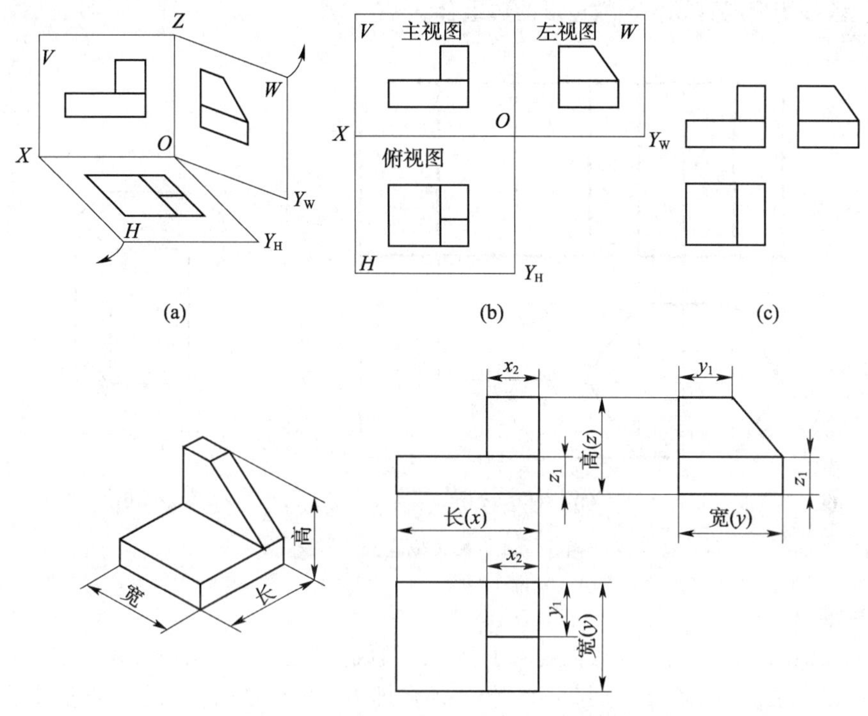

图 2－42　三视图的形成及对应关系

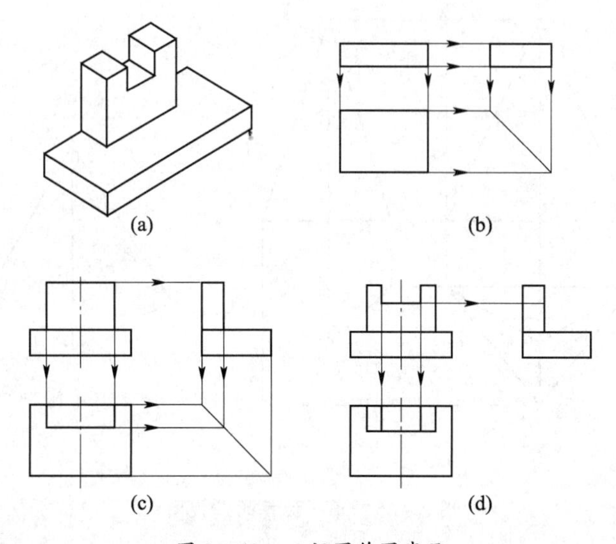

图 2－43　三视图作图步骤

三、基本体的投影

（一）平面基本体

1. 棱柱

（1）棱柱的组成　由两个底面和若干侧棱面组成。侧棱面与侧棱面的交线叫侧棱线，侧棱线相互平行。

（2）正六棱柱的三视图　图2－44所示即为正六棱柱的三视图。正六棱柱的两底面为水平面，在俯视图中反映实形。前后两侧棱面是正平面，其余四个侧棱面是铅垂面，它们的水平投影都积聚成直线，与六边形的边重合。

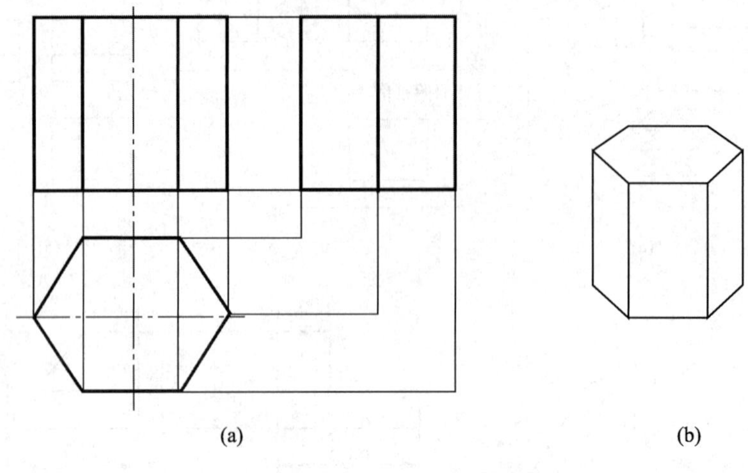

图2－44　正六棱柱的三视图

2. 棱锥

（1）棱锥的组成　由一个底面和若干侧棱面组成。侧棱线交于有限远的一点——锥顶。

（2）正三棱锥的三视图　图2－45（a）所示即为正三棱锥的三视图。正三棱锥底面是水平面，在俯视图上反映实形。侧棱面为侧垂面，另两个侧棱面为一般位置平面。

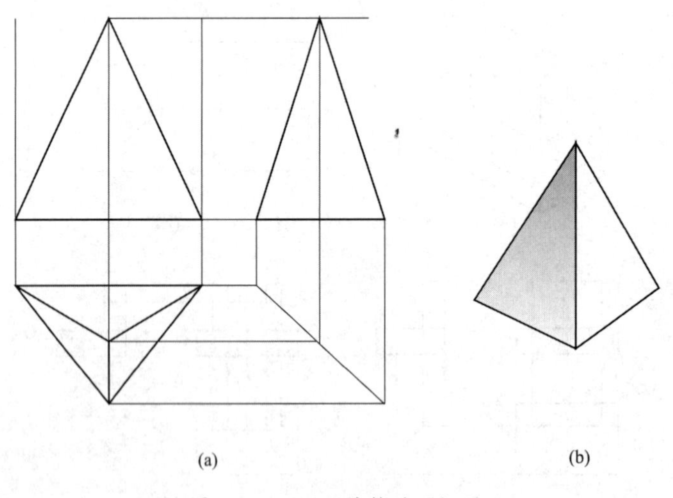

图2－45　正三棱锥的三视图

（二）曲面基本体

1. 圆柱体

（1）圆柱体的组成　如图2－46所示，圆柱体由圆柱面和两个底面组成。圆柱面是由直线 AA_1 绕与它平行的轴线 OO_1 旋转而成。

母线——直线 AA_1 称为母线。

素线——圆柱面上与轴线平行的任一直线称为圆柱面的素线。

（2）圆柱体的三视图　圆柱面的俯视图积聚成一个圆，在另两个视图上分别以两个方向的轮廓素线的投影表示。

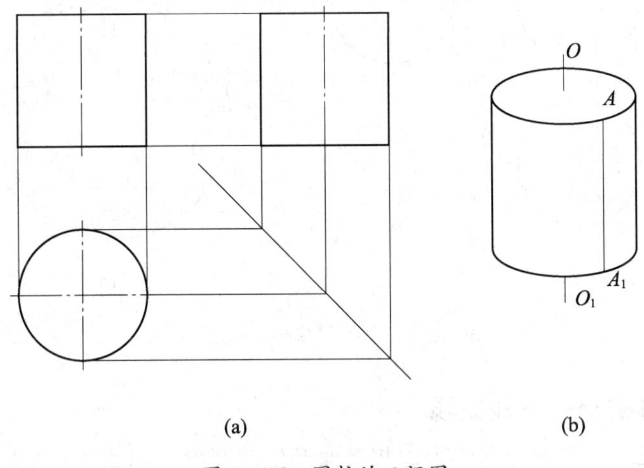

(a)　　(b)

图 2－46　圆柱的三视图

2. 圆锥体

（1）圆锥体的组成　如图 2－47 所示，圆锥体由圆锥面和底面组成。圆锥面是由直线 SA 绕与它相交的轴线 OO_1 旋转而成。S 称为锥顶，直线 SA 称为母线。圆锥面上过锥顶的任一直线称为圆锥面的素线。

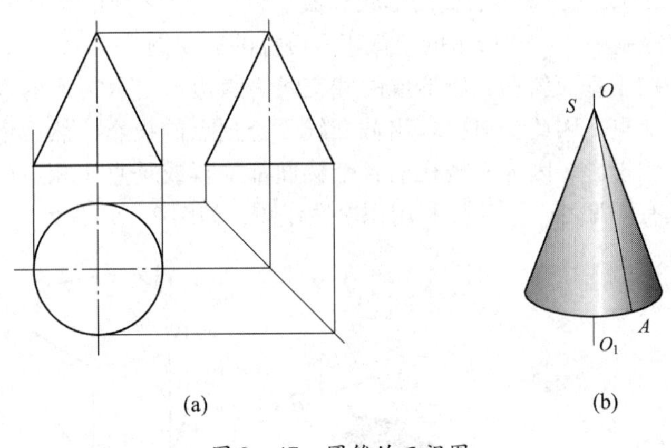

(a)　　(b)

图 2－47　圆锥的三视图

（2）圆锥体的三视图　如图 2－47 所示，俯视图为一圆，另两个视图为等边三角形，三角形的底边为圆锥底面的投影，两腰分别为圆锥面不同方向的两条轮廓素线的投影。

3. 圆球

（1）圆球的形成　如图 2－48 所示，圆球是圆母线以它的直径为轴旋转而成。

（2）圆球的三视图　三个视图分别为三个和圆球的直径相等的圆，它们分别是圆球三个方向轮廓线的投影。

（3）轮廓线的投影与曲面可见性的判断　以 K 点为例。

（4）圆球面上取点　辅助圆法。

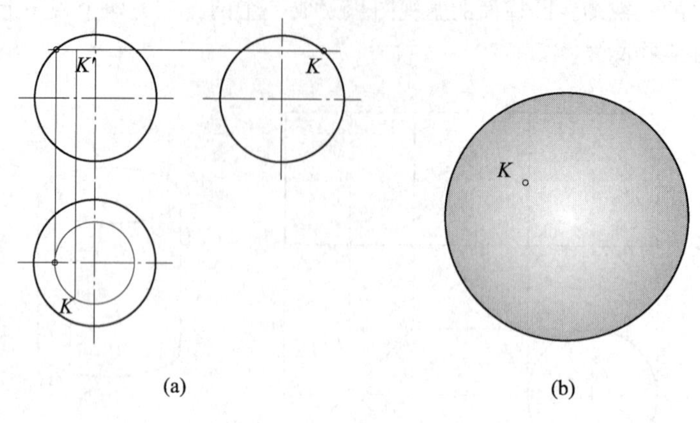

图 2-48　圆球的三视图

四、平面与形体相交——截交线

在机件上常见一些平面与立体表面相交而产生的交线，如图 2-49 所示。当立体被平面截断成两部分时，其中任何一部分均称为截断体，该平面则称为截平面，而截平面与立体表面的交线称为截交线。截交线具有下列性质。

1. 截交线既在截平面上，又在立体表面上，因此，截交线是截平面与立体表面的共有线，截交线上的点是截平面与立体表面的共有点。

2. 由于立体表面是封闭的，因此截交线一般是封闭的平面图形。

3. 截交线的形状取决于立体表面的形状和截平面与立体表面的相对位置。

【例 2-1】　绘制图 2-50 所示的斜截正六棱柱的三视图。

分析：六棱柱被正垂面斜切，所形成的截交线为六边形。六边形的六个顶点分别为六条棱线与截平面的交点。因此，只要求出截交线六个顶点的投影，然后依次连接各点的同面投影，即得截交线投影。因为六棱柱的各个棱面都平行或垂直于相应的投影面，所以这些平面的投影都具有积聚性，可直接利用积聚性作图，如图 2-51 所示。

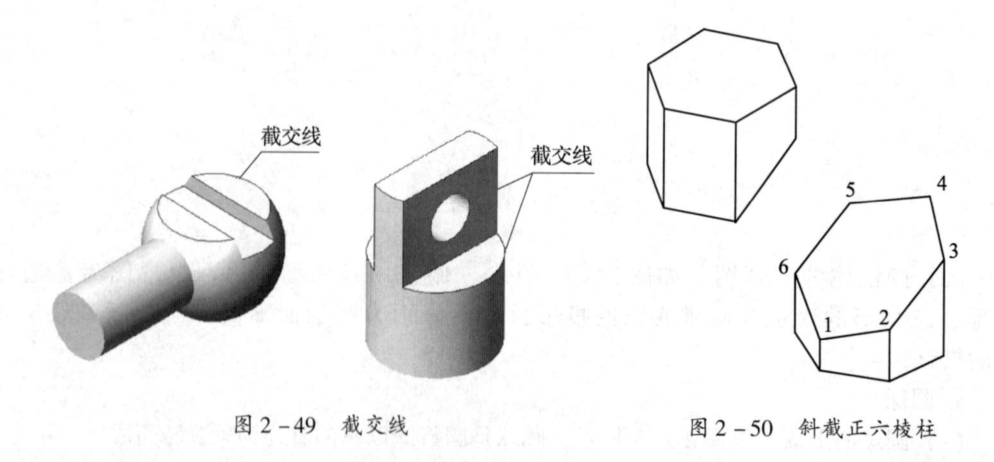

图 2-49　截交线　　　　图 2-50　斜截正六棱柱

绘图步骤要点：

1. 在正面投影中找出 P_v 与六棱柱棱线的交点 1′、2′、3′、4′、5′、6′。

2. 作出上述各点的侧面投影 1″、2″、3″、4″、5″、6″和水平投影 1、2、3、4、5、6。

3. 顺次连接各点的同面投影，即得截交线的三面投影。

4. 判断可见性，由于六棱柱最右棱线被截平面和最左棱线遮挡，其侧面投影不可见，在截平面侧面投影范围内应画成虚线。

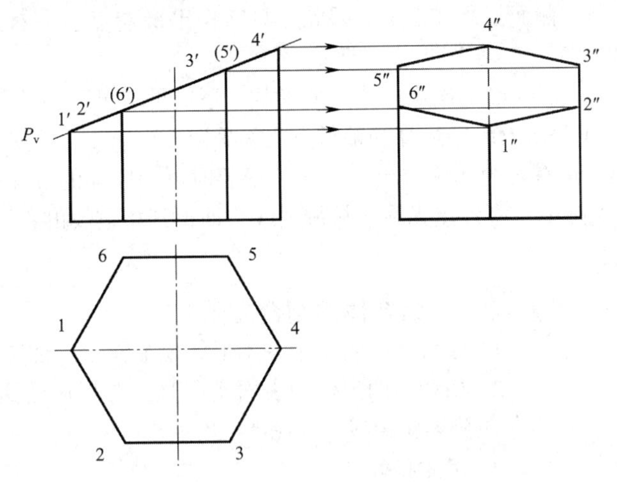

图 2－51　斜截正六棱柱的三视图

五、两立体相交——相贯线

两立体相交，又称相贯。如图 2－52 所示，两形体相贯时，形体表面产生的交线称为相贯线。

（一）相贯线的主要性质

1. 表面性　相贯线位于两立体的表面上。

2. 封闭性　相贯线一般是封闭的空间折线（通常由直线和曲线组成）或空间曲线。

3. 共有性　相贯线是两立体表面的共有线。

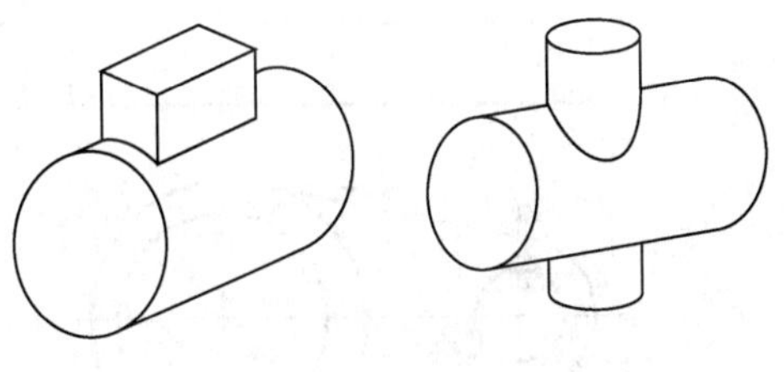

图 2－52　相贯线

（二）表面求点法求相贯线

如图 2－53 所示，小圆柱的轴线垂直于 *H* 面，该圆柱面的水平投影积聚为圆，相贯线的水平投影必重合在小圆柱水平投影的圆上。大圆柱的轴线垂直于 *W* 面，则该圆柱面的侧面投影积聚为圆，相贯线的侧面投影必重合在大圆柱侧面投影的一段圆弧上。因此，相贯线的三面投影中，只有正面投影需要求作。

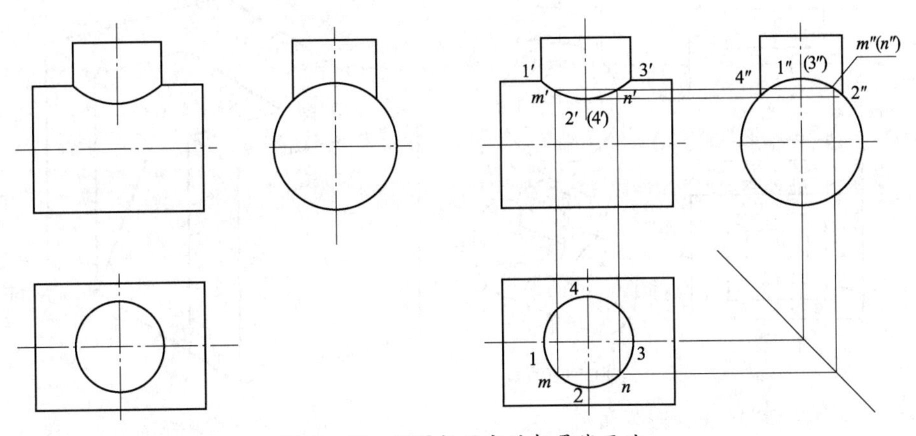

图 2－53　两圆柱正交的相贯线画法

1. 求作特殊点 相贯线的特殊点为最前、最后、最左、最右、最高、最低点。最左、最右点（也是最高点）的水平投影1、2，侧面投影1″、（2″）；最前、最后点（也是最低点）的水平投影3、4，侧面投影3″、4″。因此，只需作出最左点、最右点和最前点、最后点的正面投影1′、2′、3′（4′与3′重合）即可。

2. 求作一般点 为了准确地确定相贯线的形状，还应再求出适当数量的一般位置的点。如图2－53，在相贯线侧面投影的最高和最低点之间确定m''（n''），根据“三等”规律先在俯视图中求出m、n，再在主视图中求出m'、n'。必要时可用同样的方法多求几个点。

3. 连线 在主视图中，将各点光滑连接成曲线，即得到相贯线的正面投影。

六、基本体的组合

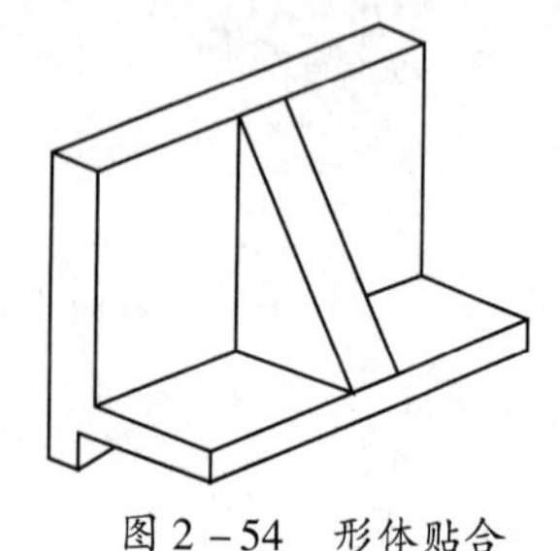

图2－54 形体贴合

（一）组合体的组合方式

1. 贴合 由若干个基本形体叠加而成，如图2－54所示。

2. 相切 两形体的表面相切时，在相切处两表面为光滑过渡，不存在分界轮廓线，如图2－55所示。

3. 相交和截交

（1）相交 当两形体的表面相交时，在相交处应画出交线，如图2－56所示。

（2）截交 是平面与空间形体表面的交线，如图2－57所示。

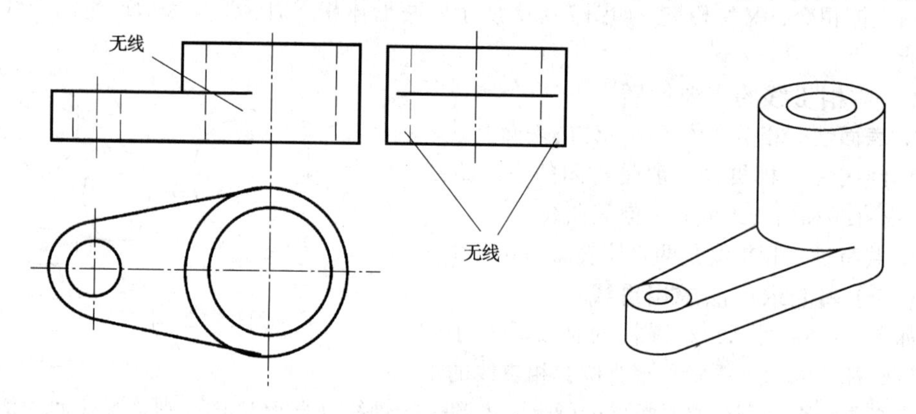

图2－55 形体相切

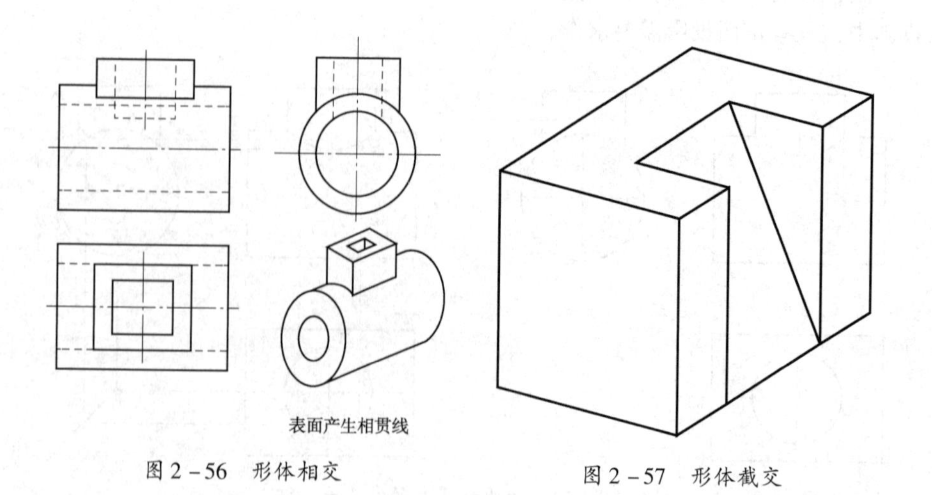

图2－56 形体相交

图2－57 形体截交

七、组合体的画图方法

（一）形体分析

根据组合体的形状，将其分解成若干部分，弄清各部分的形状和它们的相对位置及组合方式，分别画出各部分的投影。

【例2－2】 画出如图2－58所示轴承座的三视图。

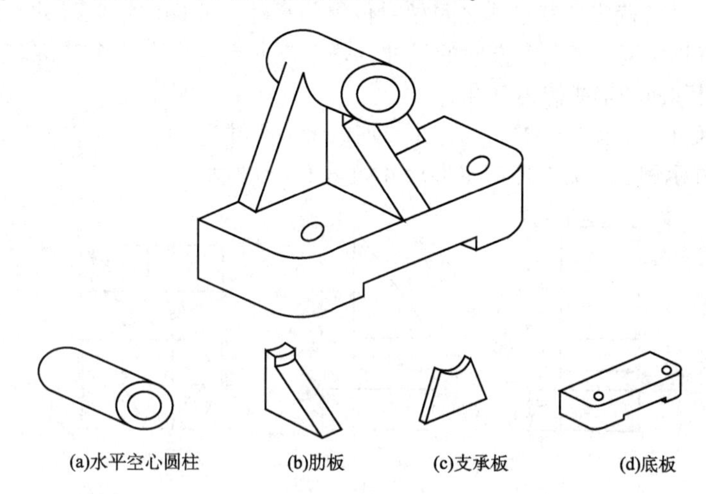

图2－58 组合体的形体分析

分析：作图步骤如图2－59所示。

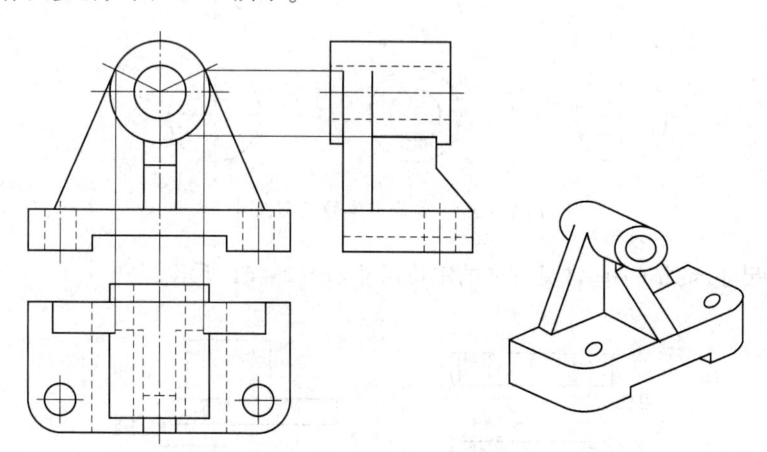

图2－59 组合体的绘图步骤

1. 分解形体。
2. 分析各部分间的相对位置及表面过渡关系。
3. 选择主视图 较多地表达出形体的形状特征及各部分间的相对位置关系。
4. 画底稿。

（1）布置视图 画对称中心线、轴线及定位基准线。

（2）逐个画各形体的三视图。

①从反映形体特征的视图开始画，三个视图对照画。

②先整体，后局部；先定位置，后定形状。

5. 检查、加深。

（二）组合体尺寸标注

1. 标注尺寸的基本要求 要符合国家标准的有关规定，将确定组合体各部分形状大小及相对位置的尺寸标注完全，不遗漏，不重复。尺寸布置要整齐、清晰，便于阅读。

2. 尺寸的种类

（1）定形尺寸 确定各基本体形状和大小的尺寸。

（2）定位尺寸 确定各基本体之间相对位置的尺寸。要标注定位尺寸，必须先选定尺寸基准。形体有长、宽、高三个方向的尺寸，每个方向至少要有一个基准。通常以形体的底面、端面、对称面和轴线作为基准。

（3）总体尺寸 形体长、宽、高三个方向的最大尺寸。

3. 定形尺寸示例 常见形体的定形尺寸如图 2－60 所示。

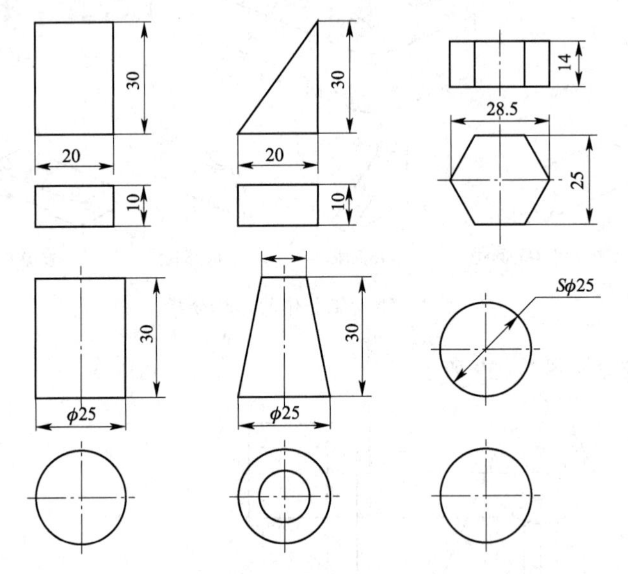

图 2－60 常见形体的定形尺寸

4. 定位尺寸示例 一些常见形体的定位尺寸如图 2－61 所示。

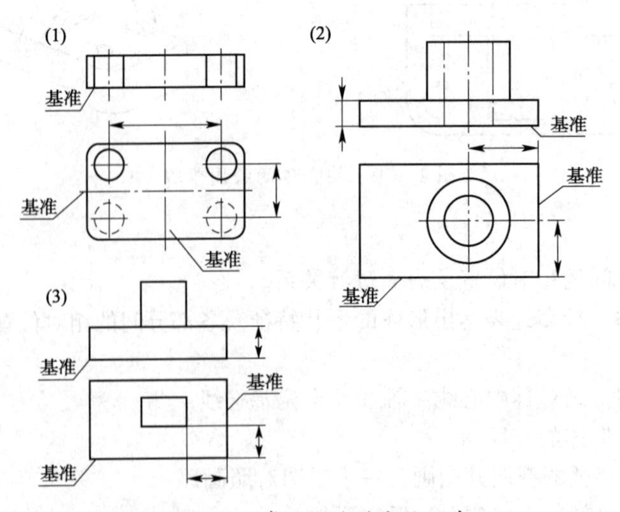

图 2－61 常见形体的定位尺寸

5. 标注定形、定位尺寸时应注意的问题

（1）基本体被平面截切时，切口形成的线称为截交线，如图 2－62 所示，要标注基本体的定形尺寸和截平面的定位尺寸。注意：不能在截交线上直接注尺寸。

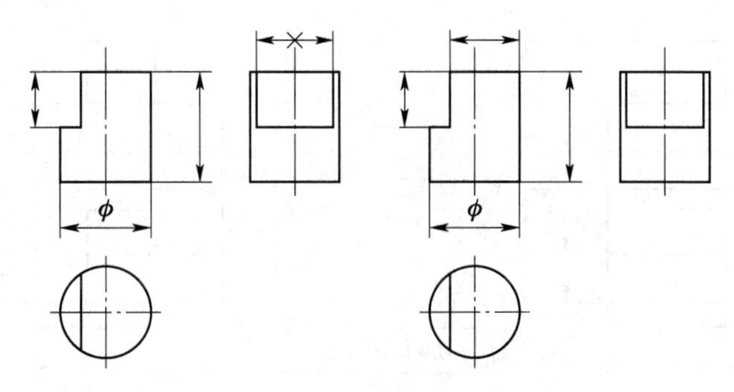

图 2－62　组合体尺寸标注

（2）当组合体的表面具有相贯线时，应标注产生相贯线的两基本体的定形、定位尺寸，如图 2－63 所示。注意：不能在相贯线上直接注尺寸。

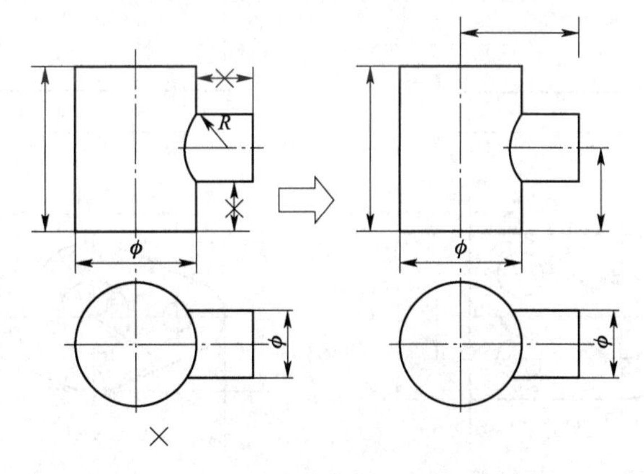

图 2－63　组合体尺寸标注

（3）对称结构的尺寸不能只标注一半，如图 2－64 所示。

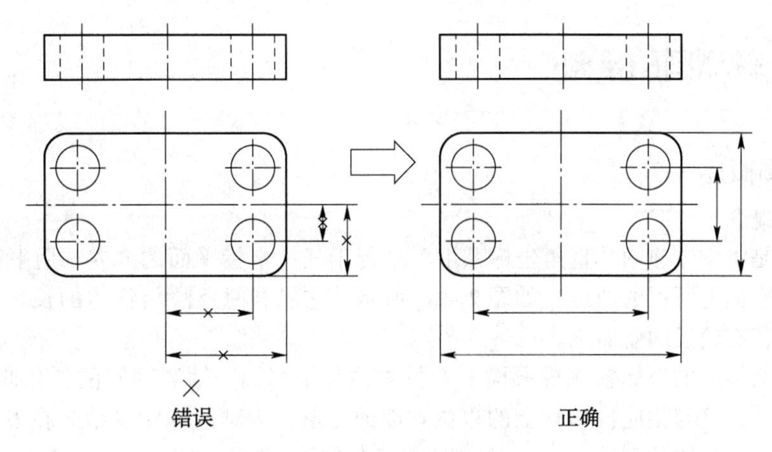

图 2－64　组合体尺寸标注

6. 组合体的总体尺寸 总体尺寸有时可能就是某形体的定形或定位尺寸，这时不再注出。当标注总体尺寸后出现多余尺寸时，需作调整，避免出现封闭尺寸链，如图 2－65 所示。

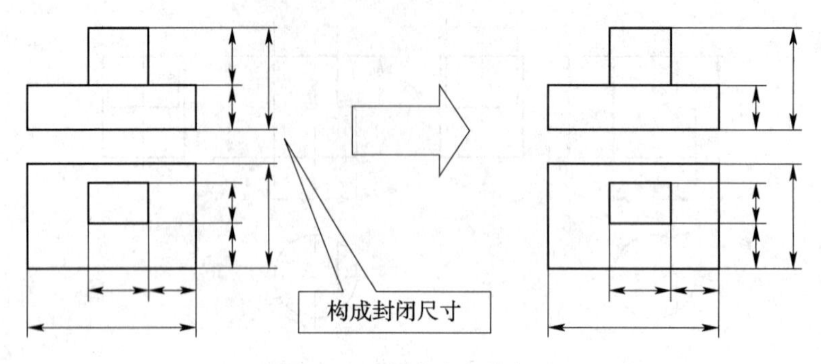

图 2－65 组合体尺寸标注

当组合体的某一方向具有回转结构时，如图 2－66 所示，由于标注出了定形、定位尺寸，该方向的总体尺寸不再注出。

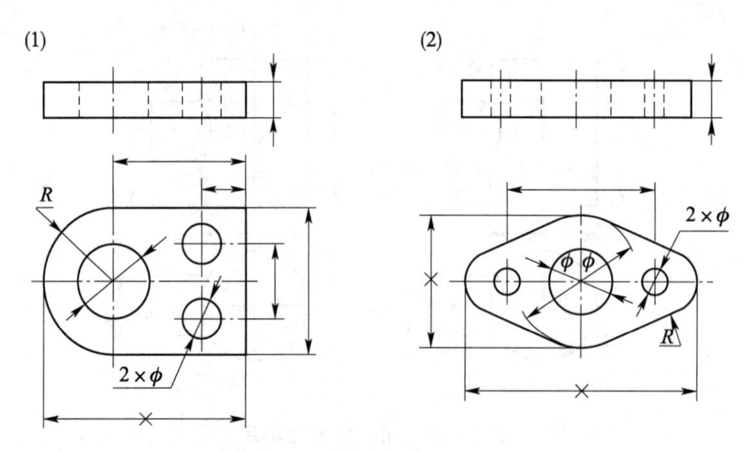

图 2－66 组合体尺寸标注

任务五 轴测图的绘制

一、轴测图概述

（一）概念

轴测图是将物体连同其直角坐标系沿不平行于任一坐标平面的方向，用平行投影法投射在单一投影面上所得的图形，如图 2－67 所示。它能同时反映出物体的长、宽、高三个方向的尺度，有较强的立体感。

建立在物体上的坐标轴在投影面上的投影称为轴测轴。轴测轴间的夹角叫作轴间角。轴测轴上单位长度与相应投影轴上的单位长度的比值称为轴向伸缩系数。在 OX、OY、OZ 轴上的轴向伸缩系数分别用 p_1、q_1、r_1 表示，简化伸缩系数分别用 p、q、r 表示。

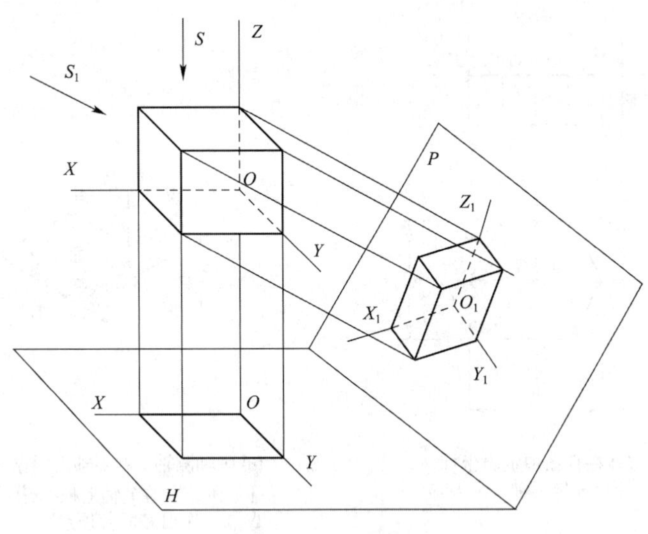

图 2－67 轴测图

（二）轴测图的种类

1. 正轴测图 投射方向垂直于轴测投影面的轴测投影称为正轴测图。

2. 斜轴测图 投射方向倾斜于轴测投影面的轴测投影称为斜轴测图。

（三）轴测图的基本特性

由于轴测图采用的是平行投影法，具有平行投影的基本特性。

1. 物体上平行于坐标轴的直线段的轴测投影仍与相应的轴测轴平行。

2. 物体上相互平行的线段的轴测投影仍相互平行。空间相互平行的直线，其轴测投影仍相互平行。

3. 物体上两平行线段或同一直线上的两线段长度之比，在轴测投影后保持不变。

二、正等轴测图

正等轴测图的轴间角均为120°，通常取简化伸缩系数 $p=q=r=1$，如图 2－68，这样绘制的图形尺寸虽有变化，但形状和直观性都不发生变化。

（一）平面立体的画法

根据物体在正投影图上的坐标，画出物体的正等轴测图，称为用坐标法画轴测图。作图时，首先根据立体的形状特点，确定坐标原点的恰当位置（不影响轴测图的形状），然后按立体上各顶点的坐标作出其轴测投影，连接相应顶点的轴测投影即为平面立体的正等轴测图。

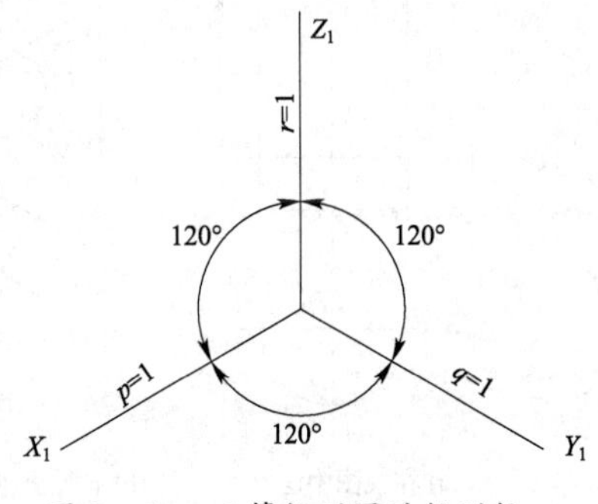

图 2－68 正等轴测图的轴测轴

如图 2－69 所示，试根据正六棱柱的两视图作出其正等轴测图。

作图步骤：

（1）在试图中定出坐标原点和坐标轴。

（2）画轴测轴，在 X_1 轴上作出Ⅰ、Ⅱ点，在 Y_1 轴上作出Ⅲ、Ⅳ点。

（3）过点作轴上的平行线，作出其余 4 个顶点，根据 h 作出底面各顶点。

（4）连接各可见顶点，加粗完成全图。

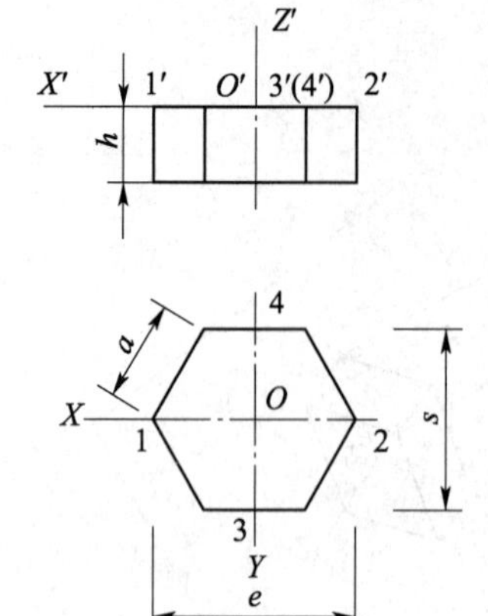

(a) 在视图中定出坐标原点和坐标轴

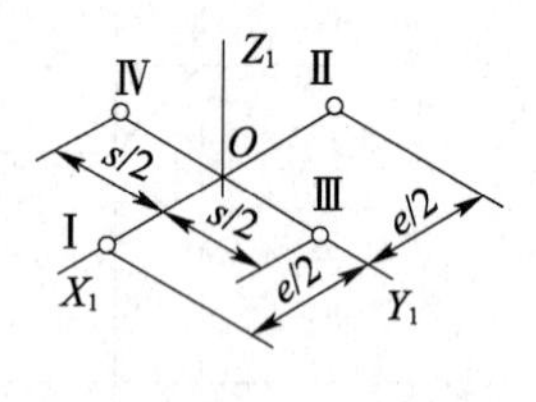

(b) 画轴测轴，在X_1轴上根据e作出Ⅰ、Ⅱ点，在Y_1轴上根据s作出Ⅲ、Ⅳ点，作出底面各顶点

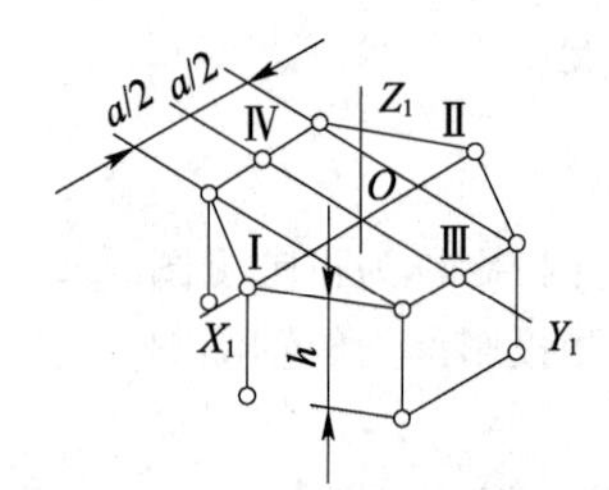

(c) 过Ⅲ、Ⅳ点作X_1轴的平行线，根据a作出其余4个顶点，根据h作出另一底面各顶点

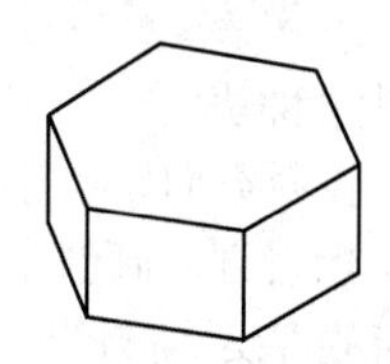

(d) 连接各可见顶点，描深即完成全图

图 2－69　正六棱柱的正等轴测图

（二）回转体正等轴测图

画回转体的正等轴测图时，首先画出平行于坐标面圆的正等测图——椭圆，进而画出整个回转体的正等测图。图 2－70 所示为圆柱的正等轴测图画法。

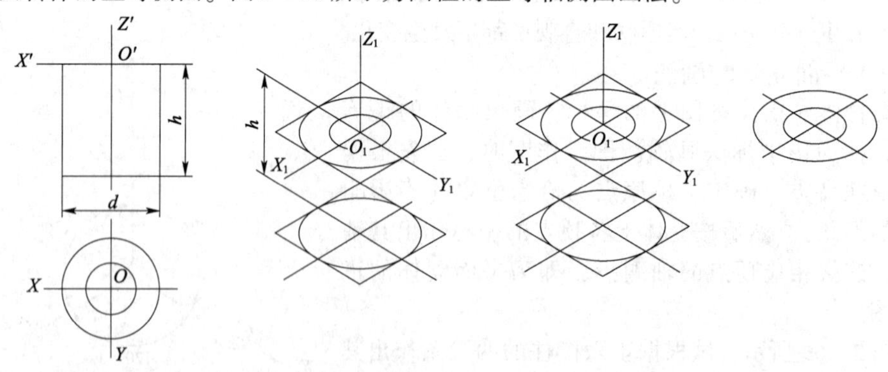

(a) 在视图中定出坐标原点和坐标轴　(b) 画轴测轴，确定上、下底椭圆的中心，画出两菱形　(c) 画出两个椭圆　(d) 作两椭圆的公切线，描深即完成全图

图 2－70　圆柱的正等轴测图画法

作图步骤：

（1）在试图中定出坐标原点和坐标轴。

（2）画轴测轴，确定上、下底椭圆的中心，画出两菱形。

（3）画出两椭圆。

（4）作两椭圆的公切线，加粗完成全图。

三、斜二测图

采用斜二测投影时，通常使两坐标轴与轴测投影面平行，另一轴测轴与这两根轴成135°，如图2－71所示，斜二测图的轴向伸缩系数 $p=r=1$，$q=0.5$。这样，物体上平行于坐标面 XOZ 的直线、曲线和平面图形在正面斜轴测图中反映实长和实形。当形体中沿某一方向有较复杂的轮廓，如有较多的圆或圆弧，可使形体上的这些圆或圆弧，在空间处于正平面，这些圆或圆弧在斜二测图中反映实形，绘制轴测图很方便。

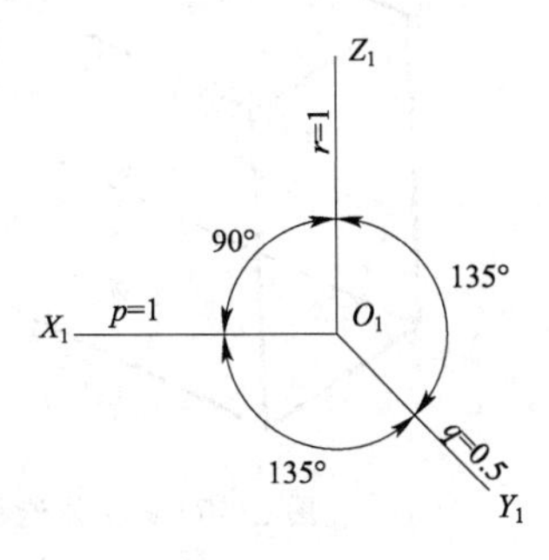

图2－71　斜二测图的轴测轴

如图2－72，画出连杆斜二测图。空间平行于 XOZ 坐标面的平面图形，在斜二测图中反映实形。图2－72（a）所示形体，其斜二测图的作图步骤如图2－72（a）～（d）。

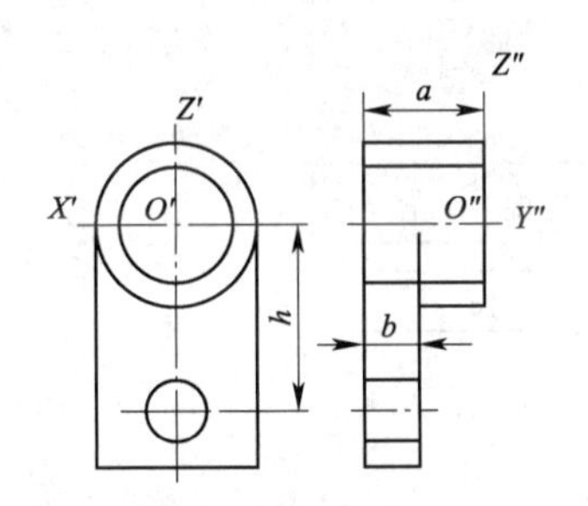

(a) 在视图中定出坐标、原点和坐标轴

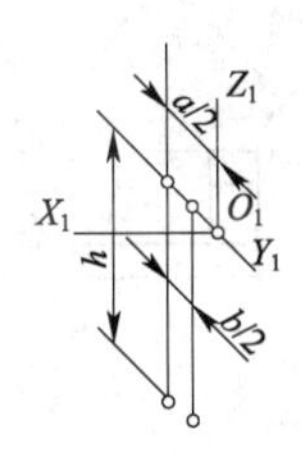

(b) 画轴测轴，确定各坐标面圆或圆弧的圆心

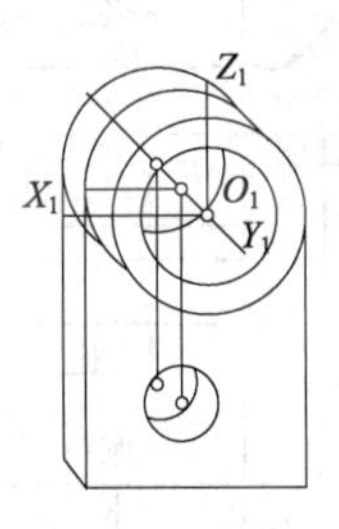

(c) 画出各坐标面圆或圆弧

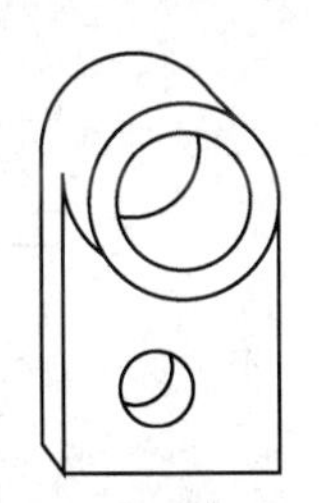
(d) 作相应圆或圆弧的公切线，描深即完成全圆

图2－72　斜二测图的画法

任务六　物体的表达方法

一、视图

将物体向投影面投射所得图形称为视图。用于表达机件外形的视图有基本视图、局部视图、斜视图。

1. 基本视图　如图2－73所示，任何一个物体都有六个面，从不同的方向看产生不同的图形，物体向基本投影面投射所得的视图为基本视图。

主视图——由前向后投射所得的视图；

俯视图——由上向下投射所得的视图；

左视图——由左向右投射所得的视图；

仰视图——由下向上投射所得的视图；

右视图——由右向左投射所得的视图；

后视图——由后向前投射所得的视图；

投影面展开方法：正面保持不动，其他投影面展开方法如图2－74所示。

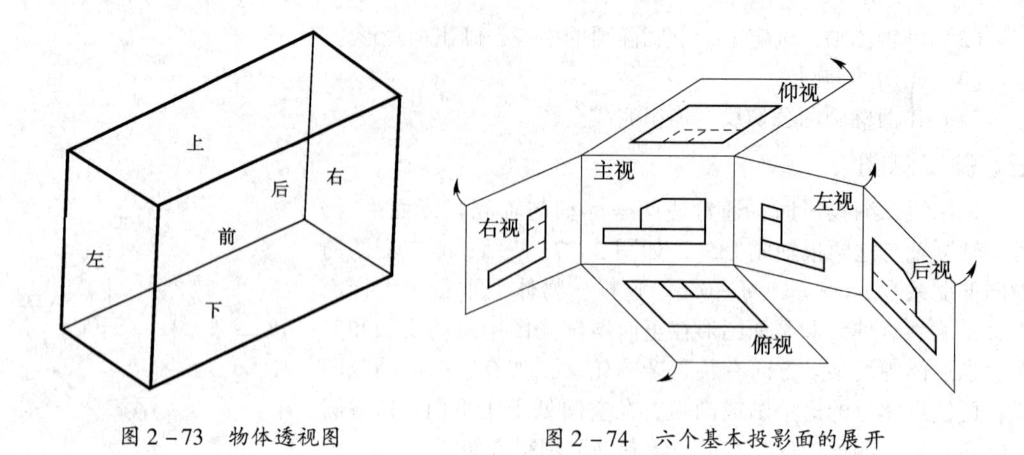

图 2-73 物体透视图　　图 2-74 六个基本投影面的展开

六面视图的投影对应关系如图 2-75 所示。

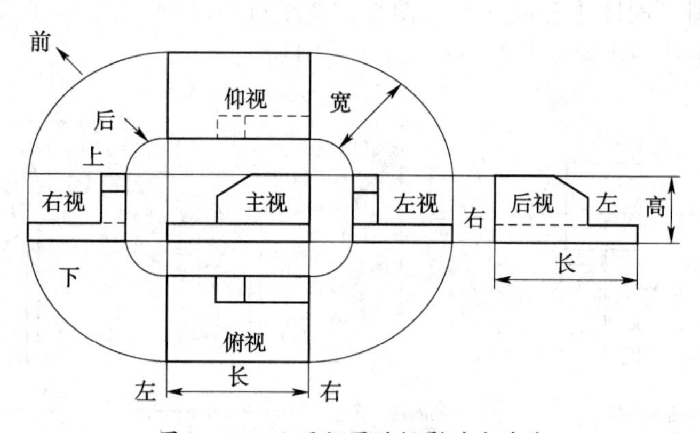

图 2-75 六面视图的投影对应关系

由图 2-76 可知视图的度量对应关系：仍遵守“三等”规律。方位对应关系：除后视图外，靠近主视图的一边是物体的后面，远离主视图的一边是物体的前面。

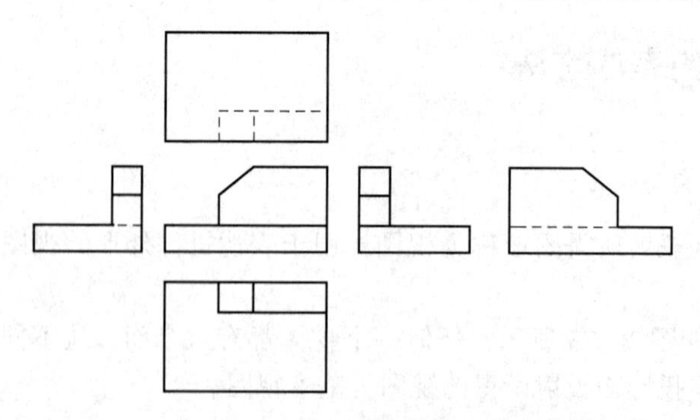

图 2-76 六面视图的基本配置

2. 向视图 向视图是可以自由配置的视图。按基本位置配置的视图，如图 2-76 所示。当图纸空间有限时可按图 2-77 放置视图。

按自由配置的位置画视图时在相应的向视图的上方标注字母，在相应视图附近用箭头指明投射方向，并标注相同的字母。表示投射方向的箭头尽可能配置在主视图上，只有表示后视投射方向的箭头才配置在其他视图上。

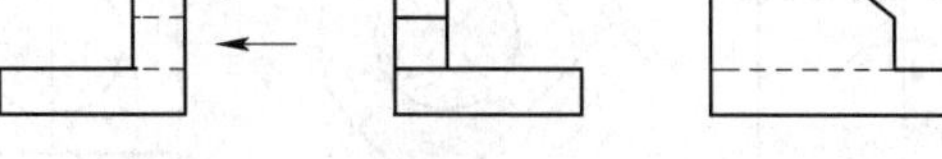

图 2－77　六面视图的自由配置

3. 局部视图　局部视图是将物体的某一部分向基本投影面投射所得的视图。

局部视图画法的注意事项，如图 2－78 所示。

(1) 用带字母的箭头指明要表达的部位和投射方向，并注明视图名称。

(2) 局部视图的范围用波浪线表示。当表示的局部结构是完整的且外轮廓封闭时，波浪线可省略。

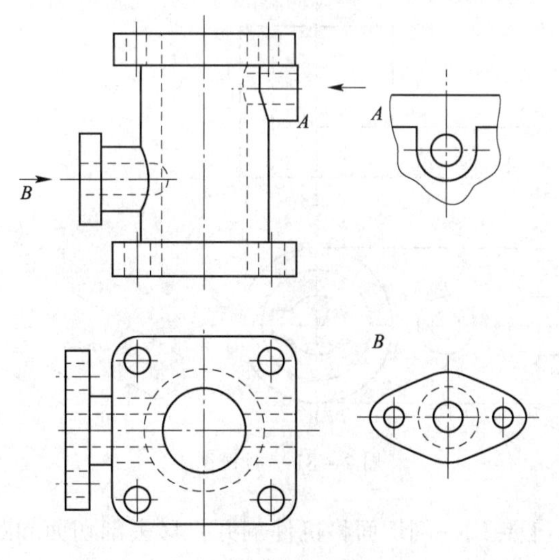

图 2－78　局部视图

(3) 局部视图可按基本视图的配置形式配置，也可按向视图的配置形式配置。

4. 斜视图　当物体的表面与投影面成倾斜位置时，其投影不反映实形。因此增设一个与倾斜表面平行的辅助投影面，将倾斜部分向辅助投影面投射。斜视图是物体向不平行于基本投影面的平面投射所得的视图。

斜视图画法的注意事项，如图 2－79 所示。

(1) 斜视图的断裂边界用波浪线或双折线表示。

(2) 斜视图通常按投射方向配置和标注。

(3) 允许将斜视图旋转配置，但需在斜视图上方注明，如图 2－80 所示。

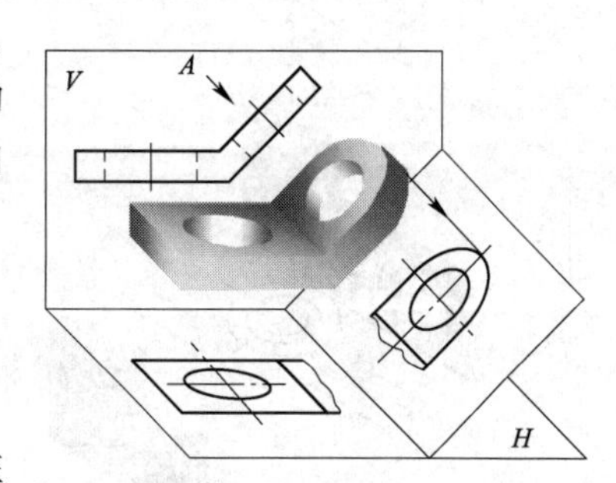

图 2－79　斜视图 1

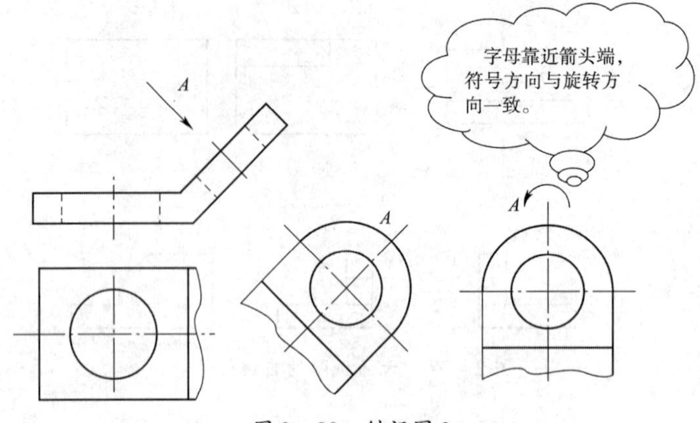

图 2－80　斜视图 2

二、剖视图

当机件的内部形状较复杂时，视图上将出现许多虚线，不便于看图和标注尺寸。如图 2－81所示，可采用剖视图。

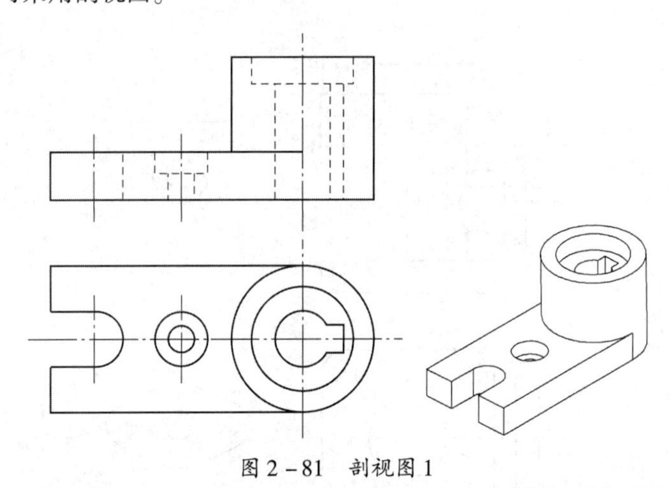

图 2－81　剖视图 1

1. 剖视图的形成　假想用一剖切面将机件剖开，移去剖切面和观察者之间的部分，将其余部分向投影面投射，并在剖面区域内画上剖面符号，如图 2－82 所示。

剖视图的画图步骤，如图 2－83 所示。

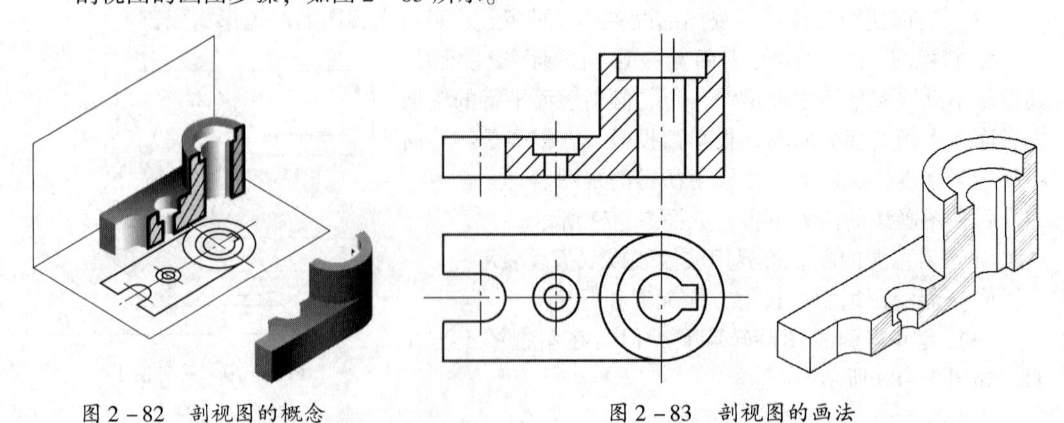

图 2－82　剖视图的概念　　　　图 2－83　剖视图的画法

（1）确定剖切面的位置

（2）想象哪部分移走了？剖面区域的形状是什么样的？哪些部分投射时可看到？

（3）在剖面区域内画上剖面符号。

2. 剖视图的标注 如图2-84，标注内容如下所示。

（1）剖切线 指示剖切面的位置（细单点长画线）。一般情况下可省略。

（2）剖切符号 表示剖切面起、迄和转折位置及投射方向。

（3）剖视图的名称 下列情况可省略标注。

剖视图按基本视图关系配置时，可省略箭头。

当单一剖切面通过机件的对称（或基本对称）平面，且剖视图按基本视图关系配置时，可不标注。

（4）剖面线 实体部分画45°细实线。

3. 画剖视图的注意事项

（1）剖切平面的选择 通过机件的对称面或轴线且平行或垂直于投影面。

（2）剖切是一种假想，其他视图仍应完整画出，并可取剖视。

（3）剖切面后方的可见部分要全部画出。

（4）在剖视图上已经表达清楚的结构，在其他视图上此部分结构的投影为虚线时，其虚线可省略不画，如图2-85所示。但没有表示清楚的结构，允许画少量虚线，如图2-86所示。

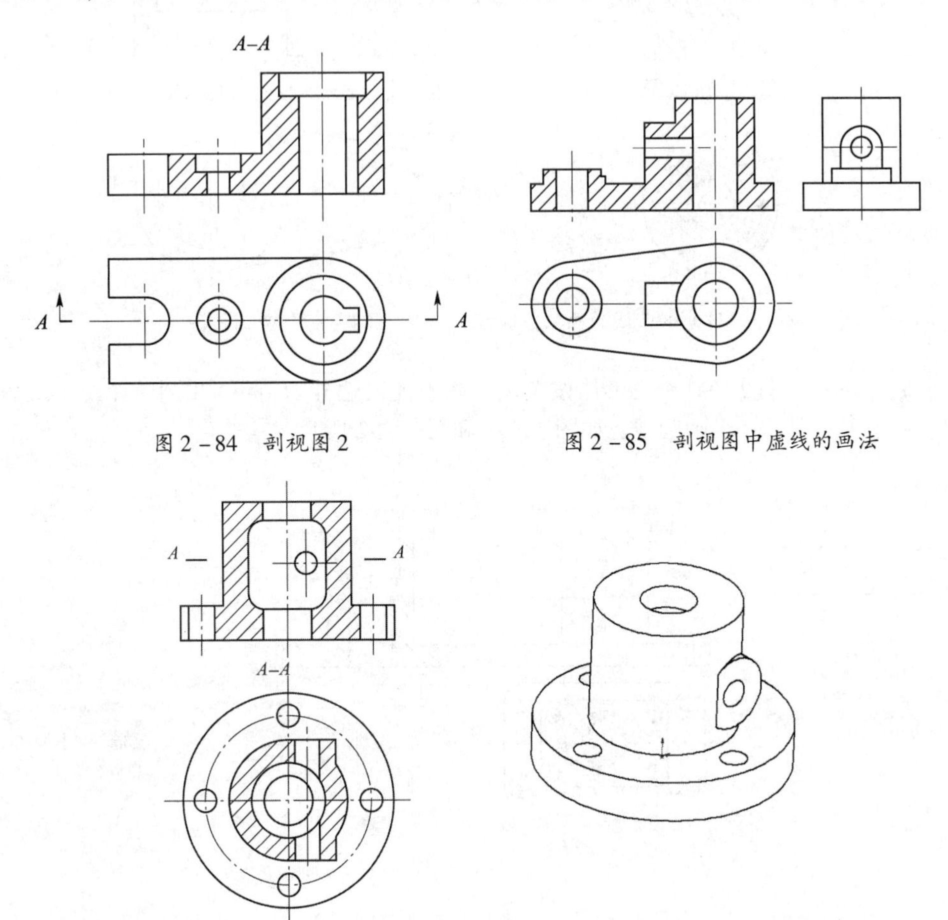

图2-84 剖视图2

图2-85 剖视图中虚线的画法

图2-86 剖视图中的虚线不宜省略

（5）不需在剖面区域中表示材料的类别时，剖面符号可采用通用剖面线表示。通用剖面线为45°细实线，最好与图形的主要轮廓或剖面区域的对称线成45°角，如图2－87所示；同一物体的各个剖面区域，其剖面线画法应一致。

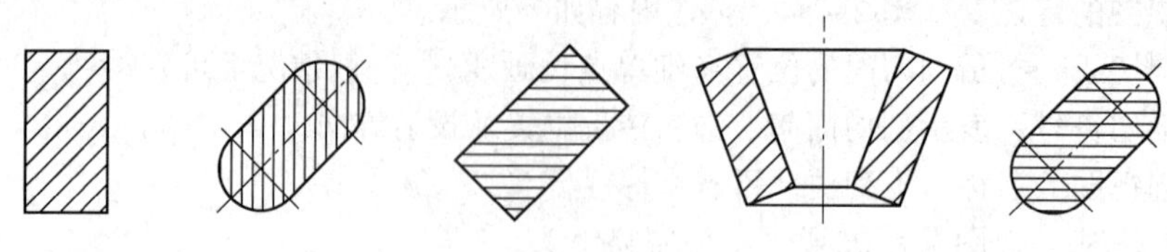

图2－87　剖面线的画法

当画出的剖面线与图形的主要轮廓线或剖面区域的轴线平行时，该图形的剖面线应画成与水平成30°或60°角，但其倾斜方向与其他图形的剖面线一致，如图2－88。

4. 剖视的种类及适用条件　在这里只介绍全剖视、半剖、局剖。

（1）全剖视　用剖切面完全地剖开物体所得的剖视图。适用范围为外形较简单，内形较复杂，而图形又不对称的形体（图2－89）。

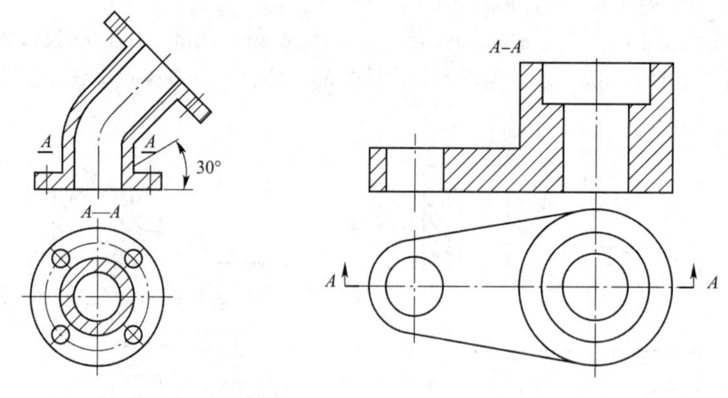

图2－88　倾斜处剖面线的画法　　图2－89　全剖视图

（2）半剖视　图2－90中的形体按全剖绘制不能表达外形，可采用半剖视。以对称线为界，一半画视图，一半画剖视，如图2－91和图2－92所示。

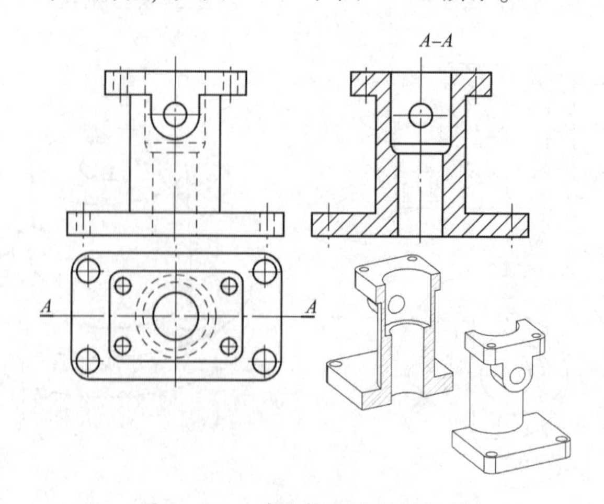

图2－90　对称物体的全剖视图

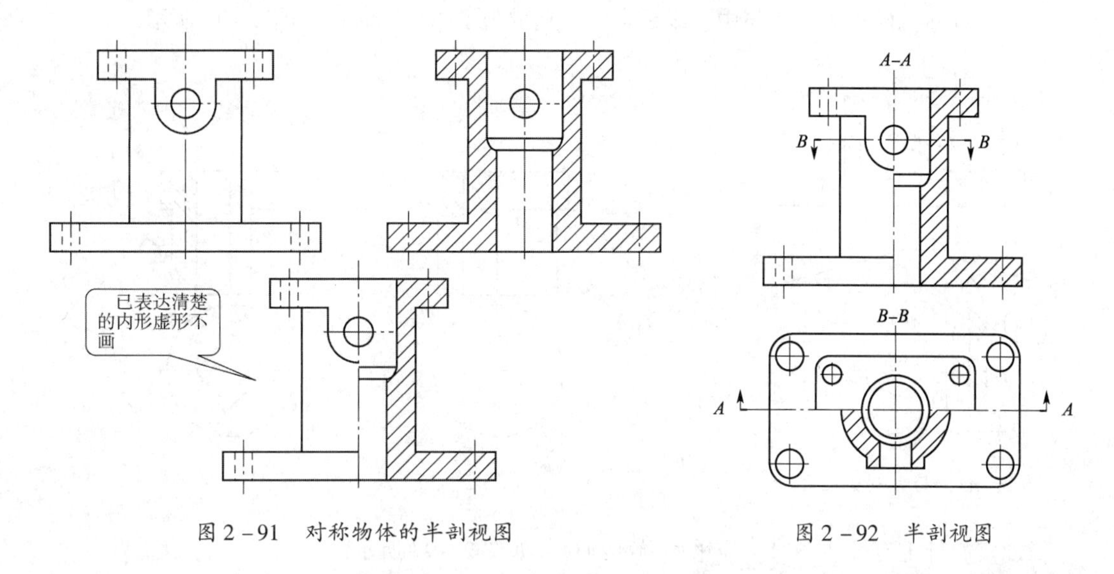

图 2－91　对称物体的半剖视图　　　　图 2－92　半剖视图

用半剖视表示形状基本对称的机件，不对称部分一定另有图形表达清楚，如图 2－93 所示。

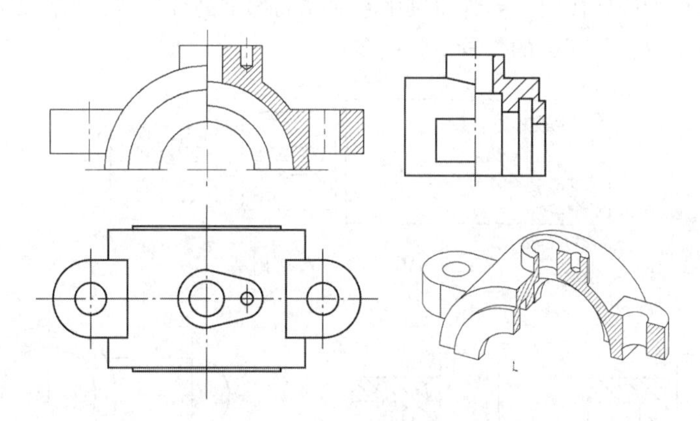

图 2－93　不对称物体的半剖视图

（3）局部剖　是指用剖切平面局部地剖开物体所得的剖视图。局部剖是一种较灵活的表示方法，适用范围较广。适用于以下几种情况。

①只有局部内形需要剖切表示，而又不宜采用全剖视图时，如图 2－94 所示。

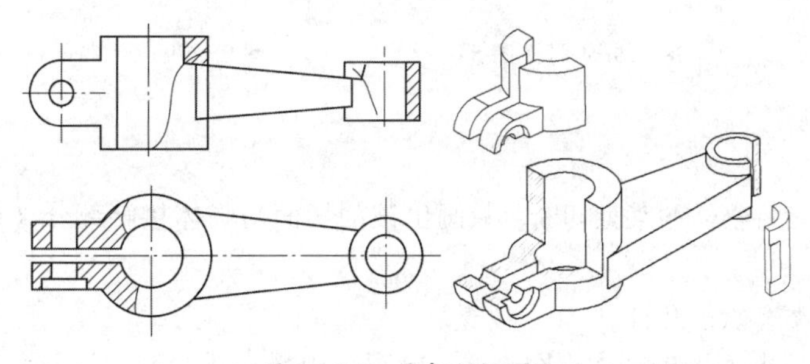

图 2－94　局部剖视图 1

②当不对称机件的内、外形都需要表达时，如图 2－95 所示。

③当对称机件的轮廓线与中心线重合，不宜采用半剖视图时，如图 2－96 所示。

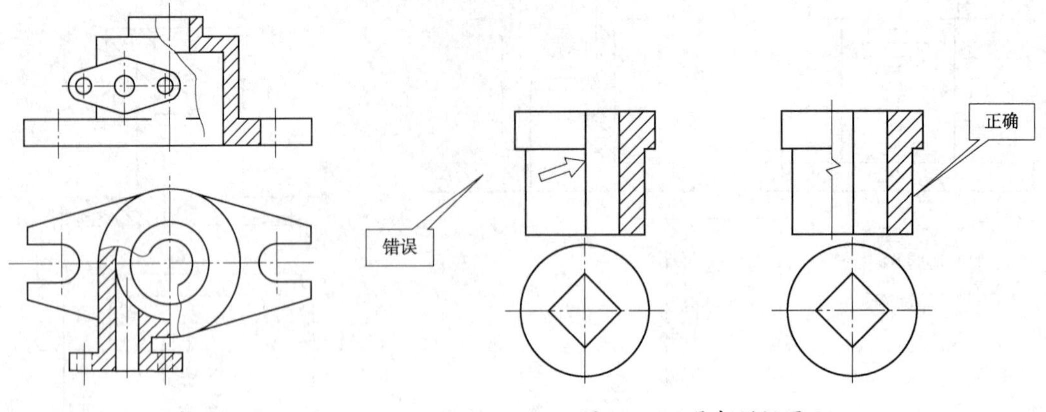

图 2－95　局部剖视图 2　　　　图 2－96　局部剖视图 3

④实心杆上有孔、槽时，应采用局部剖视，如图 2－97 所示。

（4）画局部剖应注意的问题

①波浪线不能与图上的其他图线重合，如图 2－98 所示。

②当被剖结构为回转体时，允许将其中心线作局部剖的分界线，如图 2－99 所示。

③在一个视图中，局部剖的数量不宜过多。

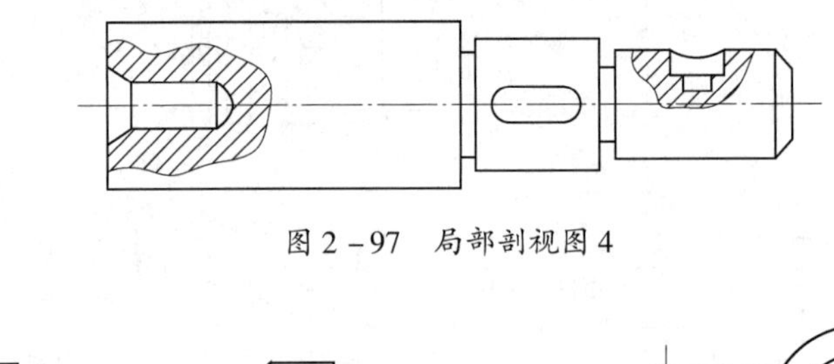

图 2－97　局部剖视图 4

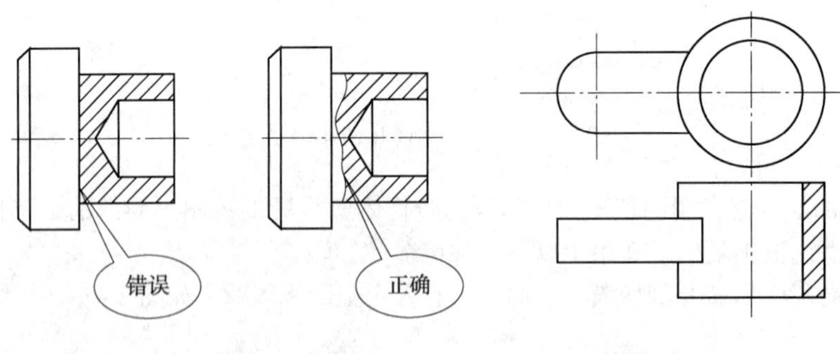

图 2－98　局部剖视图 5　　　　图 2－99　局部剖视图 6

三、断面图

假想用剖切面将物体的某处切断，只画出该剖切面与物体接触部分（剖面区域）的图形称为断面图。

断面图的种类有以下几种。

1. 移出断面　断面图应画在视图之外，轮廓线用粗实线绘制。一般配置在剖切线的延长线上或其他适当的位置，如图 2－100 所示。

（1）剖切平面通过回转面形成的孔或凹坑的轴线时应按剖视画，如图 2－101 所示。

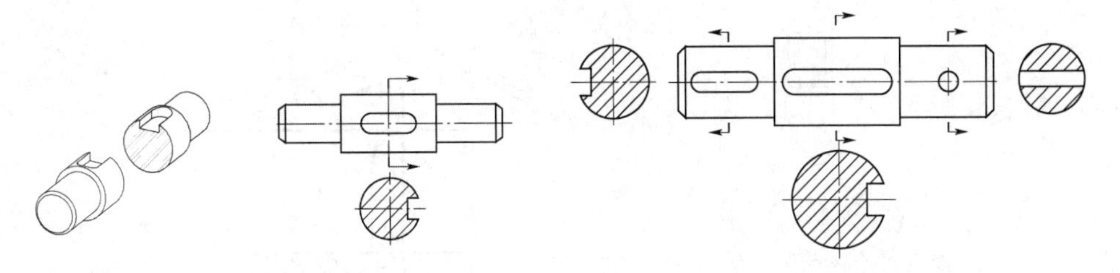

图 2－100　断面图　　　　图 2－101　断面图的画法

（2）当剖切平面通过非圆孔，会导致完全分离的两个断面时，这些结构也应按剖视画，如图 2－102 所示。

（3）用两个或多个相交的剖切平面剖切得出的移出断面，中间一般应断开，如图 2－103所示。有时为了得到完整的断面图，也允许中间不断开。

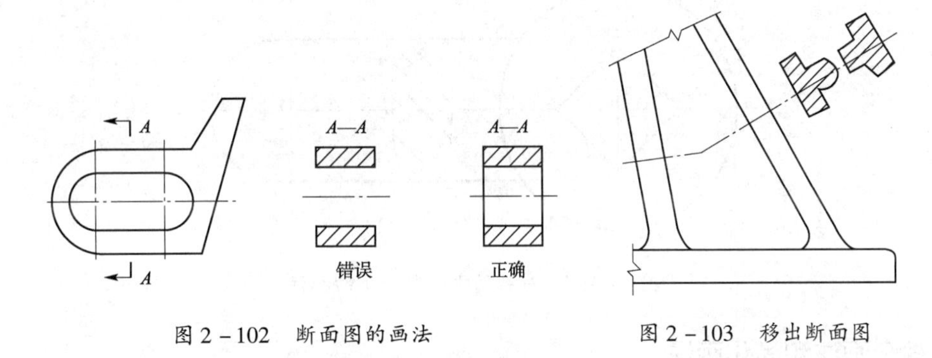

图 2－102　断面图的画法　　　　图 2－103　移出断面图

（4）移出断面的标注方法，如图 2－104 所示。

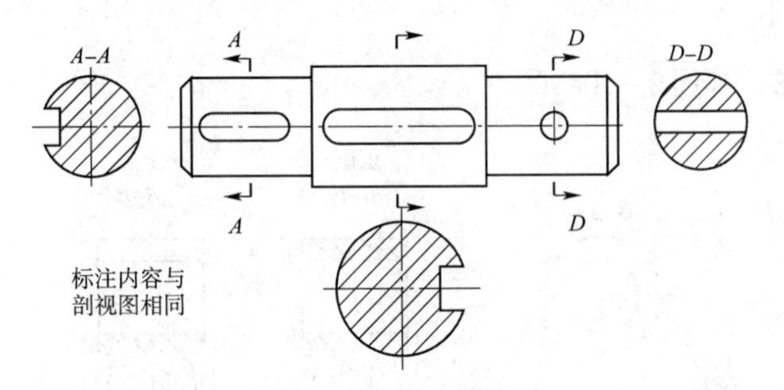

图 2－104　移出断面的画法

①配置在剖切符号延长线上的不对称的移出断面，或按投影关系配置的对称的移出断面，可省略字母。

②配置在其他位置的对称的移出断面图，可省略箭头。

③配置在剖切线的延长线上的对称的移出断面，可省略标注。

2. 重合断面

（1）画法　画在视图之内，轮廓线用细实线绘制。当视图中的轮廓线与断面图的图线重合时，视图中的轮廓线仍应连续画出，如图 2－105所示。

（2）标注方法

①配置在剖切线上的不对称的重合断面图，可省略字母，如图 2－106 所示。

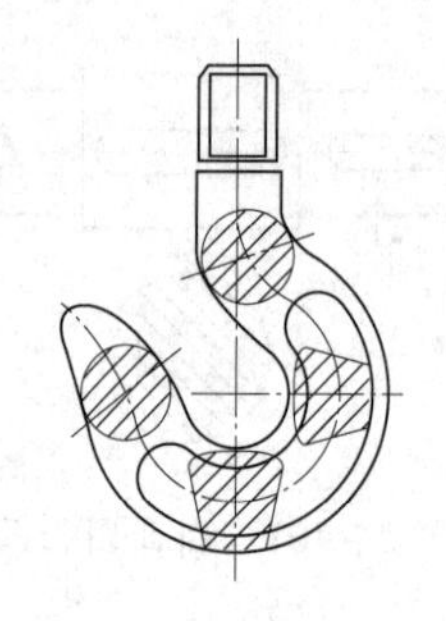

图 2 - 105 重合断面图

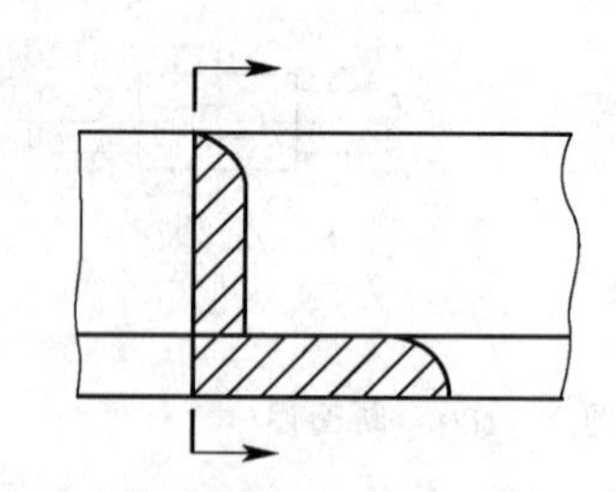

图 2 - 106 不对称的重合断面图的标注

②对称的重合断面图，可不标注，如图 2 - 107 所示。

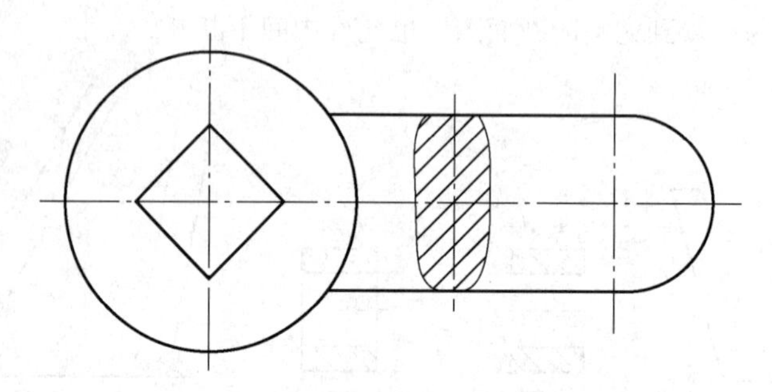

图 2 - 107 对称的重合断面图的标注

四、规定画法和简化画法

对于机件的肋板，如按纵向剖切，肋板不画剖面符号，而用粗实线将它与其邻接部分分开。

1. 肋板的画法 如图 2 - 108 所示。

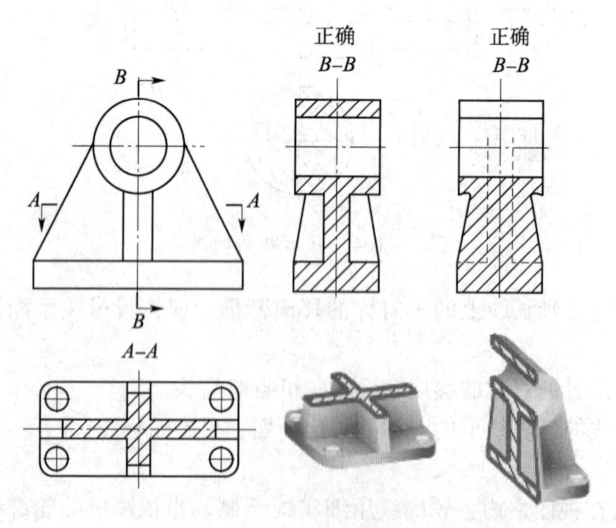

图 2 - 108 肋板的画法

2. 均匀分布的肋板及孔的画法 若干直径相同且成规律分布的孔，可以仅画出一个或几个，其余只需用细点画线表示其中心位置，如图 2 - 109 所示。

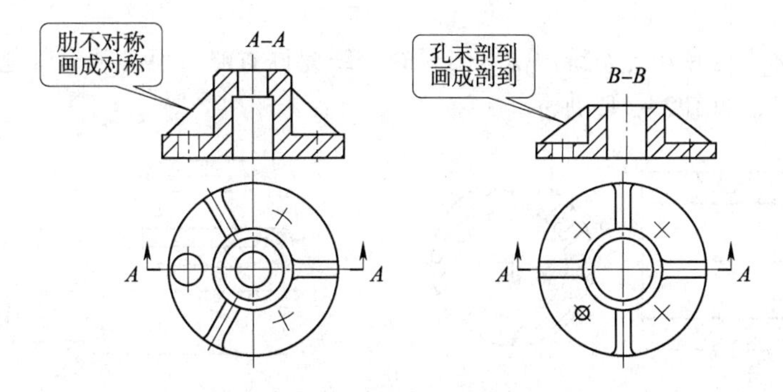

图 2-109　均匀分布肋板及孔的画法

3. 断开画法　轴、杆类较长的机件，当沿长度方向形状相同或按一定规律变化时，允许断开画出，如图 2-110 所示。

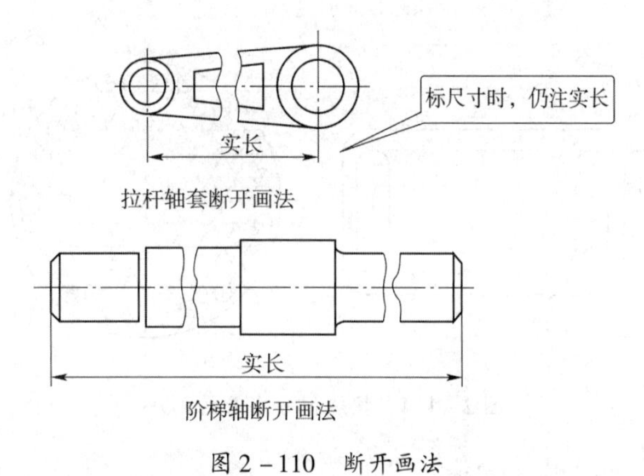

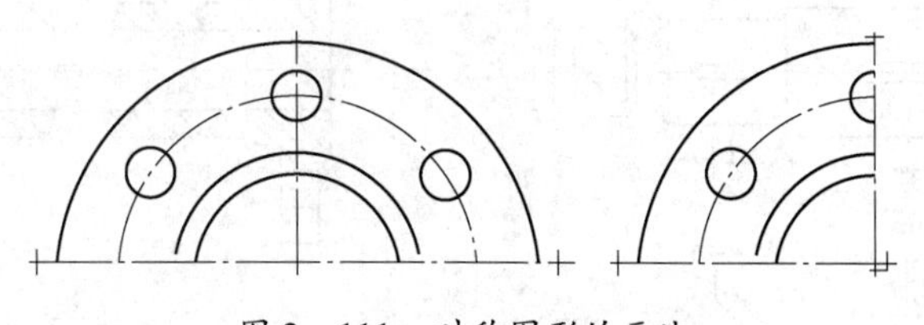

图 2-110　断开画法

4. 对称图形的画法　在不引起误解时，可只画一半或四分之一。并在对称中心线的两端画出两条与其垂直的平行细实线，如图 2-111 所示。

图 2-111　对称图形的画法

5. 机件上小平面的画法　当回转体机件上的平面在图形中不能充分表达时，可用相交的两条细实线表示，如图 2-112 所示。

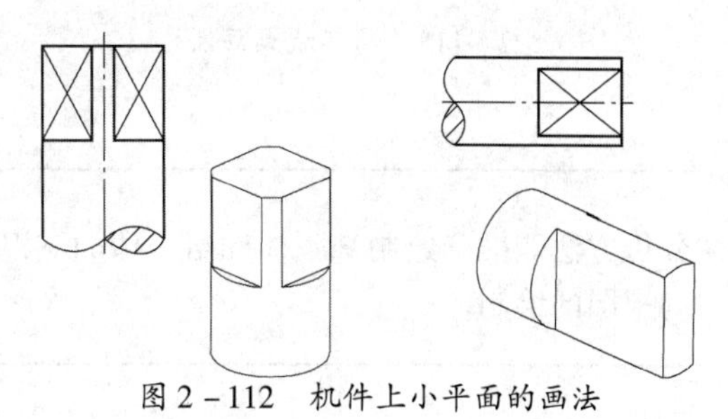

图 2-112　机件上小平面的画法

6. 其他

（1）圆柱体上因钻小孔、铣键槽等出现的交线允许省略，但必须有其他视图清楚地表示孔、槽的形状，如图 2－113 所示。

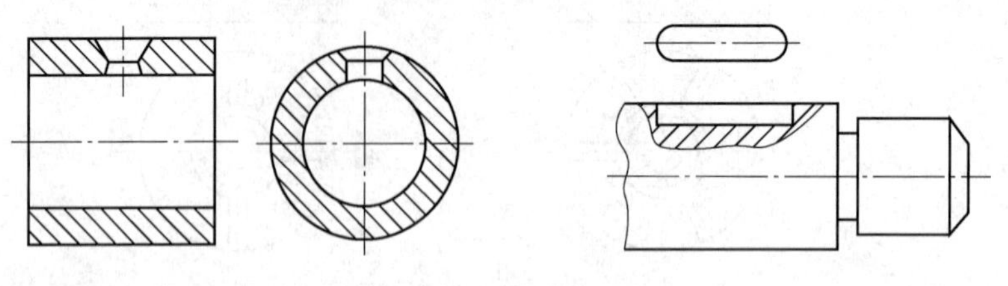

图 2－113　空槽的画法

（2）当机件上有若干相同的结构要素并按一定的规律分布时，只需画出几个完整的结构要素，其余的用细实线连接或画出其中心位置，如图 2－114 所示。

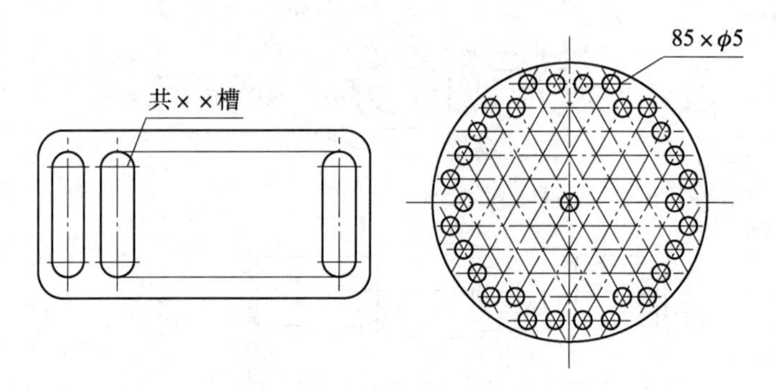

图 2－114　按规律分布孔的画法

（3）局部放大，如图 2－115 所示。

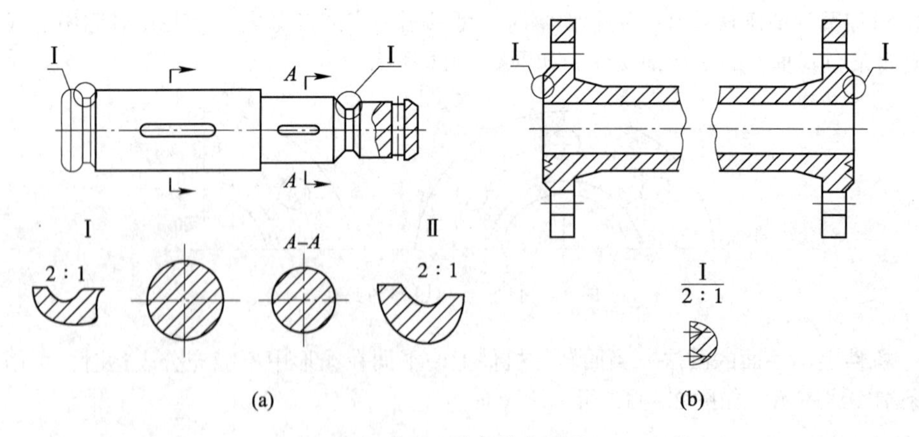

图 2－115　局部放大画法

重点小结

重点：通过形体分析方法能准确绘制基本体和组合体的三视图并标注尺寸。

难点：轴测图、剖视图的绘制。

知识链接

圆规的来历：圆规的发明最早可追溯至中国夏朝，《史记·夏本记》载大禹治水“左准绳，右规距”，公元前15世纪的甲骨文中，已有规、矩二字，当时称为“规”，即今日的圆规，《周礼·考工记·匠人》记载：“匠人建国，平地以悬，置槷以悬，视以景，为规，识日出之景与日入之景。昼参诸日中之景，夜考之极星，以正朝夕。”山东嘉祥武梁祠内有“东汉伏羲女，其中女娲执规，伏羲执矩”，这里的规是古式梁规，形状与甲骨文“癸”的字形相似。指绘圆用的绘图工具，有两只脚，上端铰接，下端可随意分开或合拢，以调整所绘圆弧半径的大小。

知识链接

福州镇海楼的修复：习近平总书记高度重视历史文化遗产保护，在福建工作期间，先后三十多次作出重要指示，提出了许多具有前瞻性、战略性的思想理念，推动了一系列具有开创性、引领性的探索实践，还曾经为《福州古厝》一书撰写了序言，作出了保护好古建筑、保护好文物就是保存历史、保存城市文脉的重要论断。

镇海楼，位于福建省福州市鼓楼区福飞南路139号，地处福州屏山之巅，始建于明洪武四年（1371年），初为福州各城门楼的样楼，后定名为镇海楼，是福州古城的最高楼，中国九大名楼之一，原建筑已损毁，现为2006年重建景观。当地人说，从2006年修复镇海楼后，福州犹如竖起了一道屏障，抵御了几次肆意横行的台风侵袭。

镇海楼的修复工作是十分复杂、精细的。为了修复后更贴近原建筑，每次修复，工程师们都要对原始图纸进行无数次的研究。修复工作的顺利完成，充分体现了工作人员的大国工匠精神。

目标检测

1. 请判断机件的真实大小与图形的大小及绘图的准确是否有关？
2. 两直线有哪三种相对位置，怎样由投影图判断它们的空间相对位置？
3. 平面在三投影面体系中分哪几类，各有何投影特性？
4. 平面与圆柱的交线有哪几种情况？为什么用表面求点、取线的方法就能简捷地作出轴线垂直于投影面的圆柱的截交线？
5. 平面与圆锥的交线有哪几种情况？如何在圆锥面上取点作截交线？
6. 试述三视图的投影特性。
7. 组合体的组合形式有哪些？各基本体表面间连接关系有哪些？它们的画法各有何特点？
8. 什么是轴测轴？什么是轴间角？什么是轴向伸缩系数？
9. 正等轴测图是如何形成的？斜二测轴测图是如何形成的？
10. 剖视图分为哪几种？适用条件如何？

项目三

零件图的绘制与阅读

学习目标

知识要求 **1. 掌握** 选择零件图的表达方案。
2. 熟悉 零件图的读图方法和读图步骤。
3. 了解 零件图的作用和内容。

技能要求 1. 能绘制和阅读典型零件图。
2. 能分析零件图的表达方法、尺寸标注。
3. 能查阅相关技术标准，在零件图上标注粗糙度、尺寸公差和形位公差。

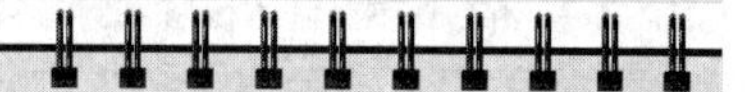

案例导入

案例：在日常生活和生产中，很多的机器和设备都是由零部件组装而成。如流体控制中常用的球阀（图3－1）。

讨论：1. 球阀由哪些零件组成？
2. 这些零件由什么基本体加工而成？

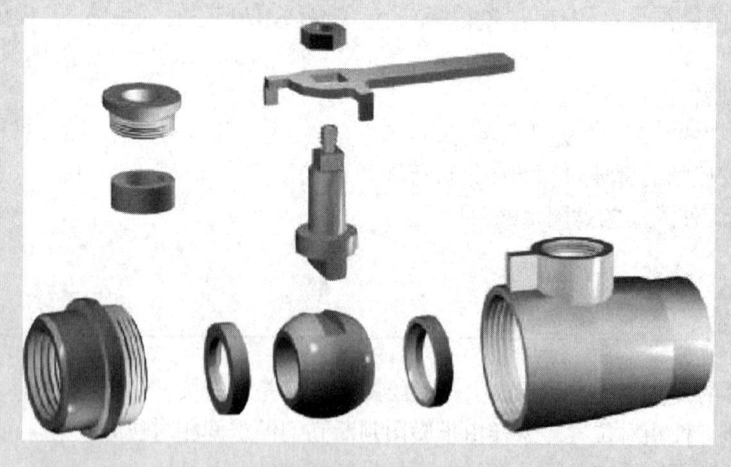

图3－1 球阀

任务一 零件图的表达方案

一、零件图的作用

零件图是表达单个零件结构、大小及技术要求的图样（图3－2）。

零件图是制造和检验零件的主要依据，是指导生产的重要技术文件。从零件的毛坯制造、机械加工工艺路线的制订、工序图的绘制、工夹具和量具的设计到加工检验等，都要根据零件图来进行。

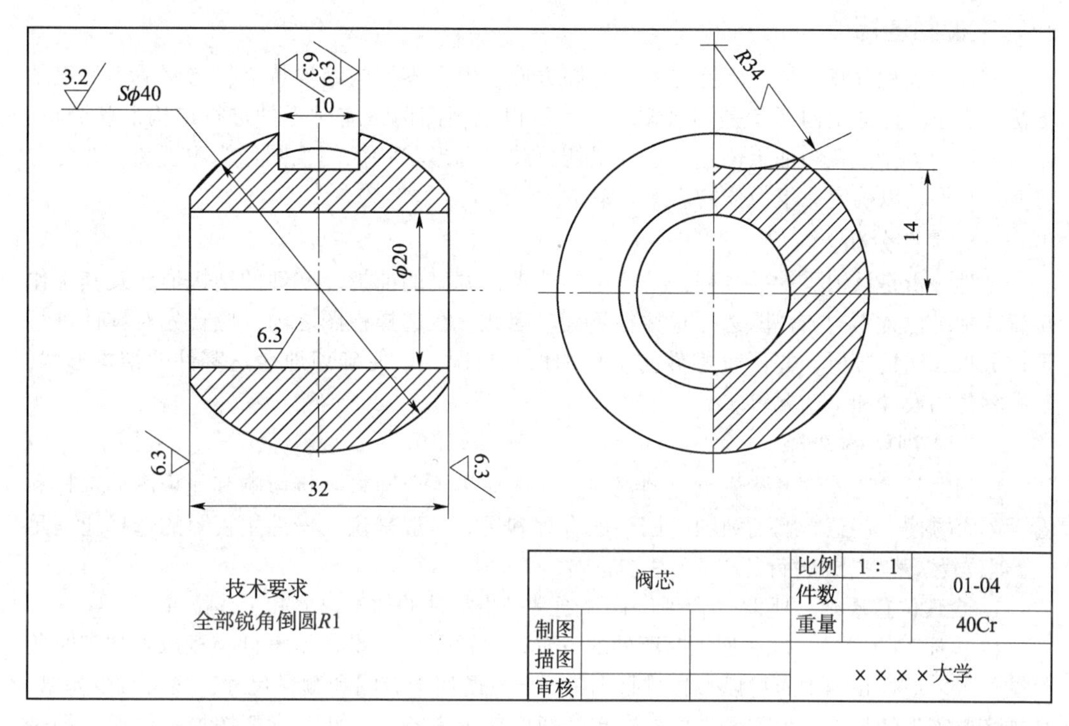

图 3－2　阀芯

二、零件图的内容

零件图是生产中指导制造和检验该零件的主要依据，它不仅仅是把零件的内、外结构形状和大小表达清楚，还需要对零件的材料、加工、检验、测量提出必要的技术要求。零件图必须包含制造和检验零件的全部技术资料。因此，一张完整的零件图一般应包括以下几项内容。

1. 一组视图　用于正确、完整、清晰和简便地表达出零件内外形状的一组视图，其中包括机件的各种表达方法，如视图、剖视图、断面图、局部放大图和简化画法等。

2. 完整的尺寸　零件图中应正确、完整、清晰、合理地注出制造零件所需的全部尺寸。

3. 技术要求　零件图中必须用规定的代号、数字、字母和文字注解说明制造和检验零件时在技术指标上应达到的要求。如表面粗糙度、尺寸公差、形位公差、检验方法以及其他特殊要求等。技术要求的文字一般注写在标题栏上方图纸空白处。

4. 标题栏　标题栏应配置在图框的右下角。填写的内容主要有零件的名称、材料、数量、比例、图样代号以及设计、审核、批准者的姓名、日期等。标题栏的尺寸和格式已经标准化，可参见有关标准。

任务二　零件图的视图选择

零件图要求将零件的结构形状完整、清晰地表达出来，并力求简便。因此，合理地选择主视图和其他视图，用最少的视图、最清楚地表达零件的内外形状和结构，必须确定一个比较合理的表达方案。

一、主视图选择

零件的表达方案选择，应首先考虑看图方便。根据零件的结构特点，选用适当的表示方法。由于零件的结构形状是多种多样的，所以在画图前，应对零件进行结构形状分析，结合零件的工作位置和加工位置，选择最能反映零件形状特征的视图作为主视图，并配置好其他视图，以确定一组最佳的表达方案。

（一）零件分析

零件分析是认识零件的过程，是确定零件表达方案的前提。零件的结构形状及其工作位置或加工位置不同，视图选择也往往不同。因此，在选择视图之前，应首先对零件进行形体分析和结构分析，并了解零件的工作和加工情况，以便确切地表达零件的结构形状，反映零件的设计和工艺要求。

（二）主视图的选择

主视图是表达零件形状最重要的视图，其选择是否合理将直接影响其他视图的选择和看图是否方便，甚至影响到画图时图幅的合理利用。一般来说，零件主视图的选择应满足“合理位置”和“形状特征”两个基本原则。

1. 合理位置原则 所谓“合理位置”通常是指零件的加工位置和工作位置。

（1）加工位置是零件在加工时所处的位置。主视图应尽量表示零件在机床上加工时所处的位置。这样在加工时可以直接进行图物对照，既便于看图和测量尺寸，又可减少差错。如轴套类零件的加工，大部分工序是在车床或磨床上进行，因此通常要按加工位置（即轴线水平放置）画其主视图（图3-3）。

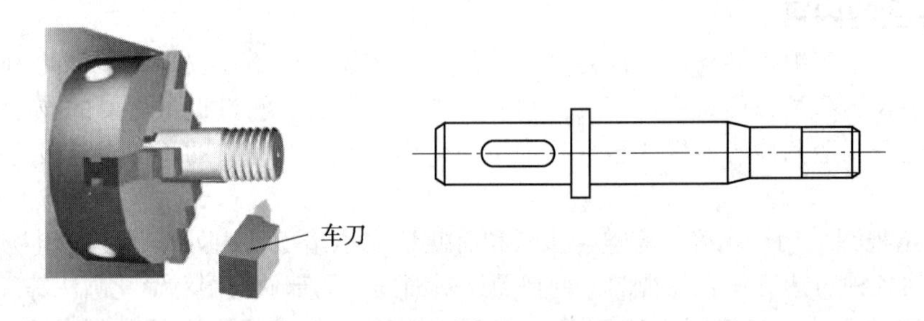

图3-3 轴类零件的加工位置

（2）工作位置是零件在装配体中所处的位置。零件主视图的放置，应尽量与零件在机器或部件中的工作位置一致。这样便于根据装配关系来考虑零件的形状及有关尺寸，便于校对。如铣刀头座体零件的主视图就是按工作位置选择的（图3-4）。对于工作位置歪斜放置的零件，因为不便于绘图，应将零件放正。

2. 形状特征原则 确定了零件的安放位置后，还要确定主视图的投影方向。形状特征原则就是将最能反映零件形状特征的方向作为主视图的投影方向，即主视图要较多地反映零件各部分的形状及它们之间的相对位置，以满足清晰表达零件的要求。在机床尾架主视图投影方向比较中，由图3-5可知，图3-5（a）的表达效果显然比图3-5（b）表达效果要好得多。

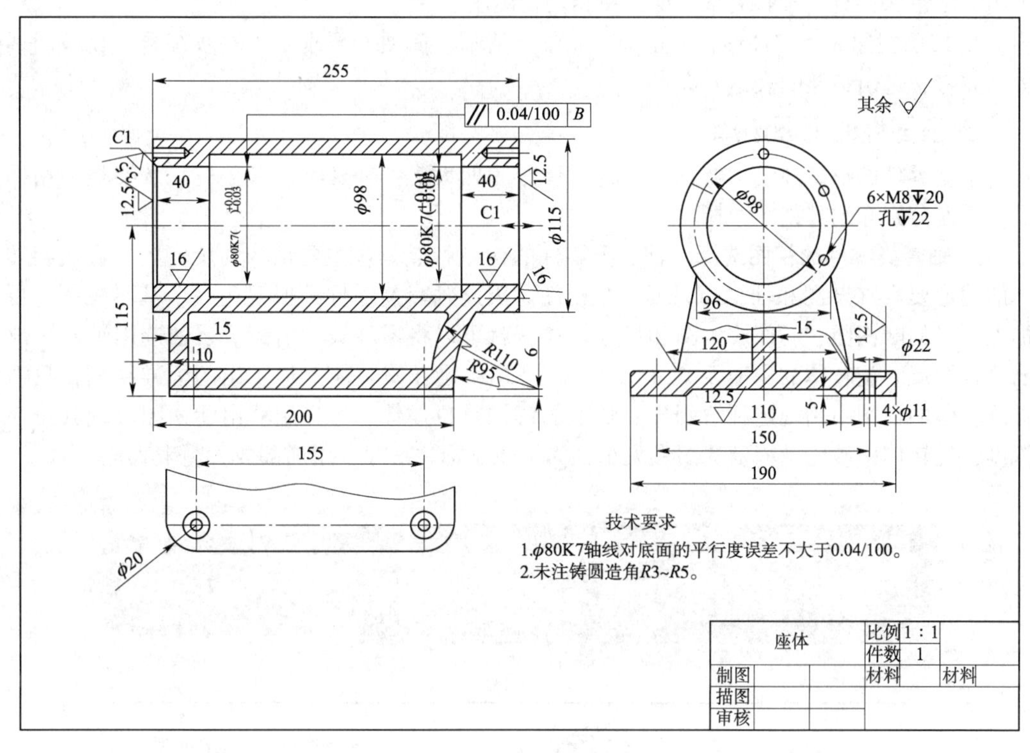

图 3－4 铣刀头座体零件图

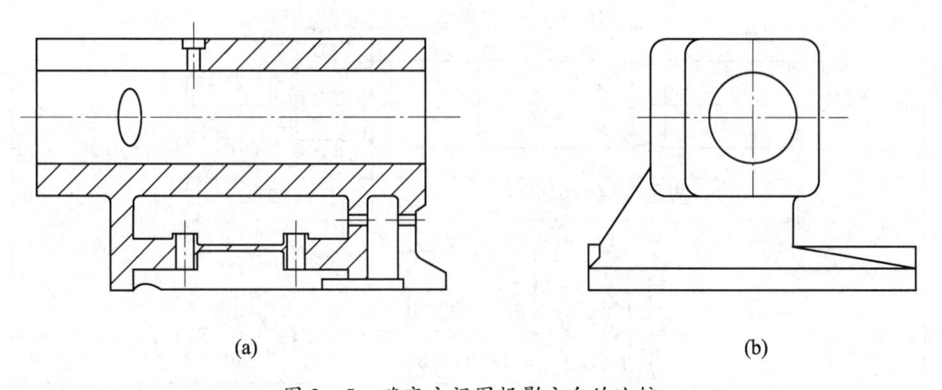

图 3－5 确定主视图投影方向的比较

二、其他视图选择

一般来讲，仅用一个主视图是不能完全反映零件的结构形状的，必须选择其他视图，包括剖视、断面、局部放大图和简化画法等各种表达方法。主视图确定后，对其表达未尽的部分，再选择其他视图予以完善表达。具体选用时，应注意以下几点。

1. 根据零件的复杂程度及内、外结构形状，全面地考虑还应需要的其他视图，使每个所选视图应具有独立存在的意义及明确的表达重点，注意避免不必要的细节重复，在明确表达零件的前提下，使视图数量为最少。

2. 优先考虑采用基本视图，当有内部结构时，应尽量在基本视图上作剖视；对尚未表达清楚的局部结构和倾斜部分结构，可增加必要的局部（剖）视图和局部放大图；有关的视图应尽量保持直接投影关系，配置在相关视图附近。

3. 按照视图表达零件形状要正确、完整、清晰、简便的要求，进一步综合、比较、调整、完善，选出最佳的表达方案。

三、典型零件的视图选择

根据零件的形状和结构特征，可将零件分为四大类：轴套类、盘盖类、叉架类和箱体类。下面分别介绍其视图选择。

1. 轴套类零件的视图选择 轴套类零件的构型特点是：主要结构为旋转体，表达旋转体的构形要素（基图和轴线）只要一个视图，因此轴套类零件一般只用一个基本视图，再加上适当的断面图、局部放大图和尺寸标注，就可以将零件表达清楚。泵轴选用轴线平放的主视图反映旋转体的构型要素（图 3－6）。螺纹是在旋转体上加工出的标准结构，只需在旋转体的视图中用规定画法画出。轴上的键槽是拉伸体，可采用移出断面图表示其拉伸深度，旋转体中砂轮越程槽的图形太小，为了便于标注尺寸采用局部放大图来表达。

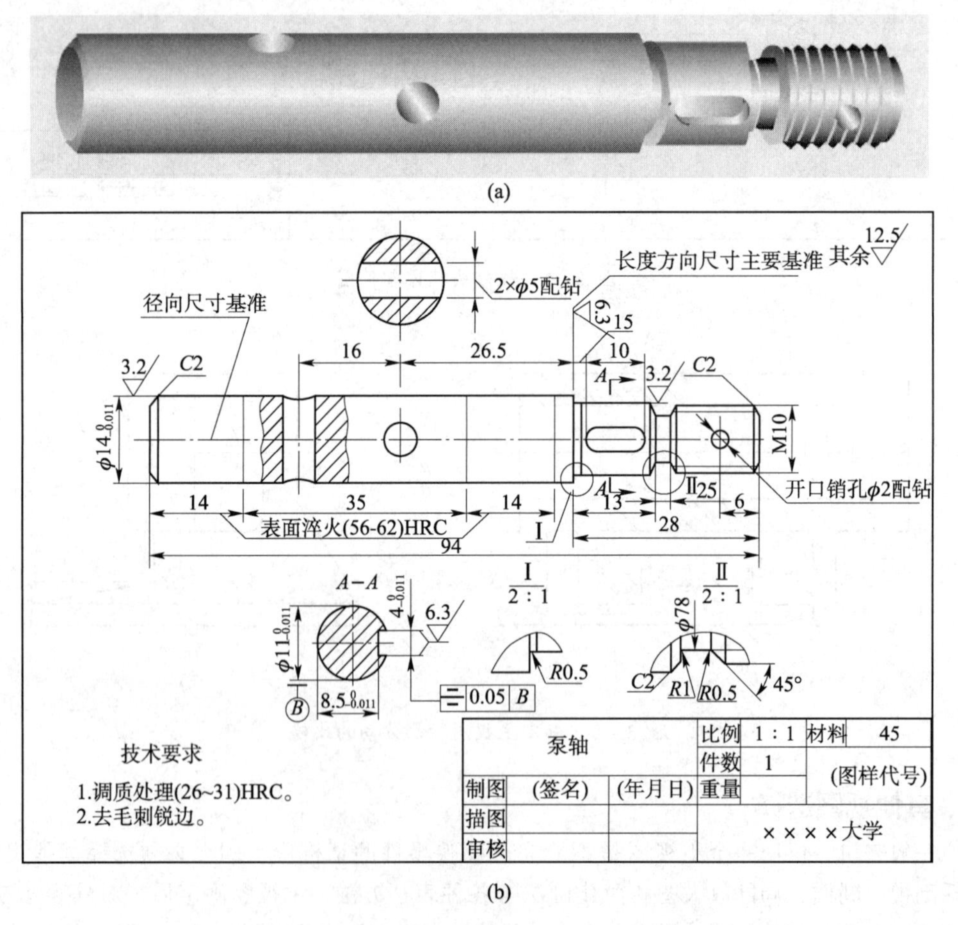

图 3－6 轴类零件

2. 盘盖类零件的视图选择 这类零件主要有手轮、齿轮、带轮、端盖等。盘盖类零件的构型特点是：主要结构大体上是旋转体，通常还带有各种形状的凸缘、均布的圆孔和肋等局部结构，较轴套类零件复杂。视图选择时，一般以旋转轴线水平放置的剖视图作主视图，并适当增加其他视图。端盖属于盘盖类零件（图 3－7），由旋转体减去 6 个小圆柱孔和中间的回转体构成。因此用一个轴线平放的全剖主视图，便表达了两种旋转体的构型要素，但小圆柱孔有6个，主视图中不能表达其相对位置，因此还要增加一个左视图，才能将端盖表达完整，为便于标注尺寸，图中还选择了一个局部放大图。

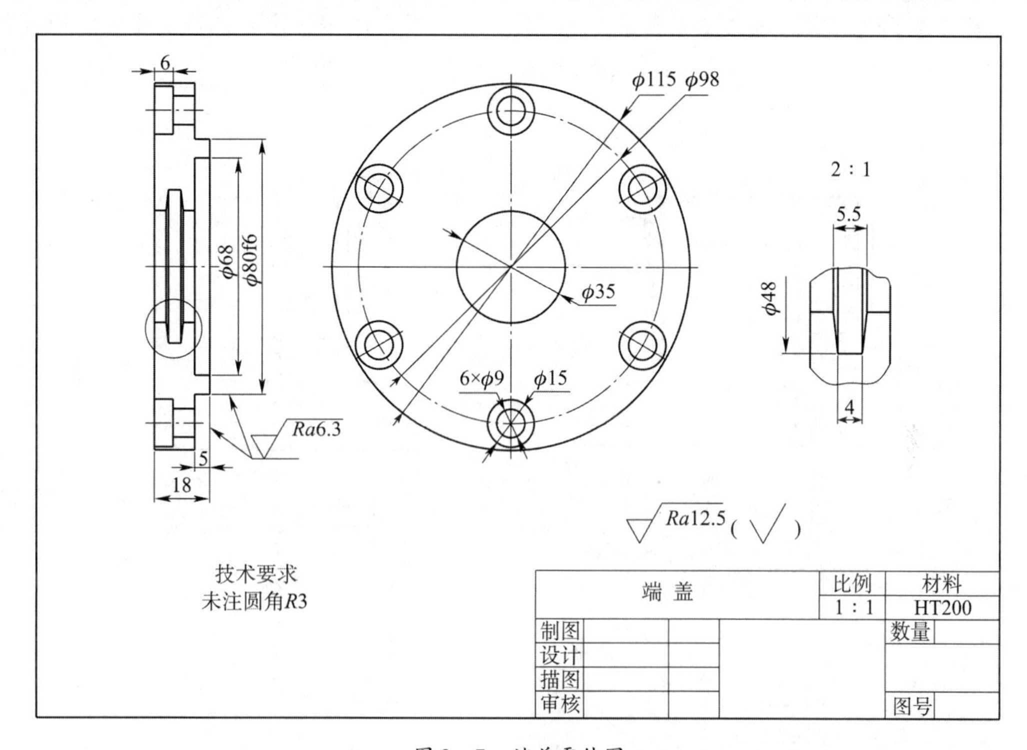

图 3-7 端盖零件图

3. 叉架类零件的视图选择 叉架类零件结构形状较复杂，一般有倾斜、弯曲的结构。常用铸造和锻压的方法制成毛坯。各加工面往往在不同机床上加工。主视图按工作位置原则安放，投射方向选择最能反映其形状特征的方向。托架属于叉架类零件（图3-8），由上、中、下三部分组成。

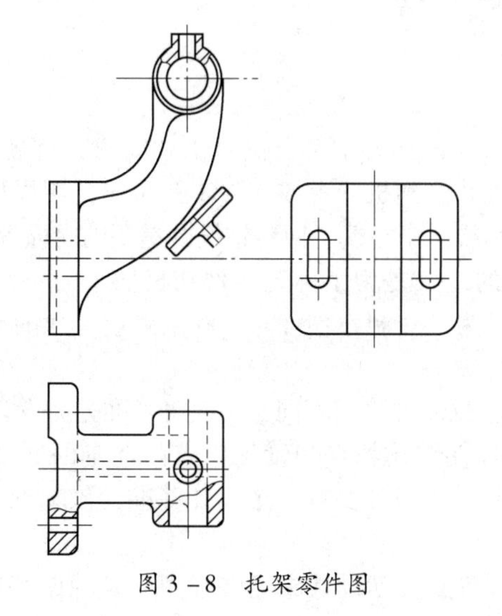

图 3-8 托架零件图

4. 箱体类零件的视图选择 机床床身、箱体、壳体、阀体、泵体等都属于箱体类零件，这类零件主要用来支承、包容和保护其他零件，结构形状最为复杂，而且加工位置变化也最多。

箱体类零件的主视图主要考虑零件的工作位置。根据能表达出全部构型要素的原则，运用剖视图、向视图、断面图等多种表达方法，也可选择其他视图。(图 3－9)

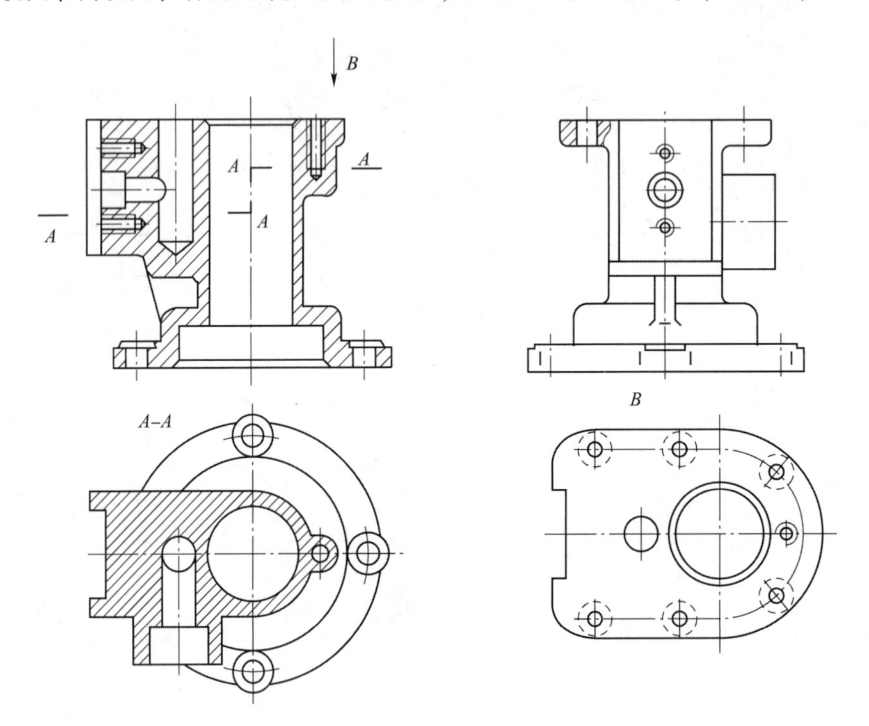

图 3－9 箱体类零件图

任务三 零件图的尺寸标注

一、尺寸基准

零件图尺寸标注既要保证设计要求又要满足工艺要求，首先应当正确选择尺寸基准。所谓尺寸基准，就是指零件装配到机器上或在加工测量时，用以确定其位置的一些点、线或面。它可以是零件上对称线、中心线、回转轴线及重要的端面等。

1. 选择尺寸基准的目的 一是为了确定零件在机器中的位置或零件上几何元素的位置，以符合设计要求；二是为了在制作零件时，确定测量尺寸的起点位置，便于加工和测量，以符合工艺要求。

2. 尺寸基准的分类 根据基准作用不同，一般将基准分为设计基准和工艺基准两类。

(1) 设计基准 根据零件结构特点和设计要求而选定的基准，称为设计基准。零件有长、宽、高三个方向，每个方向都要有一个设计基准，该基准又称为主要基准［图 3－10 (a)］。

对于轴套类和盘盖类零件，实际设计中经常采用的是轴向基准和径向基准［图 3－10 (b)］，而不用长、宽、高基准。

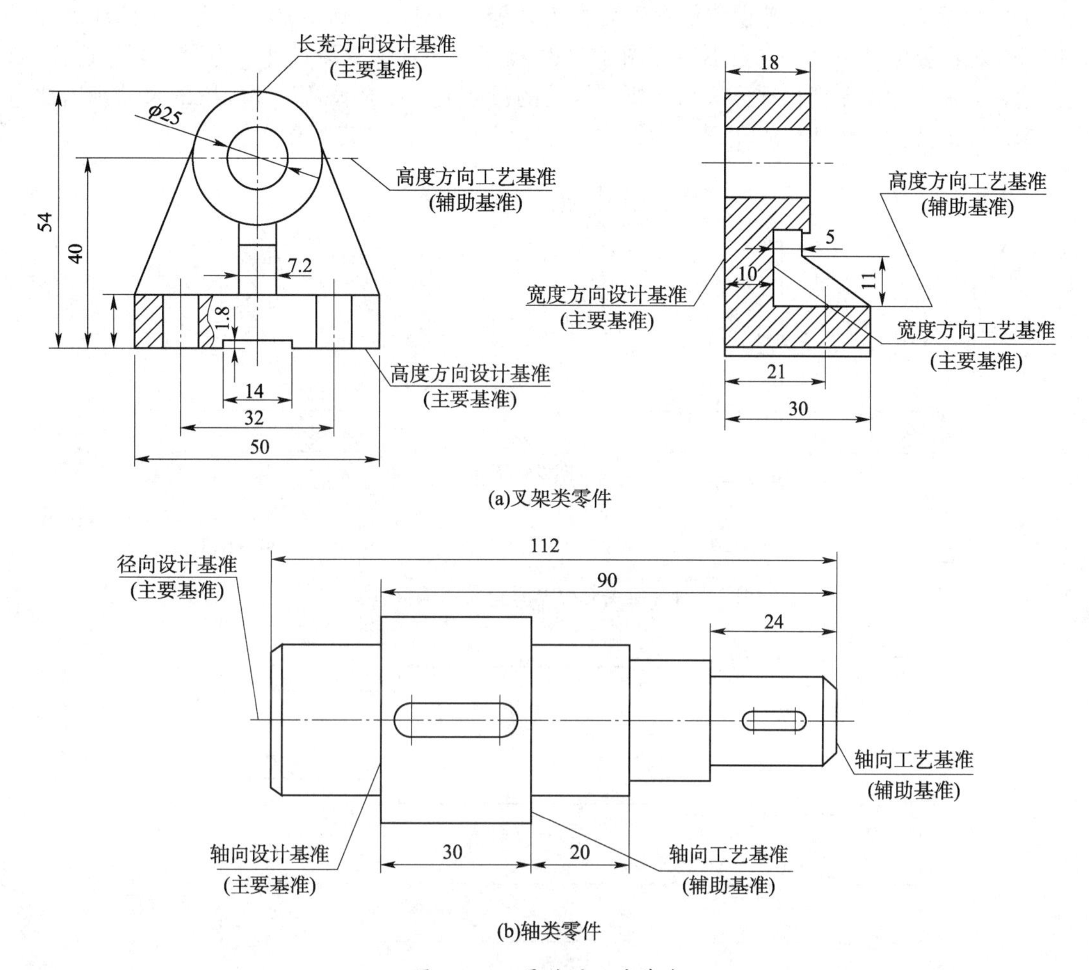

(a)叉架类零件

(b)轴类零件

图 3-10 零件的尺寸基准

（2）工艺基准 在加工时，确定零件装夹位置和刀具位置的一些基准以及检测时所使用的基准，称为工艺基准。工艺基准有时可能与设计基准重合，该基准不与设计基准重合时又称为辅助基准。零件同一方向有多个尺寸基准时，主要基准只有一个，其余均为辅助基准。辅助基准必有一个尺寸与主要基准相联系，该尺寸称为联系尺寸。如图 3-10（a）中的 40、11、30，图 3-10（b）中的 30、90。

（3）选择基准的原则 尽可能使设计基准与工艺基准一致，以减少两个基准不重合而引起的尺寸误差。当设计基准与工艺基准不一致时，应以保证设计要求为主，将重要尺寸从设计基准注出，次要基准从工艺基准注出，以便加工和测量。

二、尺寸标注注意事项

1. 结构上的重要尺寸必须直接注出 重要尺寸是指零件上对机器的使用性能和装配质量有关的尺寸，这类尺寸应从设计基准直接注出。高度尺寸 32 ± 0.08 为重要尺寸（图 3-11），应直接从高度方向主要基准直接注出，以保证精度要求。

2. 避免出现封闭的尺寸链 封闭的尺寸链是指一个零件同一方向上的尺寸像车链一样，一环扣一环首尾相连，成为封闭形状的情况。各分段尺寸与总体尺寸间形成封闭的尺寸链（图 3-12），在机器生产中这是不允许的，因为各段尺寸加工不可能绝对准确，总有一定尺寸误差，而各段尺寸误差的和不可能正好等于总体尺寸的误差。为此，在标注尺寸时，应将次要的轴段尺寸空出不注［图 3－13（a)］，不注的这段尺寸称为开口环。这样，其他各段加工的误差都积累至这个不要求检验的尺寸上，而全长及主要轴段的尺寸则因此得到保证。如需标注开口环［图 3－13（b)］的尺寸时，可将其注成参考尺寸。

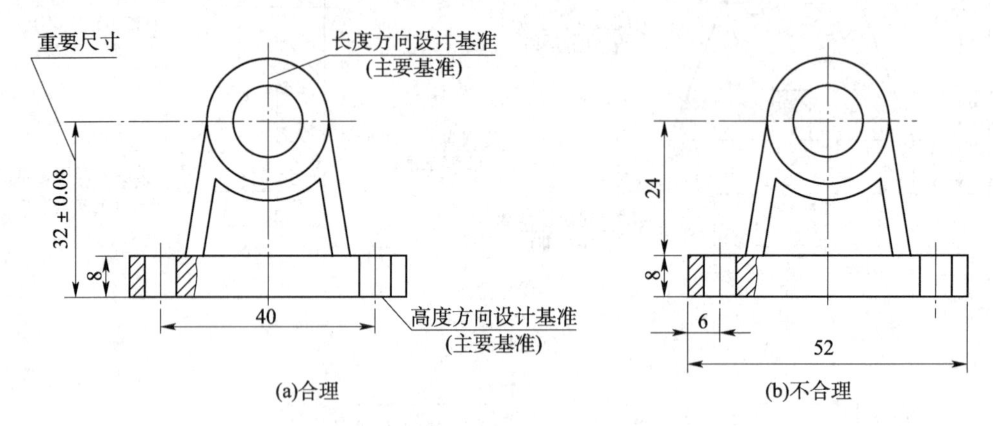

图 3－11　重要尺寸从设计基准直接注出

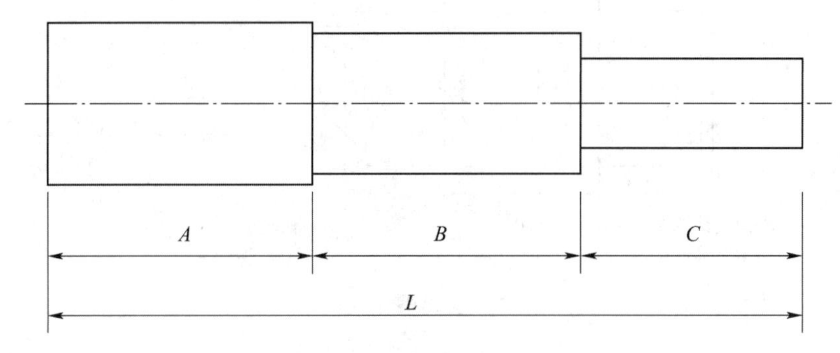

图 3－12　封闭的尺寸链

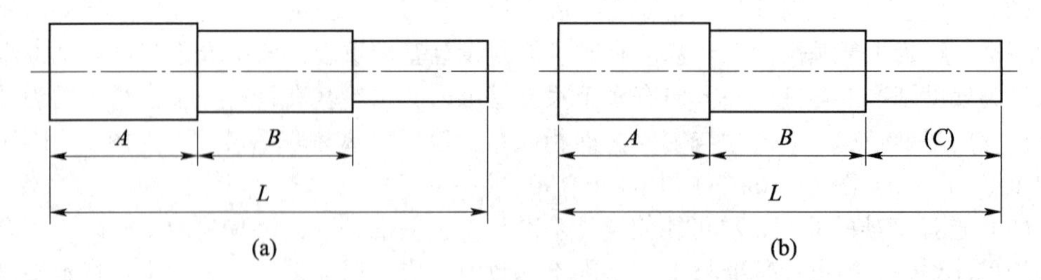

图 3－13　开口环的确定

3. 考虑零件加工、测量和制造的要求

（1）考虑加工看图方便，不同加工方法所用尺寸分开标注，便于看图加工。图 3－14 是把车削与铣削所需要的尺寸分开标注。

（2）考虑测量方便，尺寸标注有多种方案，但要注意所注尺寸是否便于测量。在图 3－15的两种不同标注方案中，不便于测量的标注方案是不合理的。

三、典型零件的尺寸标注

1. 轴套类零件的尺寸标注　轴套类零件有径向尺寸和轴向尺寸。常以重要端面作为轴向方向的主要尺寸基准，而以回转轴线作为径向的主要尺寸基准。在轴类零件（图 3-6）中的 $\phi14_{-0.011}^{\ 0}$ 的轴线为径向基准，28 的右端为长度基准。

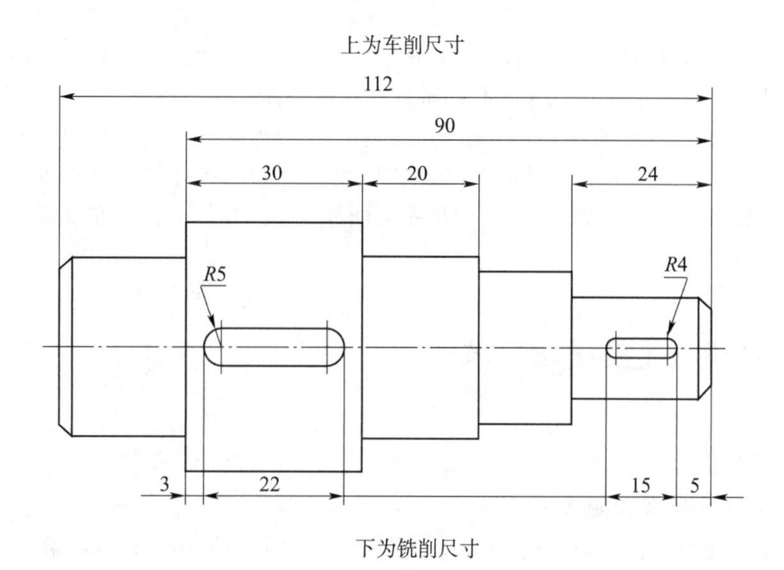

图 3-14　按加工方法标注尺寸

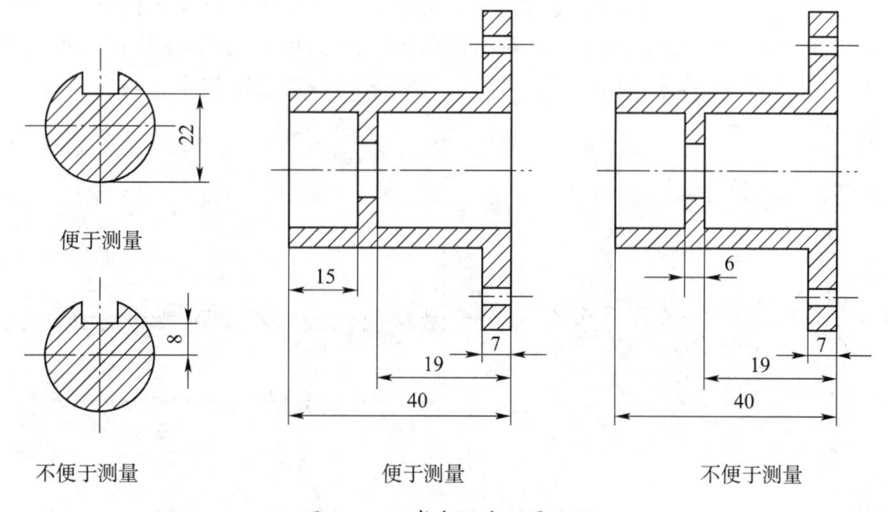

图 3-15　考虑尺寸测量方便

2. 轮盘类零件的尺寸标注　轮盘盖类零件通常以主要回转面的轴线、主要形体的对称轴线、对称平面或经加工的较大的结合面作为长、宽、高方向的尺寸基准。轮盘盖类零件中各组成形体的定位尺寸和定行尺寸比较明显，具体标注时，应注意运用形体分析法，使尺寸标注得更完善。在盘盖类零件（图 3-7）中的 $\phi80f6$、$\phi68$ 和 $\phi115$ 等尺寸作为径向尺寸基准。长度方向的主要尺寸基准常选用重要的端面或对称面，如端盖选用左端面作为长度方向的尺寸基准，标注 18、13 和 6 等尺寸。

3. 叉架类零件的尺寸标注　叉架类零件标注尺寸时，常常选用主要轴线、安装平面或零件的较大端面作为主要尺寸基准。叉架类零件中各组成形体的定位尺寸和定行尺寸比较明显，具体标注时，应注意运用形体分析法，使尺寸标注得更完善。在叉架类零件

（图 3－8）中长度方向的主要基准选择安装面Ⅰ，标注 60、10 等尺寸，高度方向的主要基准选择安装面Ⅱ，标注了 80、40、20 等尺寸，宽度方向的主要基准选择对称面，标注了 80、40、50 等尺寸。

4. 箱体类零件的尺寸标注 箱体类零件由于形体比较复杂，尺寸数量较多，通常运用形体分析法来标注尺寸。常选用主要孔的轴线、对称平面或较大的加工结合面作为长、宽、高方向的尺寸基准。在箱体类零件（图 3－9）中选择壳体主孔的轴线作为径向和高度方向的尺寸基准，标注一系列直径尺寸和 3 个定位尺寸 56、28、48；并以右端面作为长度方向的尺寸基准，标注尺寸 24、78、168，定出左端面和主要的孔轴线；以左视图的对称平面作为宽度方向尺寸基准。

任务四 零件图上的技术要求

一、表面粗糙度

（一）表面粗糙度的概念

零件在加工过程中，受刀具的形状和刀具与工件之间的摩擦、机床的震动及零件金属表面的塑性变形等因素，表面不可能绝对光滑，零件表面上这种具有较小间距的峰谷所组成的微观几何形状特征称为表面粗糙度［图 3－16（a）］。一般来说，不同的表面粗糙度是由不同的加工方法形成的。表面粗糙度是评定零件表面质量的一项重要的指标，降低零件表面粗糙度可以提高其表面耐腐蚀性、耐磨性和抗疲劳等能力，但其加工成本也相应提高。因此，零件表面粗糙度的选择原则是：在满足零件表面功能的前提下，表面粗糙度允许值尽可能大一些。

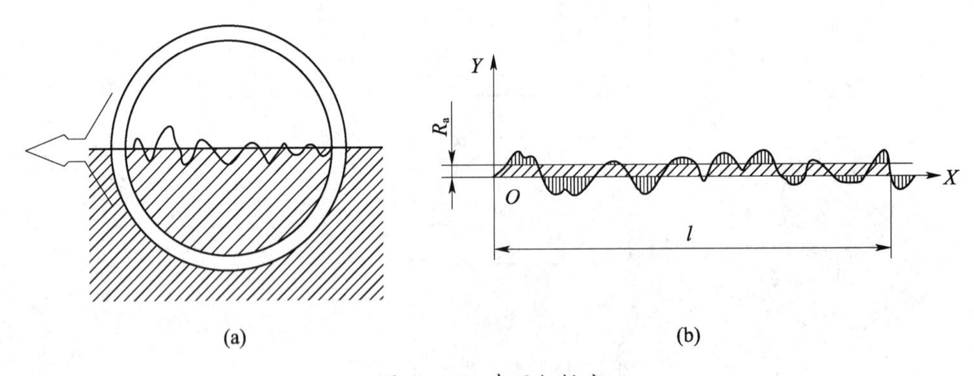

图 3－16 表面粗糙度

表面粗糙度是以参数值的大小来评定的，目前在生产中评定零件表面质量的主要参数是轮廓算术平均偏差。它是在取样长度 l 内，轮廓偏距 y 绝对值的算术平均值，用 R_a 表示。用公式可表示为：

$$R_a = \frac{1}{l}\int_0^l |y(x)| \, dx \quad 或 \quad R_a = \frac{1}{n}\sum_{i=1}^{n} y_i$$

（二）表面粗糙度的注法

1. 表面粗糙度代号 零件表面粗糙度代号（表 3－1）是由规定的符号和有关参数组成的。图样（图 3－17）上所注的表面粗糙度代号应是该表面加工后的要求。

表 3－1　表面粗糙度符号及意义（摘自 GB/T131－1993）

符号	意义及说明
√	基本符号，表示表面可用任何方法获得。当不加注粗糙度参数值或有关说明时，仅适用于简化代号标注
（基本符号上加一短划）	基本符号上加一短划，表示表面是用去除材料的方法获得。例如：车、铣、钻、磨、剪切、抛光、腐蚀、电火花加工、气割等
（基本符号上加一小圆）	基本符号上加一小圆，表示表面是用不除材料的方法获得。例如：铸、锻、冲压变形、热轧、冷轧、粉末冶金等。或是用于保持原供应状况的表面

图 3－17 中，a_1、a_2 为表面粗糙度参数的允许值，μm，常见的有 R_a、R_y、R_z（R_y 为十点不平度、R_z 为轮廓最大高度）；

b 为加工方法、镀涂或其他表面处理；

c 为取样长度，mm；

d 为加工纹理方向符号；

e 为加工余量，mm；

f 为表面粗糙度间距参数，μm。

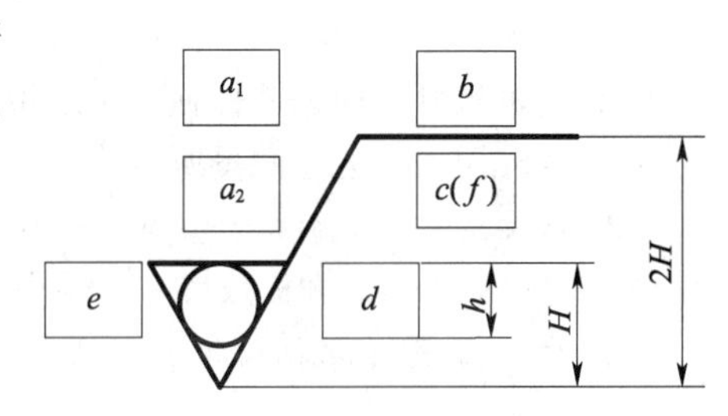

图 3－17　表面粗糙度符号示例

表面粗糙度高度参数轮廓算术平均偏差 R_a 在代号中用数值表示。

2. 表面粗糙度在图样上的标注方法

（1）在同一图样上，每一表面只标注一次符号、代号，并应标注在可见轮廓线、尺寸线、尺寸界线或它们的延长线上。

（2）符号的尖角必须从材料外指向标注表面。

（3）在图样上表面粗糙度代号中，数字的大小和方向必须与图中的尺寸数值的大小和方向一致。

（4）由于加工表面的位置不同，粗糙度符号也可随之平移和旋转，但不能翻转和变形；粗糙度数值可随粗糙度符号旋转而旋转，但需与该处尺寸标注的方向一致。

二、极限与配合

（一）互换性和公差

所谓零件的互换性，就是从一批相同的零件中任取一件，不经修配就能装配使用，并能保证使用性能要求，零部件的这种性质称为互换性。零、部件具有互换性，不但给装配、修理机器带来方便，还可用专用设备生产，提高产品数量和质量，同时降低产品的成本。要满足零件的互换性，就要求有配合关系的尺寸在一个允许的范围内变动，并且在制造上又是经济合理的。

公差配合制度是实现互换性的重要基础。

（二）基本术语

在加工过程中，不可能把零件的尺寸做得绝对准确。为了保证互换性，必须将零件尺寸的加工误差限制在一定的范围内，规定出加工尺寸的可变动量，这种规定的实际尺寸允许的变动量称为公差。

有关公差的一些常用术语见图 3－18。

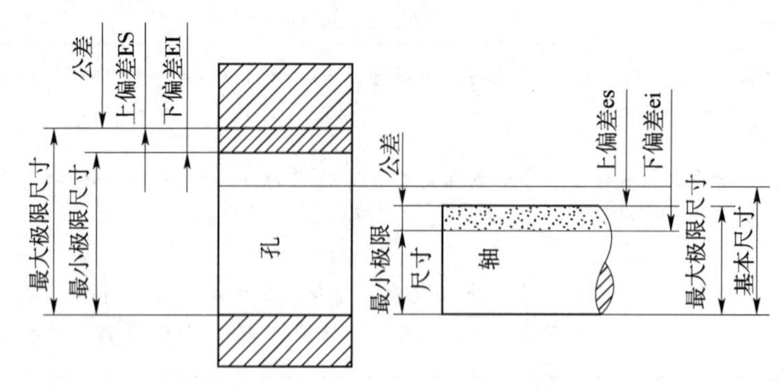

图 3－18　尺寸公差术语图解

1. 基本尺寸　根据零件强度、结构和工艺性要求，设计确定的尺寸。

2. 实际尺寸　通过测量所得到的尺寸。

3. 极限尺寸　允许尺寸变化的两个界限值。它以基本尺寸为基数来确定。两个界限值中较大的一个称为最大极限尺寸；较小的一个称为最小极限尺寸。

4. 尺寸偏差（简称偏差）　某一尺寸减其相应的基本尺寸所得的代数差。尺寸偏差有：

上偏差＝最大极限尺寸－基本尺寸

下偏差＝最小极限尺寸－基本尺寸

上、下偏差统称极限偏差。上、下偏差可以是正值、负值或零。

国家标准规定：孔的上偏差代号为 ES，孔的下偏差代号为 EI；轴的上偏差代号为 es，轴的下偏差代号为 ei。

5. 尺寸公差（简称公差）　是允许实际尺寸的变动量。

尺寸公差＝最大极限尺寸－最小极限尺寸＝上偏差－下偏差

因为最大极限尺寸总是大于最小极限尺寸，所以尺寸公差一定为正值。

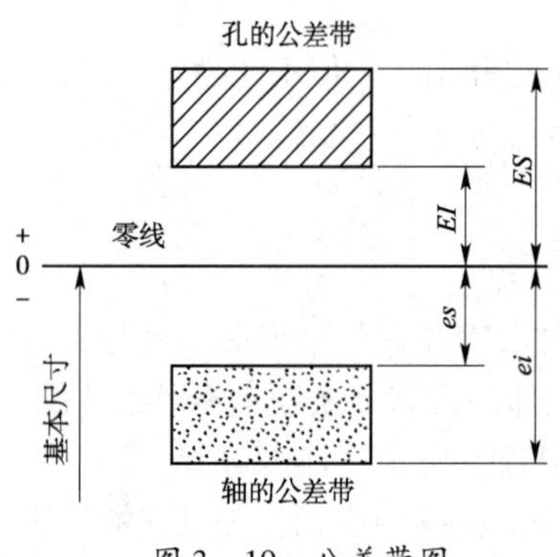

图 3－19　公差带图

6. 公差带和零线　由代表上、下偏差的两条直线所限定的一个区域称为公差带。为了便于分析，一般将尺寸公差与基本尺寸的关系，按放大比例画成简图，称为公差带图。在公差带图中，确定偏差的一条基准直线，称为零偏差线，简称零线（图 3－19），通常零线表示基本尺寸。

7. 标准公差　用以确定公差带大小的任一公差。国家标准将公差等级分为 20 级：IT01、IT0、IT1～IT18。“IT”表示标准公差，公差等级的代号用阿拉伯数字表示。IT01～IT18，精度等级依次降低。标准公差等级数值可查有关技术标准。

8. 基本偏差　用以确定公差带相对于零线位置的上偏差或下偏差。一般是指靠近零线的那个偏差。

根据实际需要，国家标准分别对孔和轴各规定了 28 个不同的基本偏差（图 3－20）。

从基本偏差系列图可知：

基本偏差用拉丁字母表示，大写字母代表孔，小写字母代表轴。

公差带位于零线之上，基本偏差为下偏差；

公差带位于零线之下，基本偏差为上偏差。

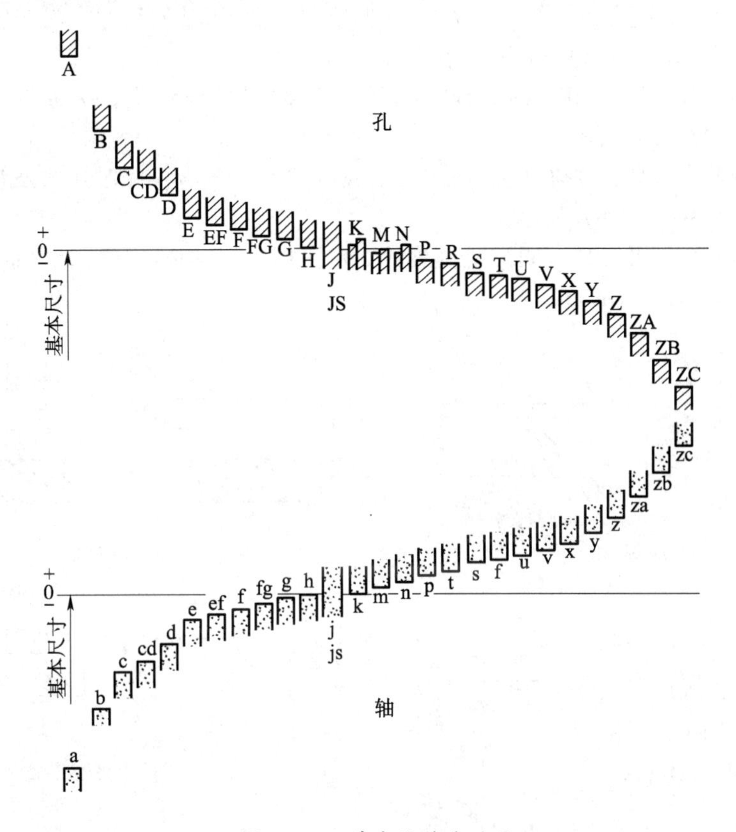

图 3－20　基本偏差系列图

9. 孔、轴的公差带代号　由基本偏差与公差等级代号组成，并且要用同一号字母和数字书写。

例如，ϕ50H8 的含义是：

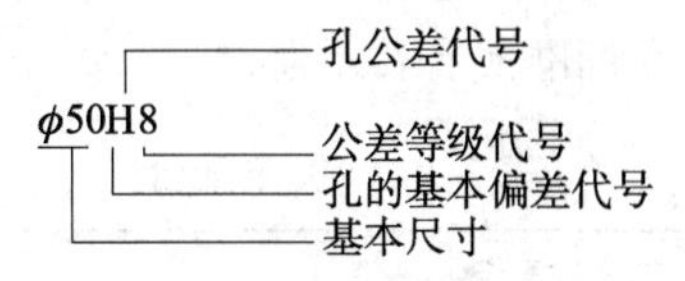

此公差带的全称是：基本尺寸为 ϕ50，公差等级为 8 级，基本偏差为 H 的孔的公差带。

又如 ϕ50f7 的含义是：

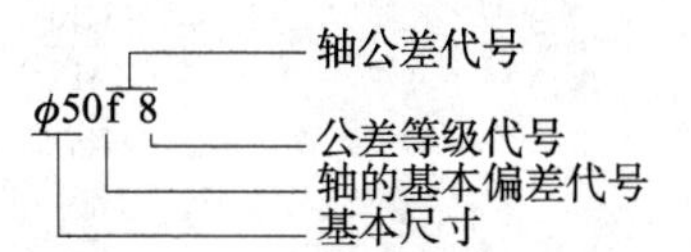

此公差带的全称是：基本尺寸为 ϕ50，公差等级为 8 级，基本偏差为 f 的轴的公差带。

（三）配合

基本尺寸相同的、相互结合的孔和轴公差带之间的关系称为配合。

1. 配合及其种类 基本尺寸相同、孔和轴的结合是配合的条件，而孔、轴公差带之间的关系反映了配合精度和配合的松紧程度，孔、轴的配合松紧程度可用“间隙”或“过盈”来表示。孔的尺寸减去相配合的轴的尺寸为正，即孔的尺寸大于轴的尺寸，就产生间隙。孔的尺寸减去相配合的轴的尺寸为负，即孔的尺寸小于轴的尺寸，就产生过盈。根据一批相配合的孔、轴在配合后得到松紧程度，国家标准将配合分为三种。

（1）间隙配合 具有间隙（包括最小间隙等于零）的配合，孔的公差带在轴的公差带之上，如图 3－21（a）所示。

（2）过盈配合 具有过盈（包括最小过盈等于零）的配合，此时孔的公差带在轴的公差带之下，如图 3－21（b）所示。

（3）过渡配合 可能具有间隙或过盈的配合，此时孔、轴的公差带一部分互相重叠，如图 3－21（c）（d）所示。

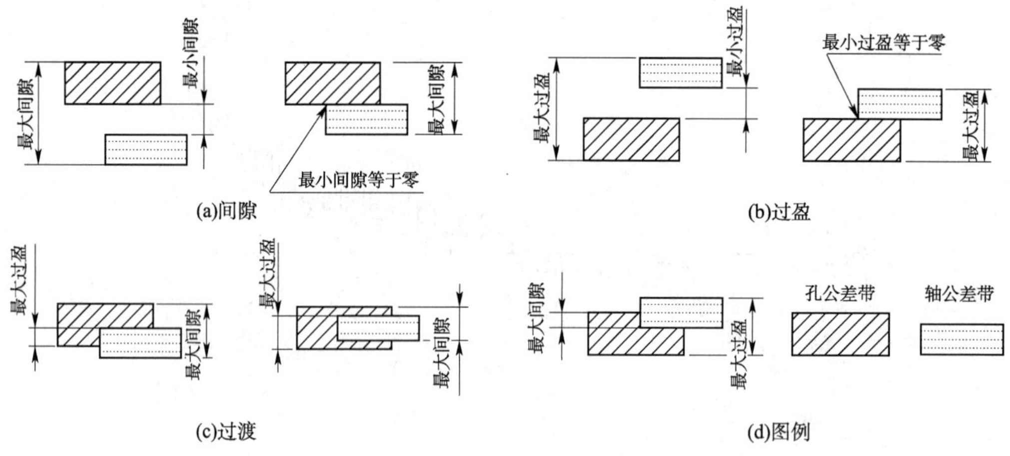

图 3－21 配合种类

2. 配合基准制 在配合代号中，凡孔的基本偏差为 H 者，表示基孔制配合，凡轴的基本偏差为 h 者，表示基轴制配合。标准公差有 20 个等级，基本偏差有 28 种，可组成大量配合。过多的配合，既不能发挥标准的作用，也不利于生产。因此，国家标准将孔、轴公差带分为优先、常用和一般用途公带差，并由孔、轴的优先和常用公差带分别组成基孔制和基轴制的优先配合和常用配合，以便选用。基孔制和基轴制各有 13 种优先配合（表 3－2），常用配合可查阅国家标准或有关手册。

表 3－2 优先配合

	基孔制优先配合	基轴制优先
间隙配合	$\frac{H7}{g6}$、$\frac{H7}{h6}$、$\frac{H8}{f7}$、$\frac{H8}{h7}$、$\frac{H9}{d9}$、$\frac{H9}{h9}$、$\frac{H11}{c11}$、$\frac{H11}{h11}$	$\frac{G7}{h6}$、$\frac{H7}{h6}$、$\frac{F8}{h7}$、$\frac{H8}{h7}$、$\frac{D9}{h9}$、$\frac{H9}{h9}$、$\frac{C11}{h11}$、$\frac{H11}{h11}$
过渡配合	$\frac{H7}{k6}$、$\frac{H7}{n6}$	$\frac{K7}{h6}$、$\frac{N7}{h6}$
过盈配合	$\frac{H7}{p6}$、$\frac{H7}{s6}$、$\frac{H7}{u6}$	$\frac{P7}{h6}$、$\frac{S7}{h6}$、$\frac{U7}{h6}$

3. 配合代号 用孔、轴公差带代号的组合表示，写成分数形式。例如 $\phi 50\frac{H8}{f7}$，或

ϕ50H8/f7，其中ϕ50表示孔、轴基本尺寸，H8表示孔的公差带代号，f7表示轴的公差带代号，H8/f7表示配合代号。

三、形状和位置公差

零件在加工过程中，不但会产生尺寸误差，而且会产生形状误差和位置误差（表3-3）。对于精度要求较高的零件，应根据设计要求确定出合理的误差允许值，在零件图上注出形位公差。

表3-3　形位公差的项目及符号

公差	项目	符号
形状公差	直线度	—
	平面度	▱
	圆度	○
	圆柱度	⌭
形状公差或位置公差	线轮廓度	⌒
	面轮廓度	⌓

公差		项目	符号
位置公差	定向	平行度	//
		垂直度	⊥
		倾斜度	∠
	定位	同轴度	◎
		对称度	⌯
		位置度	⌖
	波动	圆跳动	↗
		全跳动	⌰

形位公差在标注时应注意以下内容。

1. 公差框格和基准代号　公差框格由两格或多格组成［图3-22（a）］。基准代号由基准符号、方格、连线和字母组成［图3-22（b）］。

2. 被测要素的标注　被测要素的标注用带箭头的指引线将框格与被测要素相连，按如图3-22所示标准。

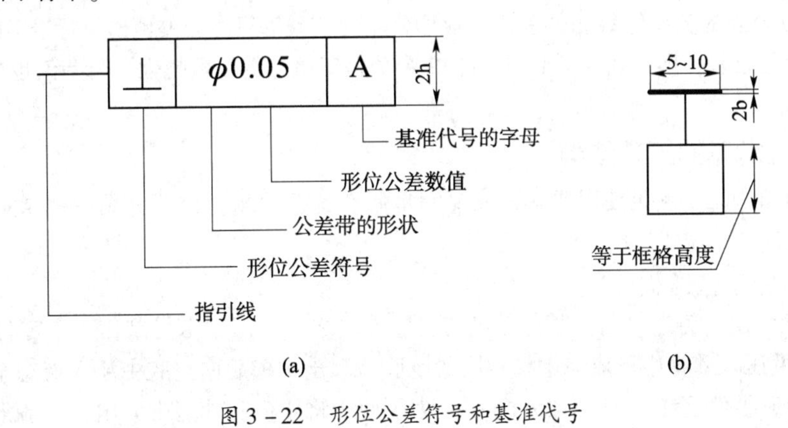

图3-22　形位公差符号和基准代号

（1）当公差涉及线或面时，将箭头垂直指向被测要素轮廓线或其延长线上，但必须与相应尺寸线明显地错开［图3-23（a）］。

（2）当公差涉及轴线或中心平面时，则带箭头的指引线应与尺寸线的延长线重合［图3-23（b）］。

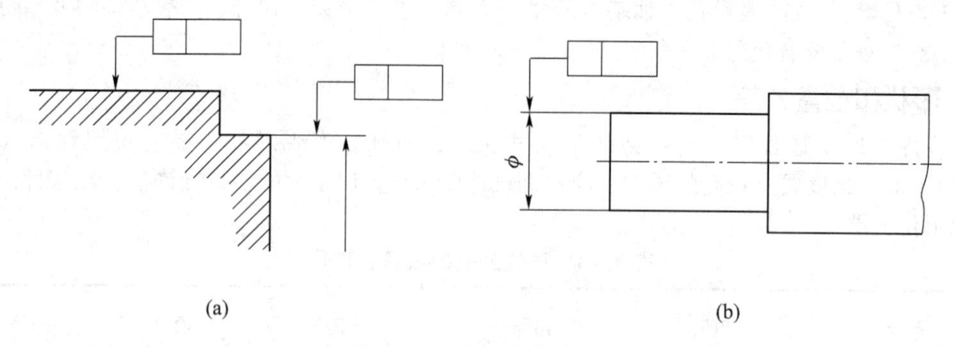

(a) (b)

图 3－23 被测要素的标注

3. 基准要素的标注 基准符号按下列方式标注。

（1）当基准要素是轮廓线或表面时，在要素的外轮廓线上方或它的延长线上，并应与尺寸线明显错开［图 3－24（a）］。

（2）当基准要素是轴线或中心平面或带尺寸的要素确定的点时，则基准符号中的粗短线应与尺寸线对齐［图 3－24（b）］。

（3）当被测要素和基准要素允许互换时，即为任选基准时的标注方法［图 3－24（c）］。

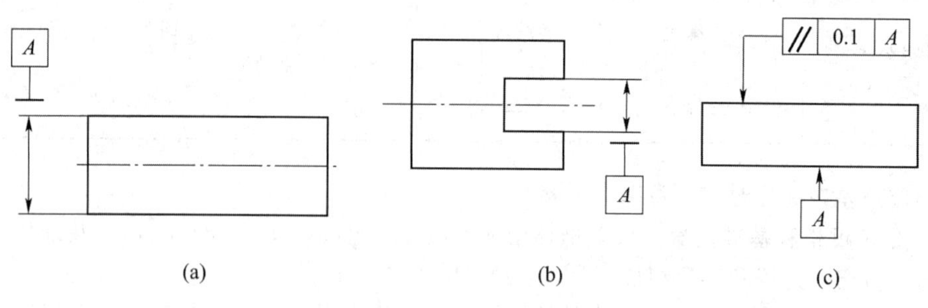

(a) (b) (c)

图 3－24 基准要素的标注

4. 形位公差的公差等级和公差值 形位公差的公差等级和公差值国家标准 GB/T 1184－1996 中对形位公差各项目规定了 1～12 共 12 个公差等级，等级数越大，公差值也越大，精度越低。

四、零件上常见的工艺结构

零件的结构既要满足使用要求，又要满足制造工艺要求。以下介绍一些常见的工艺结构及尺寸标注。

（一）铸造工艺结构

1. 起模斜度 铸造是制作零件毛坯的主要方法之一，即用木材制作一个零件模型（木模），将木模压入砂箱中形成与木模相同的空腔，取出木模后向空腔中注入液态金属，金属凝固后即形成零件毛坯［图 3－25（a）］。为了便于将木模从砂型中取出，一般沿脱模方向做出 1∶20 的斜度，称为起模斜度［图 3－25（b）］。在零件图上允许不画该斜度，必要时在技术要求中注明。

2. 铸造圆角 为防止液态金属冲坏砂型和防止液态金属在冷却时转角处应力集中而开裂，铸件两表面相交处均制成圆角［图 3－25（c）（d）］，该圆角成为铸造圆角。圆角半径一般取壁厚的 1/5～2/5，视图中一般不标注铸造圆角半径，而注写在技术要求中，如

“未注圆角 R2”。

由于铸造圆角的存在，铸件各表面上的交线要用过渡线代替，其画法与没有圆角时两面交线画法相同，只是不与圆角接触而已，按 GB/T 4457.4－2002 规定，过渡线线型为细实线（图 3－26）。

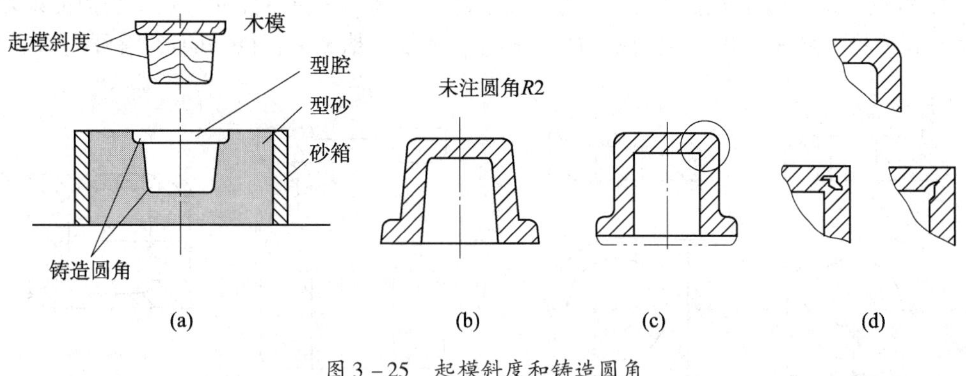

图 3－25　起模斜度和铸造圆角

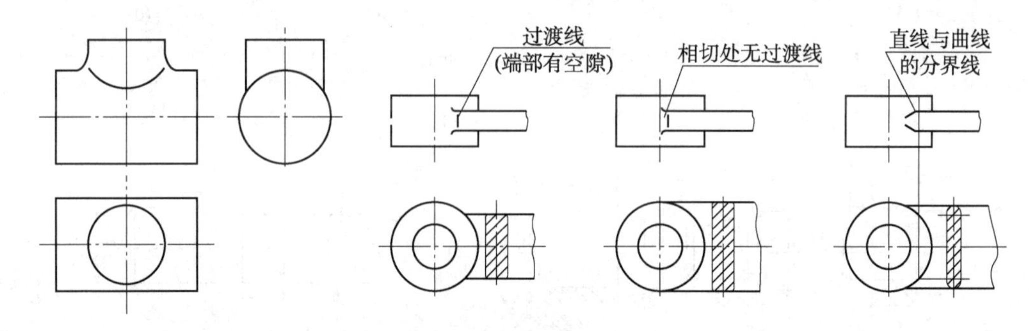

图 3－26　过渡线的画法

3. 铸件壁厚　铸件各处壁厚应尽量均匀，以避免各部分因冷却速度的不同而产生缩孔或裂缝。若因结构需要出现壁厚相差过大，则壁厚由大到小逐渐变化（图 3－27）。

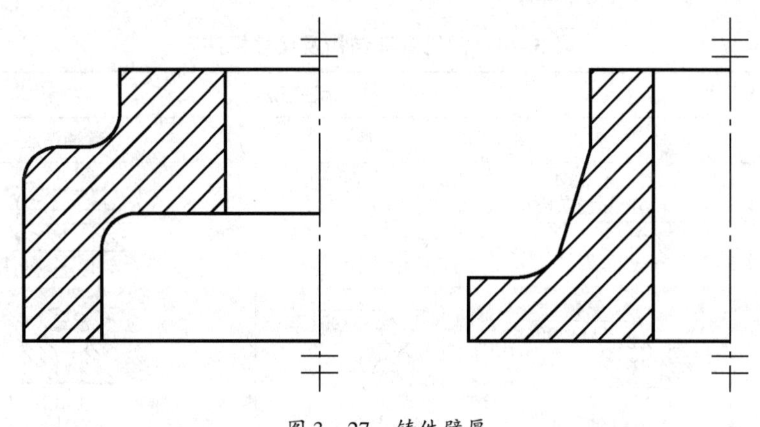

图 3－27　铸件壁厚

(二) 机械加工工艺结构

1. 凸台和凹坑　零件上与其他零件接触的表面，一般都要经过机械加工，为了减少加工面积，通常在铸件上设计凸台、凹坑等工艺结构（图 3－28）。

2. 倒角和倒圆 为了便于装配，要去除零件上的毛刺、锐边，通常将尖角加工成倒角（图 3－29）。为避免轴肩处的应力集中，该处加工成圆角。圆角和倒角的尺寸系列可查有关资料。其中倒角为 45°时，用代号 C 表示，与轴向尺寸 n 连注成 Cn。

3. 螺纹 退刀槽在车削螺纹时，为了便于退出刀具，常在零件的待加工表面的末端车出螺纹退刀槽（图 3－30），退刀槽的尺寸标注一般按“槽宽 × 直径”的形式标注。

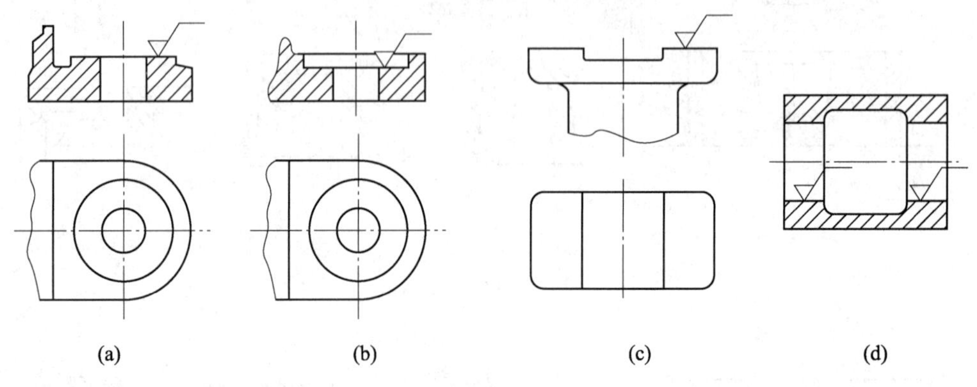

图 3－28 凸台和凹坑

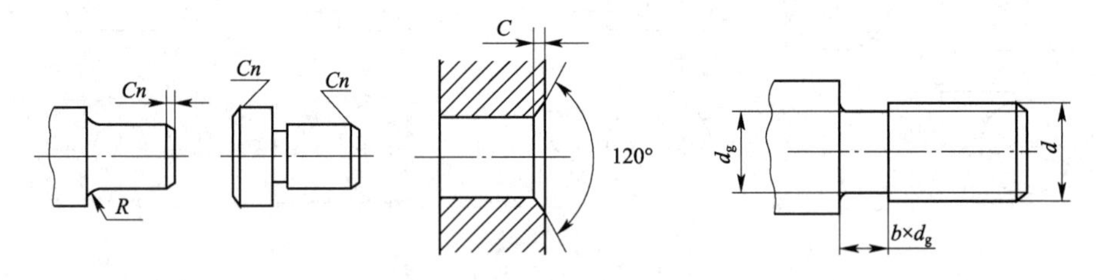

图 3－29 圆角和倒角图　　图 3－30 螺纹退刀槽

（三）常见沉孔结构及尺寸标注

常见沉孔结构及尺寸标注如表 3－4 所示。

表 3－4 常见沉孔结构及尺寸标注

结构类型	标注方法		
	旁注法		普通注法
柱形沉孔	4×φ6.4 ⌴φ12↧3.5	4×φ6.4 ⌴φ12↧3.5	φ12 3.5 4×φ6.4
锥形沉孔	4×φ7 ⌵φ13×90°	4×φ7 ⌵φ13×90°	90° φ13 4×φ7
锪平沉孔	4×φ7 ⌴φ15	4×φ7 ⌴φ15	⌴φ15 4×φ7

任务五 读零件图

一、读零件图的要求

1. 了解零件的名称、用途、材料和数量等。
2. 了解组成零件各部分结构形状的特点、功用，以及它们之间的相对位置。
3. 了解零件的尺寸标注、制造方法和技术要求。

二、读零件图的方法和步骤

1. 看标题栏 首先看标题栏，了解零件的名称、材料、比例等，并浏览全图，对零件有个概括了解，如零件属什么类型，大致轮廓和结构等。

2. 表达方案分析 根据视图布局，首先确定主视图，围绕主视图分析其他视图的配置。对于剖视图、断面图要找到剖切位置及方向，对于局部视图和局部放大图要找到投影方向和部位，弄清楚各个图形彼此间的投影关系。

3. 形体分析 首先利用形体分析法，将零件按功能分解为主体、安装、连接等几个部分，然后明确每一部分在各个视图中的投影范围与各部分之间的相对位置，最后仔细分析每一部分的形状和作用。

4. 分析尺寸和技术要求 根据零件的形体结构，分析确定长、宽、高各方向的主要基准。分析尺寸标注和技术要求，找出各部分的定形和定位尺寸，明确哪些是主要尺寸和主要加工面，进而分析制造方法等，以便保证质量要求。

5. 综合考虑 综上所述，将零件的结构形状、尺寸标注及技术要求综合起来，就能比较全面地阅读这张零件图。在实际读图过程中，上述步骤常常是穿插进行的。

三、读图示例

齿轮轴的零件图（图 3－31）的具体读图过程如下。

（一）看标题栏

从标题栏中了解零件的名称（齿轮轴）、材料（45 号钢）等。

（二）表达方案分析

1. 找出主视图。
2. 分析图中使用的视图、剖视、断面等，找出它们的名称、相互位置和投影关系。
3. 凡有剖视、断面处要找到剖切平面位置。
4. 有局部视图和斜视图的地方必须找到表示投影部位的字母和表示投影方向的箭头。
5. 有无局部放大图及简化画法。

该齿轮轴的零件图由主视图、一个移出断面图组成。主视图上用了一个局部剖视。

（三）进行形体分析和线面分析

1. 先看大致轮廓，再分几个较大的独立部分进行形体分析，逐一看懂。
2. 对外部结构逐个分析。
3. 对内部结构逐个分析。
4. 对不便于形体分析的部分进行线面分析。

（四）进行尺寸分析和了解技术要求

1. 形体分析和结构分析，了解定形尺寸和定位尺寸。
2. 据零件的结构特点，了解基准和尺寸标注形式。

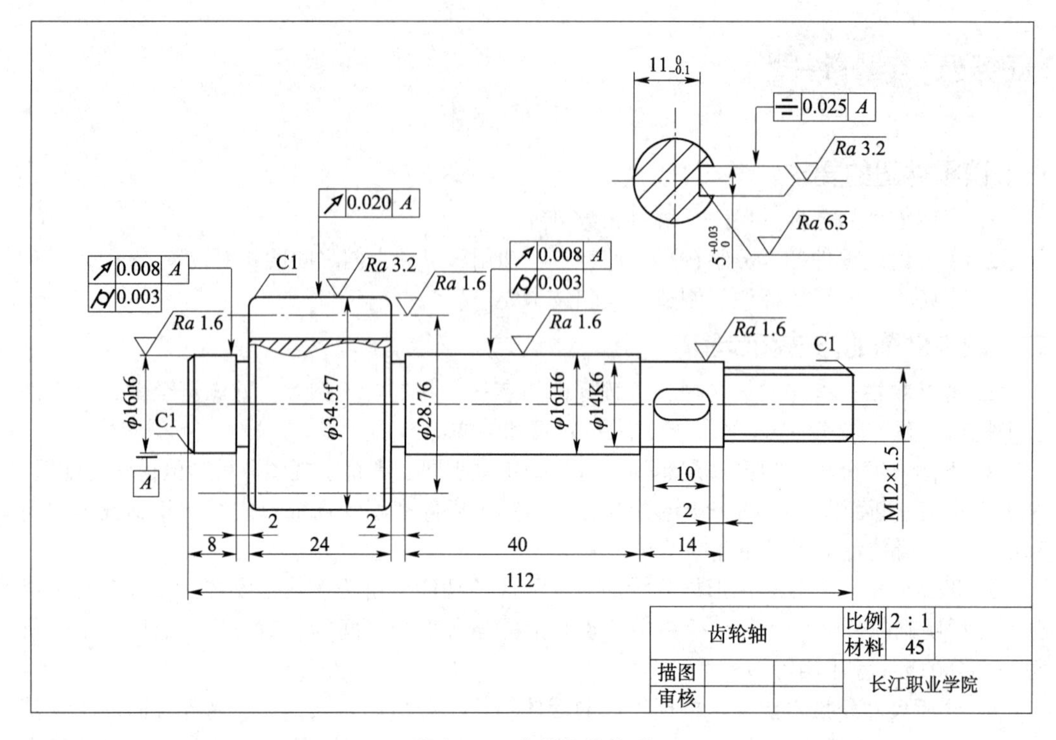

图 3－31　齿轮轴零件图

3. 了解功能尺寸与非功能尺寸。

4. 了解零件总体尺寸。

这个零件各部分的形体尺寸，按形体分析法确定。标注尺寸的基准是：长度方向以左端面为基准，从它注出的定位尺寸有 8 和 112；径向（宽度、高度）以轴线为基准，从它注出的直径有 6 个，分别为 $\phi16$、$\phi34.5$、$\phi28.76$、$\phi16$、$\phi14$、M12 × 1.5。

四、综合考虑

把零件的结构形状、尺寸标注、工艺和技术要求等内容综合起来，就能了解零件的全貌，也就看懂了零件图。

重点：学习零件图的视图选择、尺寸标注、技术要求的相关内容。

难点：能正确阅读和绘制零件图。

目标检测

1. 将指定表面粗糙度用代号标注在图 3－32 上。
2. 已知图 3－33 孔的基本尺寸为 $\phi30$，基本代号为 H，公差等级为 IT7；轴的基本尺寸为 $\phi20$，基本代号为 f，公差等级为 IT7。求：

(1) 孔的上偏差、下偏差、公差。

(2) 轴的上偏差、下偏差、公差。

（3）以极限偏差形式标注孔、轴的尺寸。

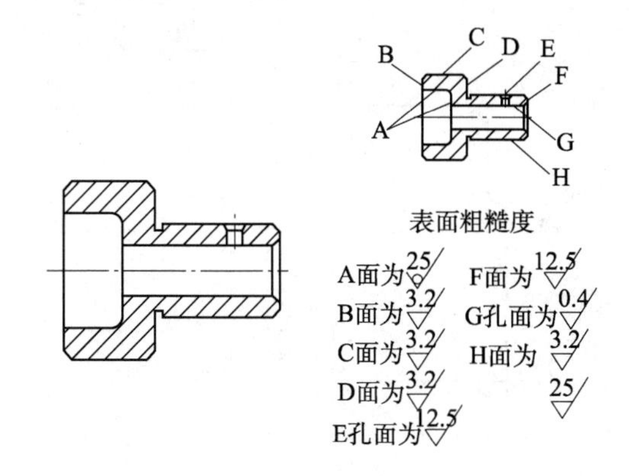

图 3－32　图例

3. 根据配合代号，在零件图 3－34 上分别标出轴和孔的偏差值，并指出是何类配合。

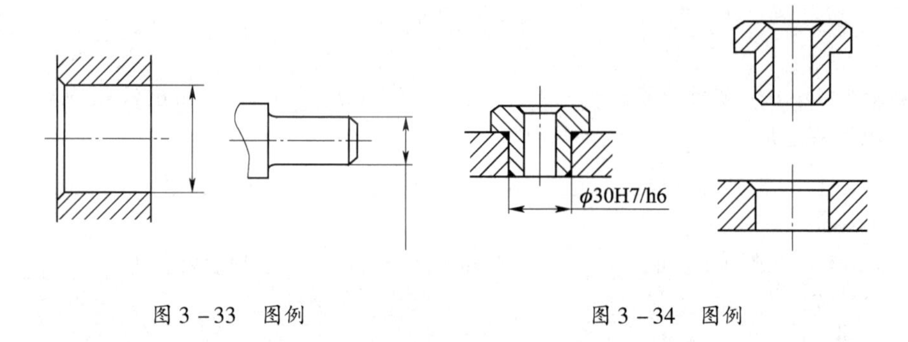

图 3－33　图例　　图 3－34　图例

4. 根据轴和孔的偏差值，在装配图 3－35 上注出其配合代号。

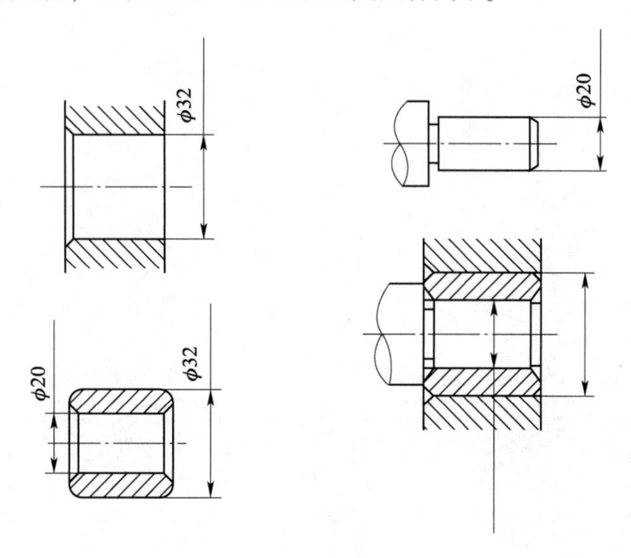

图 3－35　图例

5. 说明图 3－36 中标注的形位公差框格的含义。

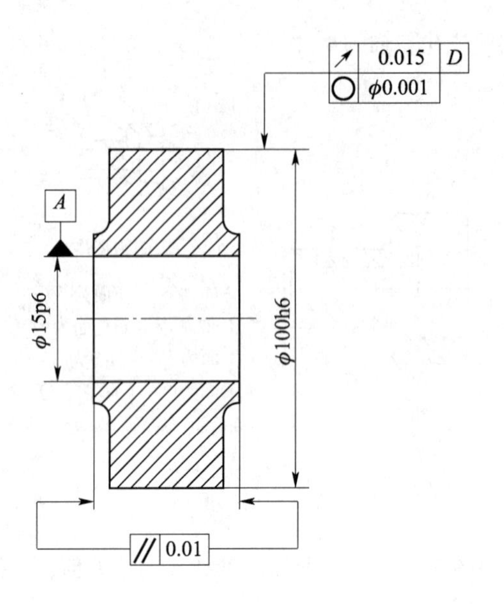

图 3－36 图例

（1）↗ 0.015 A：被测要素是________，测量项目是________，测量公差为________，测量基准是________。

（2）// 0.01：被测要素是________，测量项目是________，测量公差为________，测量基准是________。

（3）○ 0.001：被测要素是________，测量项目是________，测量公差为________，测量基准是________。

项目四

化工设备图的绘制与阅读

学习目标

知识要求 **1. 掌握** 绘制和阅读化工设备图的基本要求和步骤。

2. 熟悉 化工设备的表达方法、特殊部件的画法。

3. 了解 化工生产常用设备的结构特点、各部分名称和相关的国家标准、行业标准。

技能要求 1. 熟练掌握化工设备图的各种表达方法、绘制方法。

2. 学会正确识读各种化工设备图，可以通过相关手册查出各部分的尺寸和标准。

案例导入

案例：化工设备图是化工设备设计、制造、使用和维修中的重要技术文件，从事化工生产的工程技术人员必须具备阅读化工设备图的能力。那么化工设备图中包括什么信息呢？我们怎样做才可以精准地读取它们？

讨论：1. 你认识化工生产设备吗？它们有什么典型的结构特点呢？

2. 化工设备图和零件图又有什么不同呢？

任务一　化工设备的结构特点和各部分名称

一、化工设备的概念

指化工生产中静止的或配有少量传动机构组成的装置，主要用于完成传热、传质和化学反应等过程，或用于储存物料。

二、化工设备的分类

1. 按结构特征和用途分为容器、塔器、换热器、反应器（包括各种反应釜、固定床或液态化床）和管式炉等。

2. 按结构材料分为金属设备（碳钢、合金钢、铸铁、铝、铜等）、非金属设备（陶瓷、玻璃、塑料、木材等）和非金属材料衬里设备（衬橡胶、塑料、耐火材料及搪瓷等）。

3. 按受力情况分为外压设备（包括真空设备）和内压设备，内压设备又分为常压设备（操作压力小于 $1kgf/cm^2$）、低压设备（操作压力在 $1 \sim 16kgf/cm^2$ 之间）、中压设备（操作压力在 $16 \sim 100kgf/cm^2$ 之间）、高压设备（操作压力在 $100 \sim 1000kgf/cm^2$ 之间）和超高压设备（操作压力大于 $1000kgf/cm^2$）。

注：$1kgf/cm^2=98.07kPa$

三、化工设备的特点

化工设备种类很多，在化学制药生产中应用较多的设备包括带搅拌的反应釜、换热器、蒸发器、各种塔等。这些典型化工设备结构、尺寸、用途不相同，但具有以下共同点（图4－1）。

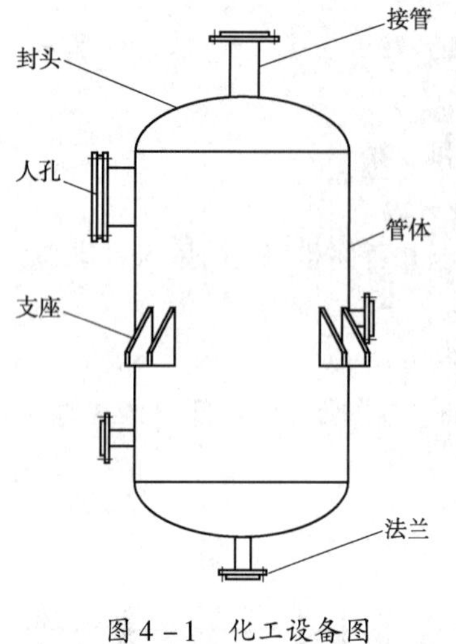

图4－1 化工设备图

1. 设备主体多为回转壳体 化工设备大多数都要求耐高压。为了制造方便、省料，其外形多为回转体，例如圆筒形壳体、圆锥形壳体、圆球等。

2. 结构尺寸相差悬殊 化工设备中的塔较高，外观细长；反应釜及卧式设备较矮。所以设备的高与直径，外形尺寸与容器壁厚等结构尺寸相差较大。

3. 开孔多 根据工艺要求，物料的进入、流出管，各种仪表的连接管，排气管、排污管、人孔等都需在容器壳体上开一些直径不同的孔。

4. 焊接结构多 化工设备各部分结构的连接通常采用焊接的方法，筒体由钢板卷焊而成，筒体与封头、管口、支座等都采用焊接方法。焊接结构多是化工设备一个突出的特点。

5. 广泛采用标准化零部件 为了制造方便，化工设备中常用的零部件都已经标准化、系列化，如液面计、封头、螺栓、螺母等。

6. 密封要求高 由于化工设备内的物料具有易燃、易爆、强腐蚀性等特点，连接面有较高的密封要求。

7. 对材料有特殊要求 关于材料的要求有很多，在此不作为重点，就不赘述了。

四、化工设备图中的零部件

化工设备零部件的种类繁多，总体可以分为两类：一是通用零部件，二是典型化工设备的常用零部件。

为了便于生产，化工设备中一些作用、结构相同的零部件已经标准化、系列化。熟悉这些零部件的基本结构及有关标准可以提高绘制和阅读化工设备图样的能力。

1. 筒体 筒体为化工设备主体结构，并以圆柱形筒体应用最为广泛。一般由钢板卷焊成形，由工艺要求确定大小；直径小于500mm时，直接使用无缝钢管。筒体较长时，可由多个筒节焊接，也可用设备法兰连接。

标记示例：

公称直径1000mm的容器，标记为：DN1000。

2. 封头 封头与筒体构成设备的壳体，是设备的重要组成部分。封头可以与筒体直接焊接，也可分别焊上法兰用螺栓、螺母锁紧。

常见的封头有球形、椭圆形、碟形、锥形等，它们多数已经标准化（图4－2）。

标记示例：

公称直径900mm，壁厚为6mm的椭圆形封头，标记为：封头DN900×6 JB1154－73。

3. 支座

（1）悬挂式支座 又称耳架，广泛用于立式设备（图4－3）。

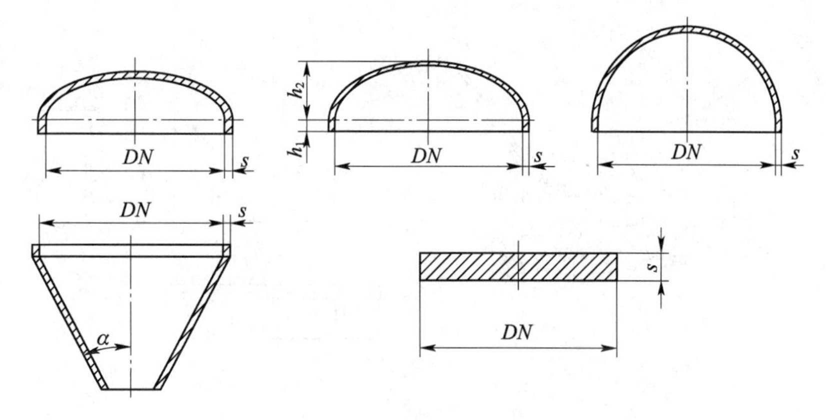

图 4-2 各种形状封头

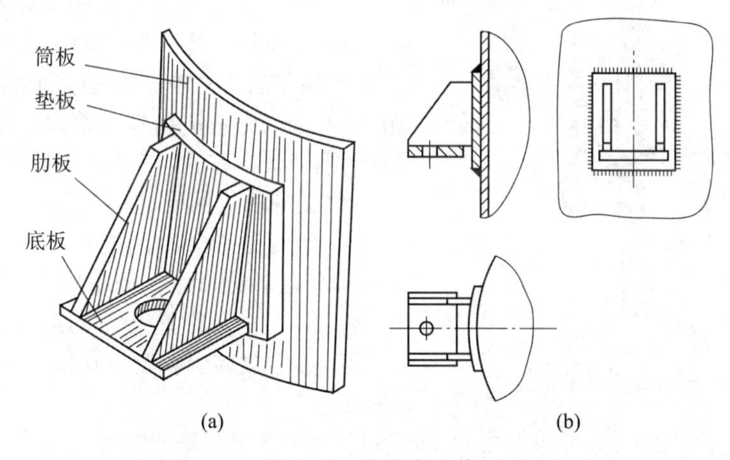

图 4-3 悬挂式支座

悬挂式支座用于支承在钢架、墙体或梁上的以及穿越楼板的立式容器，支脚板上有螺栓孔，用螺栓固定设备。在筋板与筒体间加垫板，用以增加受力面积。一般采用 4 个支座均匀分布，安装后设备成悬挂状。直径小的容器可选用 2~3 个支座。

规定标记：JB/T 4725-1992

悬挂式支座号 B5，表示 B 型带垫板 5 号悬挂式支座。

（2）鞍式支座　鞍式支座是卧式设备中应用最广泛的一种支座。

卧式设备用两个鞍座支承，设备过长时，应增加支座数目。同一直径的鞍式支座分为 A 型（轻型）、B 型（重型），每种类型又分为 F 型（固定型）、S 型（滑动型）。F 型地脚螺栓是圆孔型，S 型是长圆形。F 型、S 型经常配对使用，其目的是容器因温差膨胀或收缩时，S 型滑动式支座可以滑动调节两支座间距，而不使容器受附加应力作用。鞍式支座的主要性能参数为公称直径 DN（mm）、鞍座高度（mm）和结构形式，可参看标准 JB/4712-1992。

标记示例：

标准号鞍座型号公称直径-鞍座类型

如公称直径 DN1200mm，轻型，滑动式不带加强垫板的鞍式支座，标记为：JB/4712-1992，鞍座 A1200-S（图 4-4）。

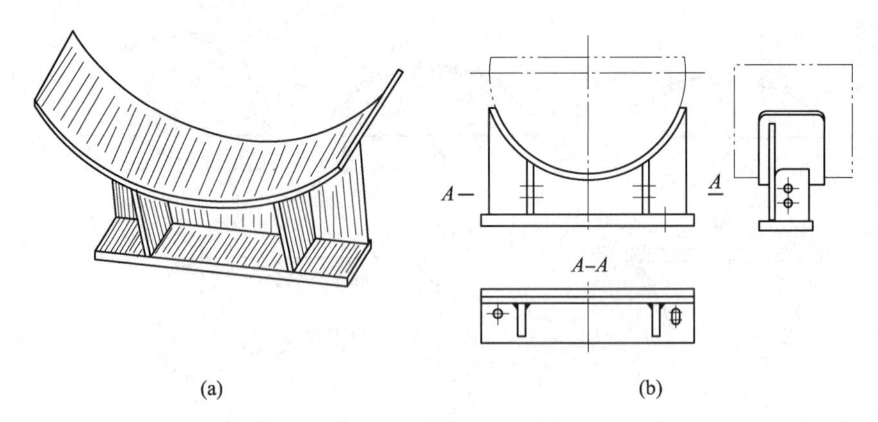

图 4-4 鞍式支座

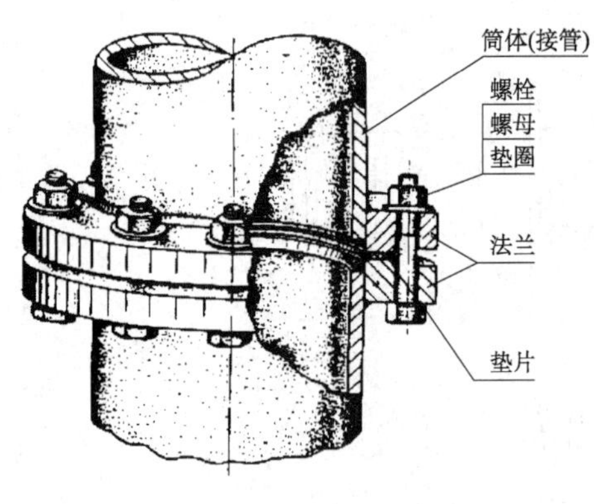

图 4-5 法兰连接

4. 法兰 法兰是由一对法兰、密封垫片和螺栓、螺母、垫圈等零件组成的，是可拆连接（图 4-5）。由于法兰有较好的强度和密封性，适用范围广，在制药企业应用较为普遍。化工设备的标准法兰有两类：管法兰和压力容器法兰（设备法兰）。带设备法兰的反应釜见图 4-6。标准法兰的主要参数是公称直径（DN）和公称压力（PN），管法兰的公称直径是所连接管子的外径，压力容器法兰的公称直径是所连接筒体的内径。

管法兰规定标记：HGJ48 - 91 法兰 200 - 2.5。

表示公称直径 200，公称压力 2.5MPa 的榫槽面带颈平焊钢制管法兰。

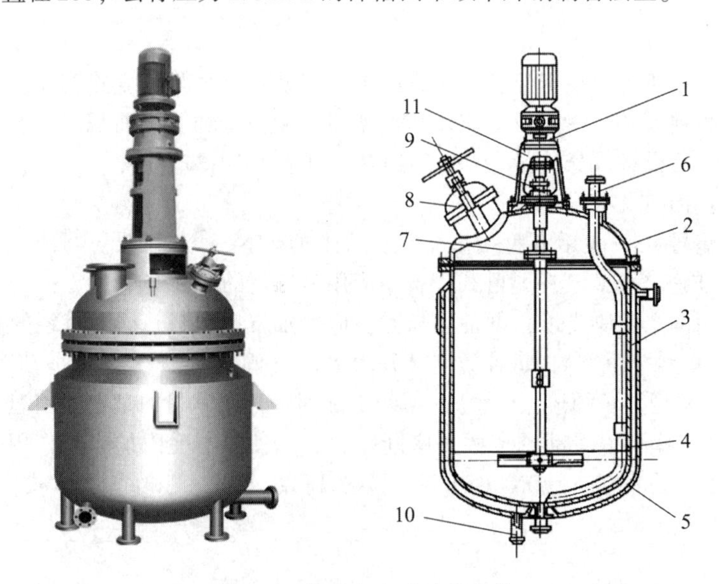

图 4-6 带设备法兰的反应釜

1. 传动装置；2. 釜盖；3. 釜体；4. 搅拌装置；5. 夹套；6. 工艺接管；7. 联轴器；8. 人孔；9. 密封装置；10. 蒸汽接管；11. 减速器支架

容器法兰规定标记：JB4701－1992，法兰－PI，900－0.6。

表示公称直径900，公称压力0.6MPa，密封面为PI型平面密封的甲型平焊法兰。

5. 人孔和手孔　凡是需要进行内部清理、安装、检修的设备必须开手孔与人孔。手孔通常在容器上接一短管并盖盲板。手孔直径一般为150～250mm，工作人员带手套并握有工具的手可以方便通过。标准化手孔的公称直径有DN150、DN250两种。

当容器的公称直径大于1000mm时，应开人孔。人孔有圆形、椭圆形两种，其大小及位置应以工作人员进出方便为准。圆形人孔制造方便，应用广泛；椭圆形人孔制造困难，但对壳体强度消弱较小。人孔的基本结构见图4－7。

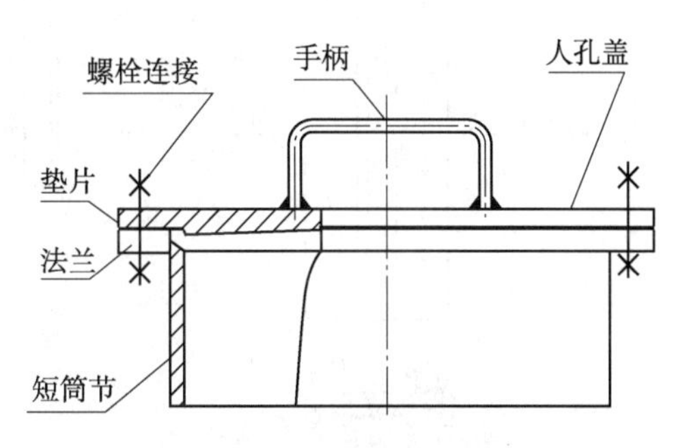

图4－7　人孔的基本结构

为减小壳体强度的消弱及减少密封面，人孔的尺寸尽量要小，圆形人孔最小尺寸为400mm，椭圆形人孔最小尺寸为400mm × 300mm。直径大压力高的设备可选用400mm的人孔；压力一般的设备可选用450mm的人孔；严寒地区的室外设备且有较大内件需要更换可选用500mm或600mm的人孔。

标记示例：

公称直径DN450，采用2707耐酸耐碱橡胶垫片的常压人孔，其标记为人孔（R·A－2707）450HG21515。

公称直径DN250，H1＝120，采用2707耐酸耐碱橡胶垫片的常压手孔，其规定标记为手孔（R·A－2707）250HG21528－95。

6. 视镜　视镜主要用来观察设备内物料及反应情况，常用的视镜如图4－8所示。选择视镜时，尽量采用不带颈视镜，其结构简单，不易结垢，窥视范围大。当设备需要斜装或设备直径较小时，选用带颈视镜。压力容器视镜适用公称压力较大的场合（大于0.6MPa）。

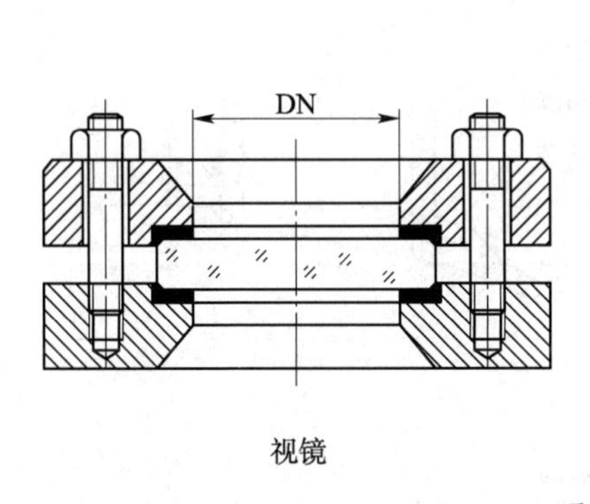

视镜

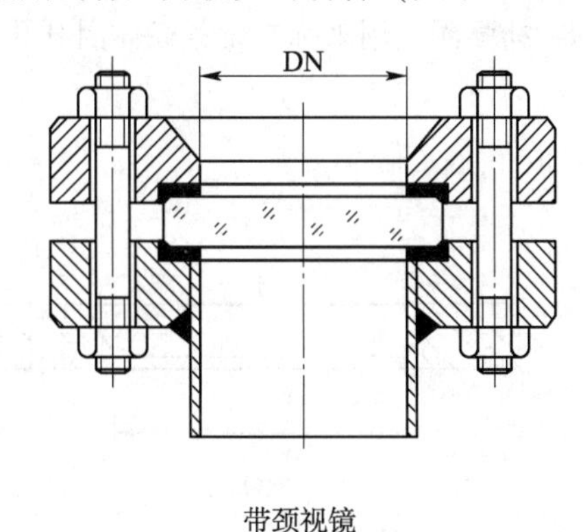

带颈视镜

图4－8　视镜

标记示例：

公称直径DN80mm的碳素钢视镜，标记为：视镜IPN0.6，DN80，JB593－64－2。

公称直径DN125mm，公称压力PN0.6MPa的带颈衬里视镜，标记为：带颈衬里视镜Ⅲ PN0.6，DN125，JB596－64－3。

公称直径DN100mm，公称压力PN1.6MPa，材料为碳素钢的的带颈视镜，标记为：带颈视镜IPN1.6，DN100，HGJ502－86－8。

7. 液面计 用液面计可以清楚观察设备内液面的实际位置。液面计形式很多也已经标准化。常用的液面计有玻璃管式液面计、透光式玻璃板液面计、反射式玻璃板液面计。性能参数有：公称压力、使用温度、主体材料、结构形式等（图 4-9）。

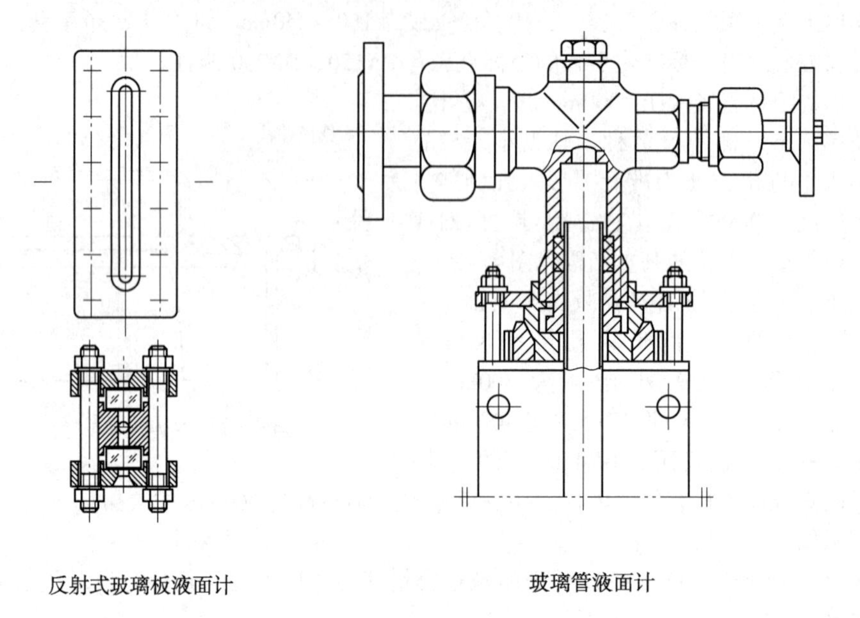

图 4-9 液面计

标记示例：

公称压力为 2.5MPa，碳钢材料（I），保温型，排污口配阀门（V），凸面法兰连接（HGJ50 标准）（A），透光式，公称长度 $L=1450$mm 的璃板液面计，标记为：液面计 AT2.5-IW-1450V。

8. 补强圈 用来弥补设备壳体因开孔过大而造成的强度损失，结构如图 4-10 所示。

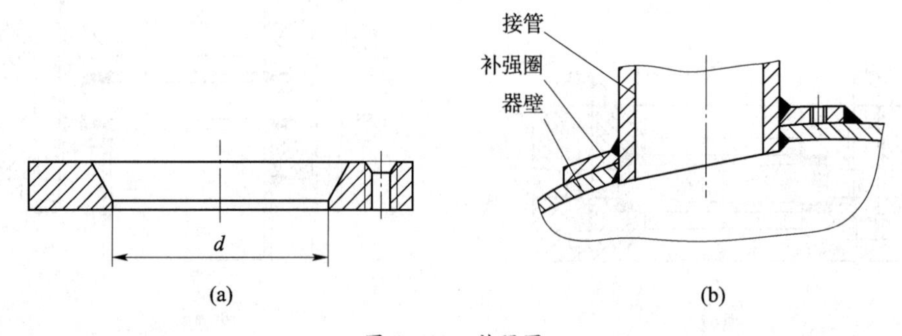

图 4-10 补强圈

补强圈形状应与补强部分相符，与设备壳体紧密贴合，焊接后与壳体同时受力。补强圈上有一小螺纹孔，焊后通入压缩空气检验连接焊缝的质量。一般要求补强圈的厚度和材料与设备壳体相同。

标记示例：

接管公称直径 DN100mm，补强圈厚度 8mm，坡口形式为 D 型，材质为 16MnR。

标记为：DN100×8-D-16MnR JB/T4736。

任务二　化工设备图的表达方法及简化画法

工业产品的生产过程中，有许多相同的基本操作单元，如蒸发、冷凝、精馏、吸收、干燥、混合、反应等，使用着大量相同的化工机器与化工设备。凡表示化工设备的形状、大小、结构、性能和制造、安装等技术要求的图样称为化工设备图。化工设备图也是按“正投影法”绘制的。由于化工生产过程的特殊要求，除了采用国家标准外，又采用了一些适合化工生产的习惯画法、特殊画法、规定画法、简化画法，成为化工专业图样，用以满足化工工程制图的需要。在化工专业图样中，涉及到许多国家标准、部颁标准、企业标准与规定，在绘图、读图过程中应该有所了解。

化工设备图用以表达设备零部件的相对位置、相互连接方式、装配关系、工作原理和主要零件的基本形状。化工设备图应用在设备的加工制造、检测验收、运输安装、拆卸维修、开工运行、操作维护等生产工作过程中。

化工设备图一般包括化工设备装配图、部件装配图和零件图等，本项目所讲述的化工设备图是化工设备装配图的简称。

化工设备图是表示化工设备的结构形状、各零件间的装配连接关系、必要尺寸、技术特性和制造、检验、安装的技术要求等内容的图样。因此，它应具有一组的视图、必要的尺寸、零部件序号及明细表、技术要求、标题栏等内容外，还有管口符号及管口表、技术特性表，用拉丁字母顺序编出各管口和开孔序号再列表（管口表）填写出有关数据和用途，以及用表格形式列出的设备的工作压力、工作温度、物料名称等主要工艺特性，表明设备重要特性指标的内容。

一、化工设备图的表达方法

1. 视图配置具有灵活性　因为化工设备图主体结构多数为回转体，所以主体结构一般用两个基本视图表达就可以了。立式设备一般用主视图、俯视图表达；卧式设备一般用主视图、左（右）视图表达。主视图采用全剖视图。当设备较高、较长时，由于条幅有限，俯视图及左（右）视图图纸幅面的空白处，注明视图名称，也可以在另一张图纸上绘制，并分别在两张图纸上注明视图关系。

若某些结构形状简单、易于表达的零件，可以直接在装配图中适当位置画出，注明某某的零件图即可。还有一些图例如支座的底板尺寸图、管口方位图、某零件的展开图等可同时出现在装配图中。所以化工设备的视图配置具有灵活性。

2. 细部结构的表达方法　化工设备的某些细部结构尺寸与总体结构尺寸相差甚远，按一定缩小比例画出的基本视图中很难把细部结构的尺寸表达清楚。因此，对细部结构采用局部放大法和夸大画法是化工设备较多使用的方法。

（1）局部放大图　用局部放大法表达细部结构时，可画成局部视图、剖视图或剖面图等形式。也可以不按比例放大但必须注明。按比例绘制时，注明比例；不按比例绘制时，注明不按比例。

（2）夸大画法　对于化工设备中的管板、壁厚、焊缝、垫片等若按比例缩小，其尺寸根本无法表达，因此，在不影响装配结构的原则下可以做适当地夸大画出。

3. 断开、分层及整体的表达方法　对于过高、过长的化工设备，如塔、换热器等，常采用断开画法，这样可以使用较大比例清楚地表达设备结构并使图幅布局合理。此种画法是用双点划线将设备中重复出现的结构或相同结构断开，使图形缩短，简化绘图。

有些形体较长的塔设备若用断开画法，则内部结构不能表达清楚，为此可以将塔分层用局部放大的方法表达。由于断开和分层画法使设备总体表达不完整时，可用缩小比例单线条画出设备的整体外形图或剖视图。在整体图上应标注总高尺寸、各主要零部件的定位尺寸及各管口的标高尺寸，塔盘应按顺序从下至上编号，且应注明塔盘间距尺寸。

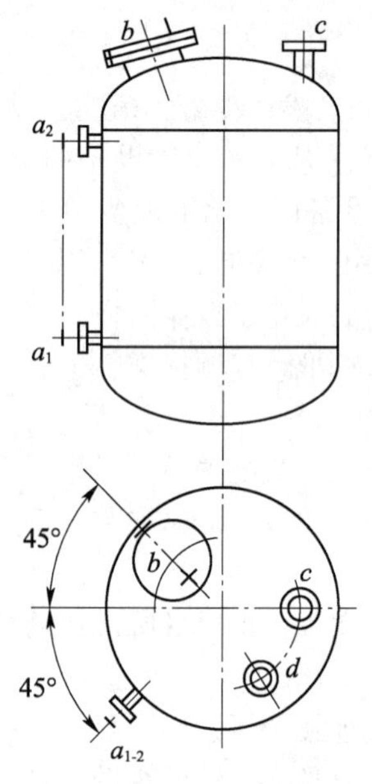

图 4-11 多次旋转的表达方法

4. 多次旋转表达法 化工设备壳体上有许多接管，为了在主视图上把它们的结构形状及高度位置表达清楚，可采用多次旋转表达方法。这种表达方法是假设将设备上不同分布的接管及其他附件按不同方向旋转到与正投影面平行的位置，而后进行投影。在不同的视图中同一接管或附件应用相同的小写英文字母编号。图中规格、用途相同的接管或附件可共用同一字母，用阿拉伯数字作脚标，以示个数。如图 4-11 所示，人孔 b 按逆时针方向（从俯视图看）45°、液面计（a_{1-2}）按顺时针方向旋转 45°，在主视图上画出的。

5. 管口方位的表达方法 化工设备壳体上众多的管口和附件的确定，在安装、制造等方面尤为重要。当化工设备只用一个基本视图和一些辅助视图就已将基本结构表达清楚时，一般用管口方位图来表达设备的管口及其他附件分布的情况。

二、化工设备图特殊部件的画法

为使在绘制图中减少不必要的绘图工作量，提高效率，既不影响视图正确、清晰表达结构形状，又不使读者产生误解的前提下，可以采用各种简化画法。

1. 标准化零件 一些标准化零件已有标准图，在化工设备图中可不详细画出，可按比例画出反映其特征外形的简图，并在明细栏中注写名称、规格、标准等。

2. 外购部件 化工设备中的外购部件只需画出外形轮廓简图，但必须在明细栏中写出名称、规格、主要性能参数和“外购”字样。

3. 已有零部件图、局部放大图等 对于已有零部件图、局部放大图、规定记号的零部件或一些简单结构，可采用单线条（粗实线）表示。

4. 液面计 化工设备中液面计可用点划线示意表达，并用粗实线画出“+”表示安装位置，但必须在明细栏中注明名称、规格、数量及标准号等。

5. 重复结构 化工设备中出现的有规律分布的重复结构时，可以简化表达。

（1）纹连接组件 只需用点划线表示连接位置，不用画投影。装配图中的螺栓连接用“×”或“+”表示，但在明细栏中注明名称、标准号、数量及材料。

（2）管束 按一定规律排列的管束只画一根，其余用点划线表示安装位置。

（3）孔板 按一定规律排列且具有相同孔径的孔板，可画出能明显表示小孔分布规律的几个小孔。

（4）填料 设备中规格、材质、堆放方法相同的填料，例如填料塔中各类塑料环、瓷环、玻璃环、钢环等，可以在堆放范围内用交叉细实线示意表达；必要时可用局部剖视表达细部结构；木格子填料可用示意图表达各层次的填放方法。

任务三 阅读化工设备图

在制药工业中，技术人员及操作工人都应具有熟练阅读化工设备图的能力，这在设备的使用及维修过程中尤为重要。阅读化工设备图时应达到以下要求。

1. 了解设备的性能、作用和工作原理。

2. 了解各零部件之间的装配连接关系和有关尺寸。

3. 了解设备主要零部件的结构、形状和作用，进而了解整个设备的结构。

4. 了解设备上的开口方位以及在设计、制造、检验和安装等方面的技术要求。

化工设备图的阅读方法和步骤与阅读机械装配图基本相同，但在读图过程中应关注化工设备图所具有独特内容及图示特点。

一、概括了解

通过阅读标题栏可了解设备的名称、规格、绘图比例等内容；由明细栏了解设备各零部件的数量、材料；了解哪些是标准和非标零部件；了解设备的管口表、技术特性表及技术要求等。

1. 看标题栏，了解设备的名称、规格、绘图比例、图纸张数等内容。

2. 对视图进行分析，了解表达设备所采用的视图数量和表达方法，找出各视图、剖视图的位置及各自的表达重点。

3. 看明细栏，概括了解设备的零部件件号和数目，以及哪些是零部件图，哪些是标准件或外购件。

4. 看设备的管口表、制造检验主要数据表及技术要求，概括了解设备的压力、温度、物料、焊缝探伤要求及设备在设计、制造、检验等方面的技术要求。

二、详细分析

1. 零部件结构分析 按明细表中的序号将零部件逐一找出，了解其名称、结构、形状、尺寸、与主体或其他零部件的关系等。此外对标准零件要查阅相关的标准。

2. 对尺寸的分析 通过对图样中标注的尺寸数值及代号并注意明细栏及管口表中的有关数据，搞清设备的主要规格尺寸、总体尺寸及主要零部件尺寸；搞清设备中主要零部件之间的装配连接尺寸；搞清设备与基础或构筑物的安装定位尺寸等。

3. 对设备管口的阅读 通过阅读管口方位视图，按照所编管口符号，对照相应的管口表及相应件号在明细栏中的内容，搞清设备上各管口的结构、形状、数目及用途；搞清管口的方位及轴向距离；搞清管口外接法兰的规格、形式。

4. 对制造检验主要数据表和技术要求等内容的阅读 通过对制造检验主要数据表的阅读可以了解设备的工艺特性和物料、压力、温度等设计参数，了解设备材质、设计依据、结构选型等要求，能掌握设备的全面资料。

通过对技术要求的阅读可以掌握设备在制造、安装、验收、包装等方面的要求和说明

三、总结

1. 通过对全方位分析总结后得到设备的完整形象，从而进一步了解设备的结构、特性及操作原理。通过对化工设备图的阅读可以更好地服务于生产。

2. 化工设备图的阅读，基于其典型性和专业性。

3. 如能在阅读化工设备图的时候，适当地了解该设备的有关设计资料，了解设备在工

艺过程中的作用和地位，将有助于对设备设计结构的理解。

4. 此外，如能熟悉各类化工设备典型结构的有关知识，熟悉化工设备的常用零部件的结构和有关标准，熟悉设备的表达方法和图示特点，必将大大提高读图的速度、深度和广度。

任务四　绘制化工设备图

化工设备图绘制过程中要考虑化工设备本身的特殊性，所以与一般的机械绘图有一定的差别。一般化工设备绘制有两种依据：一是对已有设备进行测绘，主要用于仿制引进设备或对现有设备进行改造；二是依据化工工艺设计人员提供的“设备设计条件单”进行设计和绘制。

化工设备种类很多，一般按照制药生产过程分为原料厂生产设备及制剂生产设备。原料设备与化工生产的设备基本一致，包括容器、反应器、塔器、换热器等；制剂设备针对剂型不同分为压片机、胶囊机、滴丸机等。因为制剂设备形状差别很大，这里我们主要讨论原料生产设备。

由化工设备基本结构分析我们可以看到它们具有的共同特点是：主体（筒体和封头）以回转体为多，主体上管口（接管口）和开孔（人孔、视镜）多，焊接结构多，薄壁结构多，结构尺寸相差悬殊，通用零部件多。

一、选择视图表达方案

1. 选择主视图　一般应按设备的工作位置，选用最能清楚地表达各零部件间装配和连接关系、设备工作原理及设备的结构形状的视图作为主视图。

主视图一般采用全剖视的表达方法，并结合多次旋转的画法，将管口等零部件的轴向位置及其装配关系连接方法等表达出来。

2. 确定其他基本视图　根据设备的结构特点，确定基本视图数量及选择其他基本视图，用以补充表达设备的主要装配关系、形状、结构等。一般立式设备用主、俯两个基本视图，卧式设备则用主、左两个基本视图。俯（或左）视图也可配置在其他空白处，但需在视图上方写上图名。俯（左）视图常用以表达管口及有关零部件在设备上的周向方位。

3. 选择辅助视图和各种表达方法　在化工设备图中，常采用局部放大图、X 向视图等辅助视图及剖视、剖面等各种表达方法来补充基本视图的不足，将设备中的零部件的连接、管口和法兰的连接、焊缝结构以及其他由于尺寸过小无法在基本视图上表达清楚的装配关系和主要结构形状表达清楚。

二、确定绘制比例、选择图幅、布图

1. 绘图比例　按照设备的总体尺寸确定绘图比例，绘图比例应选用国家标准“机械制图”规定的比例，但根据化工设备特点，增加了 1:6、1:15、1:30 等比例。一张图上若有些图形与基本视图的绘图比例不同时，应分别注明该图形所用比例。在视图名称的下方标明比例，中间用水平细实线隔开。若图形不按比例绘制时，则在标注比例的部位注明“不按比例”字样。

2. 图纸幅面　图纸幅面应遵守国家标准《机械制图图纸幅面及格式》GB/T 14689 的规定。必要时允许 A2 加长短边，加长量为 0. 5 ×420。图纸幅面大小应根据设备总体尺寸并结合绘图比例相互调整而定，同时要考虑视图数量、尺寸配置、明细栏大小等，保证全部内容在幅面上布置匀称得体。

3. 图面安排 根据设备的总体尺寸确定绘图比例和图纸幅面，画图框，然后进行图面安排。化工设备装配图包含以下内容：视图（包括装配图、部件图的图面安排、零件图的图面安排、零部件图的图面安排）、标题栏、管口表、设计数据表、技术要求等。具体安排格式如图 4 – 12 和图 4 – 13 所示。

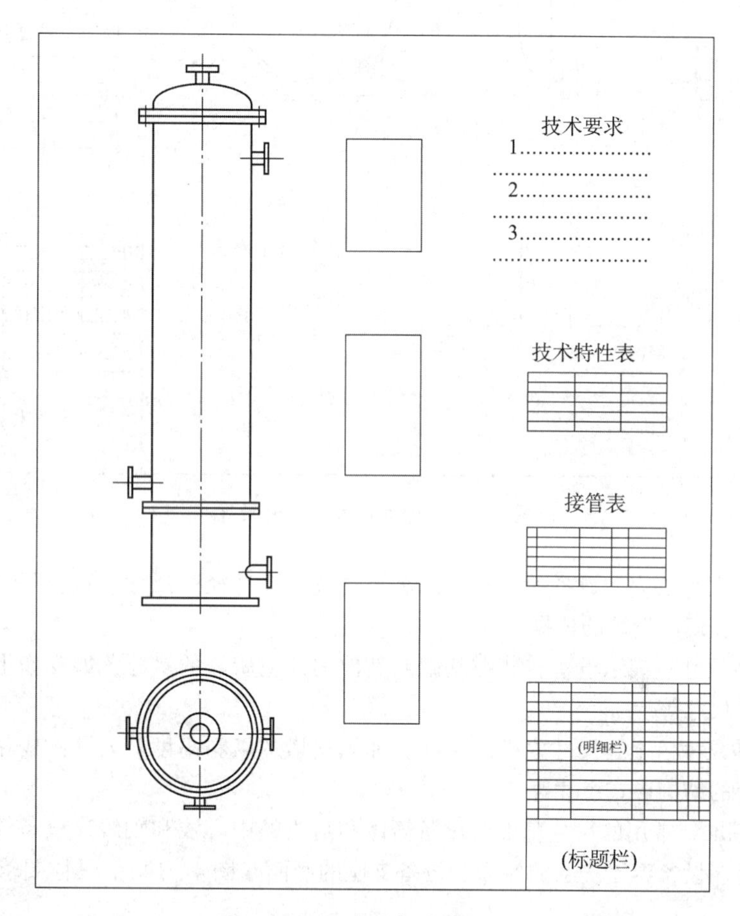

图 4 – 12 立式设备的图面设置

三、视图的绘制

视图是图样中的核心，绘制视图是绘制化工设备图的重要环节。根据化工设备图的特点，绘制试图应按以下顺序进行：先选定位（画轴线、对称线、中心线、作图基准线），后定形（画视图）；先画基本视图，后画其他视图；先画主体（筒体、封头），后画附件（接管等）；先画外件，后画内件；最后画剖面符号、书写标注等。

四、尺寸的标注

1. 尺寸种类

（1）特征尺寸 也称规格性能尺寸，表示设备性能、规格、特征及生产能力的尺寸。这些尺寸是根据设备的结构特点而确定的，例如换热器筒体的直径、长度等。

（2）装配尺寸 表示设备各零部件之间装配关系和相对位置的尺寸，它是制造化工设备的重要依据，如设备中接管间的定位尺寸，接管的伸出长度尺寸，罐体与支座的定位尺寸等。

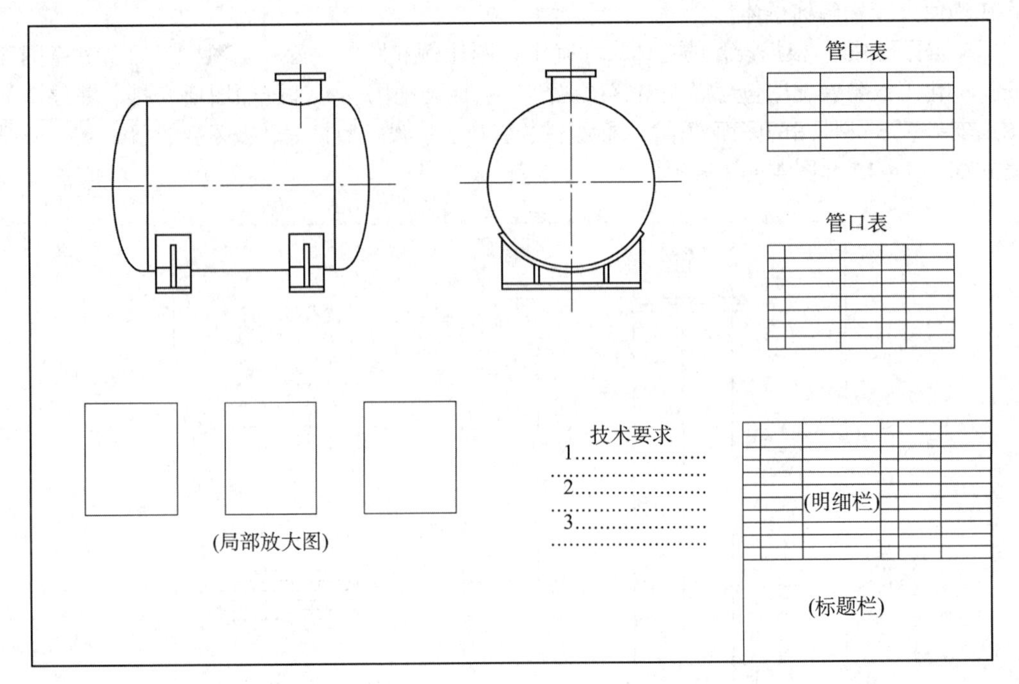

图 4-13 卧式设备的图面设置

(3) 外形尺寸 表示设备的总长、总高、总宽（或外径）尺寸。这类尺寸较大，是设备运输、安装及厂房设计的依据。

(4) 安装尺寸 表示设备安装在基础或其他构件上所需的尺寸，如支座上的地脚螺栓孔径间的定位尺寸等。

(5) 其他尺寸 上述尺寸之外的尺寸，如填料塔的填料高度、人孔的规格尺寸、搅拌轴直径、焊缝的结构形式尺寸等。

2. 尺寸基准 常用的尺寸基准有设备筒体和封头的中心线和轴线、设备筒体和封头焊接时的环焊缝、设备容器法兰的端面、设备支座的底面（图 4-14）。具体要求如下。

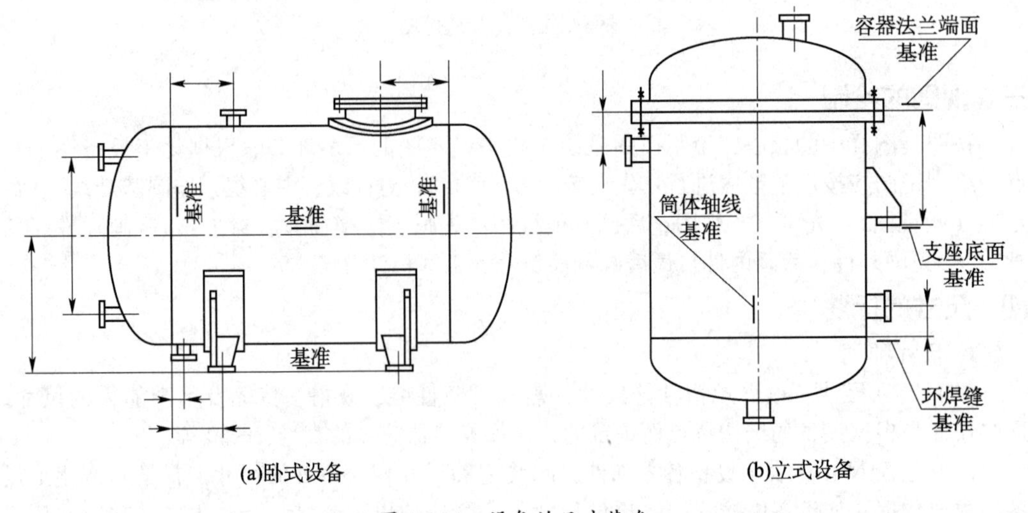

(a)卧式设备　(b)立式设备

图 4-14 设备的尺寸基准

（1）尺寸标注的基准一般从设计要求的结构基准面开始，如封头切线设备法兰密封面等。

（2）厚度尺寸的标注。

（3）接管伸出长度一般标注接管法兰密封面至容器中心线之间的距离，不仅在管口表中注明，还应在图样中注明。封头上的接管长度以封头切线为基准，标注封头切线至法兰密封面之间的距离。

（4）塔盘尺寸标注的基准是塔盘支撑圈上表面。

（5）支座尺寸以支座底面为基准。

（6）封头尺寸标注以风头切线为基准。

（7）尺寸的起始点用单线条图样表示不清晰时，应用放大或剖视图表示。

（8）尺寸尽量安排在设备图样轮廓尺寸的右方或下方。

3. 典型尺寸的标注

（1）筒体尺寸　一般标注内径、壁厚和高度（或长度），若有钢制，则标注外径。

（2）封头尺寸　一般标注壁厚和封头高（包括直边高度）。

（3）管口尺寸　标注规格尺寸和伸出长度。

①规格尺寸　直径×壁厚（无缝钢管为外径，卷焊钢管为内径），图中一般不标注。

②伸出长度　管口在设备上的伸出长度，一般标注管法兰端面到接管中心线和相接零件（如筒体和封头）外表面交点间的距离。

当设备上所有管口的伸出长度都相等时，图上可不标注，而在附注中写明。

（4）夹套尺寸　一般注出夹套筒体的内径、壁厚、弯边圆角半径和弯边角度。

（5）填充物（瓷环、浮球等）　一般尺寸标注总体尺寸（筒体内径、堆放高度），并注明堆放方法和填充的规格尺寸。

五、焊缝代号的标注

化工设备图的焊缝，除了按有关规定画出其位置、范围和剖面形状外，还需根据国家标准的有关规定代号，确切清晰地标注出对焊缝的要求。

六、编写零部件件号

1. 编写方法　化工设备中零部件件号按国家标准《机械制图》中的有关规定编写，零部件件号的编写要求是清晰、醒目，将件号排列整齐、美观。

2. 注意要点

（1）所有零部件都须编写序号，同一结构、规格和材料的零部件编成同一件号，并且一般只标注一次。

（2）直接组成设备的零部件（如薄衬层、厚衬层、厚涂层等）不论有无零部件图，均需编写件号。

（3）外购部件作为一种部件编号。

（4）部件装配图中若沿用设备装配图中的序号，则在部件图上编件号时，件号由两部分组成，一为该部件的设备装配图中的部件件号，一为部件中的零件或二级部件的顺序号，中间用横线隔开。

例如某部件在设备装配图中件号为4，在其部件装配图中的零件（或部件）的编号则为4-1，4-2，…；若有二级以上部件的零件件号，则按上述原则依次加注顺序号。

七、编写管口符号

为了将开孔和管口位置、规格、用途能够清楚表达，化工设备上应编写管口符号和与之对应的管口表。

1. 符号一律注写在各视图中管口的投影旁，一般注写在尺寸线的外侧，同一接管在主、左（俯）视图上应重复注写。

2. 管口符号一律用小写拉丁字母（a，b，c，…）编写，字体大小一般与零部件件号相同。

3. 规格、用途及连接面形式不同的管口，需单独编号，而规格、用途及连接面形式完全相同的管口，则编为同一个符号，但需要符号的右下角加注阿拉伯数字以示区别，如 a_1，a_2 等。

4. 管口符号一般从主视图的左下方开始，按顺时针方向依次编写，其他视图（或管品方位图）上的管口符号，则应按主视图中对应符号注写。

八、填写明细栏和管口表

1. 明细栏的格式 明细栏是化工设备各组成部分的详细目录表，是各零部件的名称、数量、材料、质量等内容的清单。

2. 管口表的填写

（1）管口符号栏 用英文小写字母 a，b，c，…从上至下按顺序填写，且应与视图中管口符号一一对应。当管口规格、用途、连接面形式完全相同时，可合并为一项。

（2）公称尺寸栏 接管口的公称直径填写。无公称直径的管口，接管口实际内径填写，如椭圆孔填写“长轴×短轴”，矩形孔填写“长×宽”。带衬管的接管，按衬管的实际内容填写，如带薄衬里的钢接管，按钢管的公称直径填写，若无公称直径，则按实际内容填写。

重点小结

重点：化工设备图的表达方法、识读、绘制及查阅手册。

难点：化工设备图的绘制。

目标检测

1. 读懂图 4－15 储罐装配图，回答下列问题。

（1）本设备的名称是________，规格为________。

（2）贮罐共有零部件________种，其中有________种标准零部件，管口有________个。

（3）图中采用了________个基本视图。一个是________图，该图采用了________剖视和________表达方法。

（4）贮罐的简体与封头的连接是________连接，与管子的连接是________连接。

（5）A－A 剖视图表达了________型和________型鞍式支座，其________结构不同，是因为________。

（6）物料由管口________进入贮罐，由管口________排出。贮罐工作压力为________。

（7）贮罐总高尺寸为________。1200 属于________尺寸，500 属于________尺寸，ϕ1400 属于________尺寸。

（8）贮罐的简体材料采用________，接管材料采用________。

（9）人孔的作用是________。

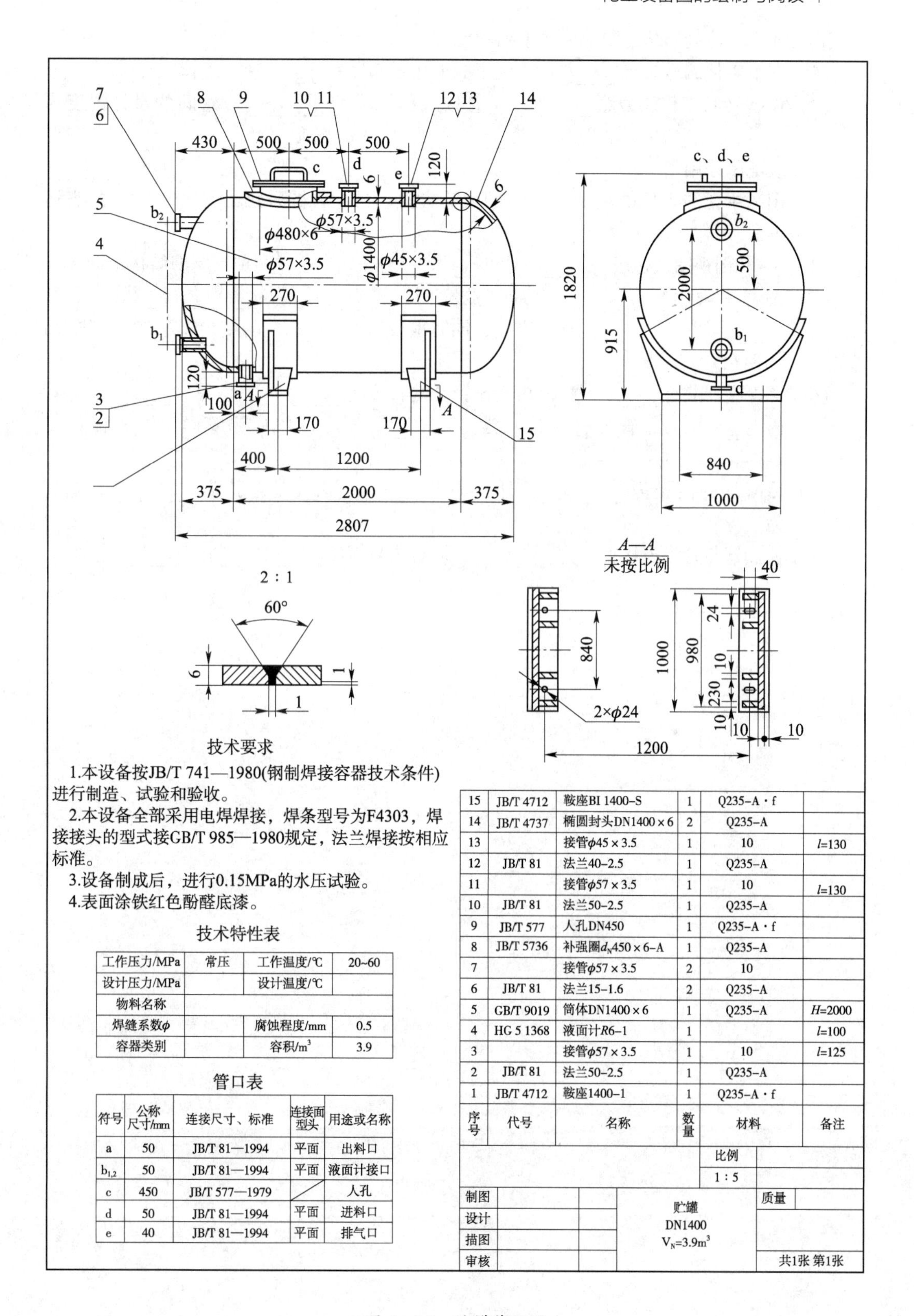

技术要求

1.本设备按JB/T 741—1980(钢制焊接容器技术条件)进行制造、试验和验收。

2.本设备全部采用电焊焊接，焊条型号为F4303，焊接接头的型式接GB/T 985—1980规定，法兰焊接按相应标准。

3.设备制成后，进行0.15MPa的水压试验。

4.表面涂铁红色酚醛底漆。

技术特性表

工作压力/MPa	常压	工作温度/℃	20~60
设计压力/MPa		设计温度/℃	
物料名称			
焊缝系数ϕ		腐蚀程度/mm	0.5
容器类别		容积/m^3	3.9

管口表

符号	公称尺寸/mm	连接尺寸、标准	连接面型头	用途或名称
a	50	JB/T 81—1994	平面	出料口
$b_{1,2}$	50	JB/T 81—1994	平面	液面计接口
c	450	JB/T 577—1979		人孔
d	50	JB/T 81—1994	平面	进料口
e	40	JB/T 81—1994	平面	排气口

序号	代号	名称	数量	材料	备注
15	JB/T 4712	鞍座BI 1400–S	1	Q235–A·f	
14	JB/T 4737	椭圆封头DN1400×6	2	Q235–A	
13		接管ϕ45×3.5	1	10	l=130
12	JB/T 81	法兰40–2.5	1	Q235–A	
11		接管ϕ57×3.5	1	10	l=130
10	JB/T 81	法兰50–2.5	1	Q235–A	
9	JB/T 577	人孔DN450	1	Q235–A·f	
8	JB/T 5736	补强圈d_N450×6–A	1	Q235–A	
7		接管ϕ57×3.5	2	10	
6	JB/T 81	法兰15–1.6	2	Q235–A	
5	GB/T 9019	筒体DN1400×6	1	Q235–A	H=2000
4	HG 5 1368	液面计R6–1	1		l=100
3		接管ϕ57×3.5	1	10	l=125
2	JB/T 81	法兰50–2.5	1	Q235–A	
1	JB/T 4712	鞍座1400–1	1	Q235–A·f	

		比例	
		1∶5	
制图		贮罐 DN1400 V_N=3.9m^3	质量
设计			
描图			
审核			共1张 第1张

图4－15 储罐装配图

2. 读懂图 4－16 冷凝器装配图，回答下列问题。

（1）图上零件编号共有______种，属于标准化零部件有______种。接管口有______个。

（2）设备管间工作压力为________，管内工作压力为________，管间的设计温度为________，管内的设计温度为________，换热面积为________。

（3）装配图采用了________个基本视图。一个是________视图，另一个是________视图。主视图采用的是________的表达方法，另一视图采用的是________的表达方法。

（4）B－B 剖视图表达了________型和________型鞍式支座，两种支座的结构不同?

（5）图样中采用了________个局部放大图，主要表达了________与________和________与________的连接方式，同时也表达了________的结构以及 22 号件的结构形状。

（6）该冷凝器共有________根换热管，管子的长度为________，壁厚为________。管内走________，管外（壳程）走________。试在图中用铅笔画出两种流体的走向。

（7）冷凝器的内径为________，外径为________；该设备总长为________，总高为________。

（8）换热管与管板连接方式为________，而封头与筒体用________个________连接。

3. 抄画图 4－17、图 4－18（选做）。

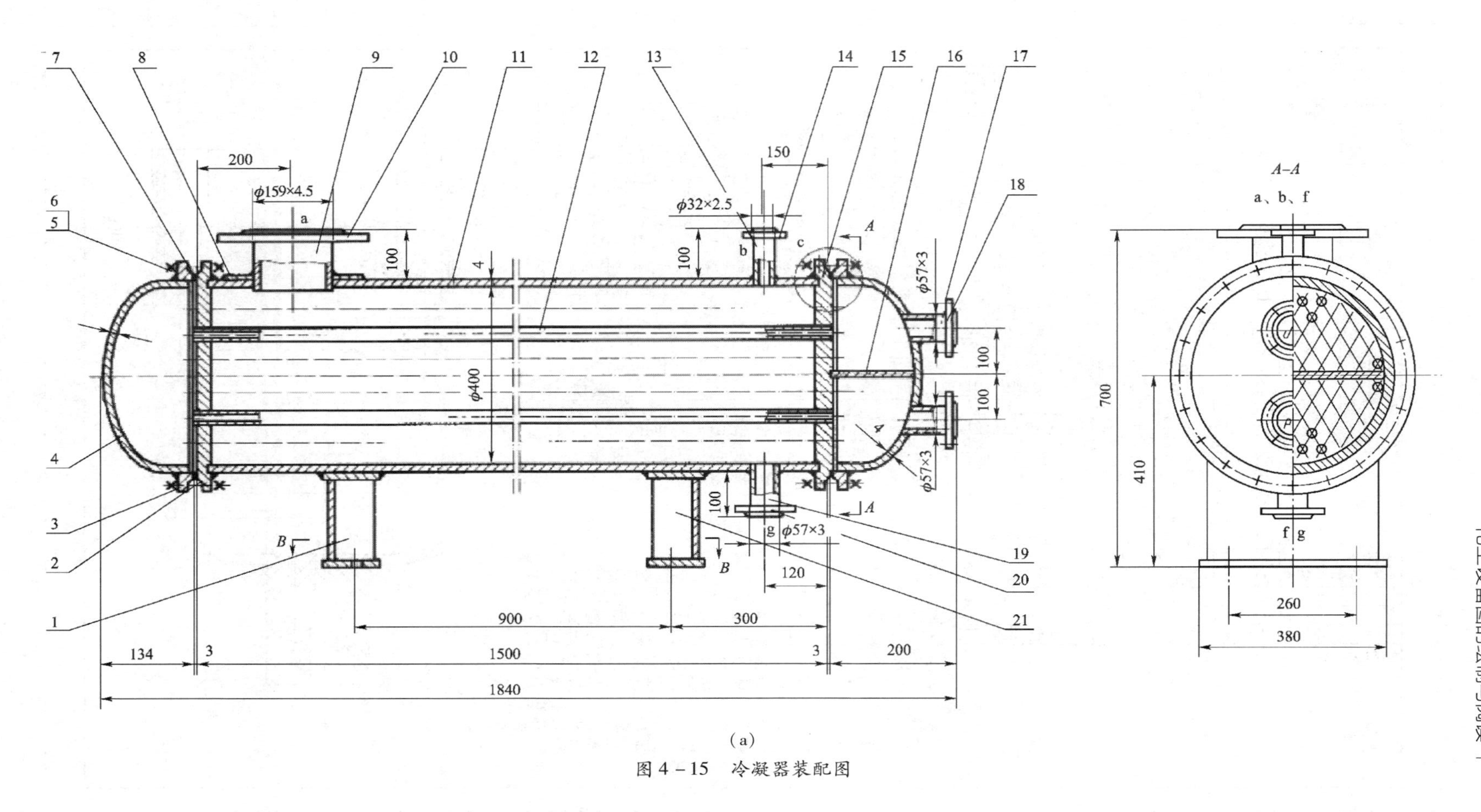

（a）

图 4－15　冷凝器装配图

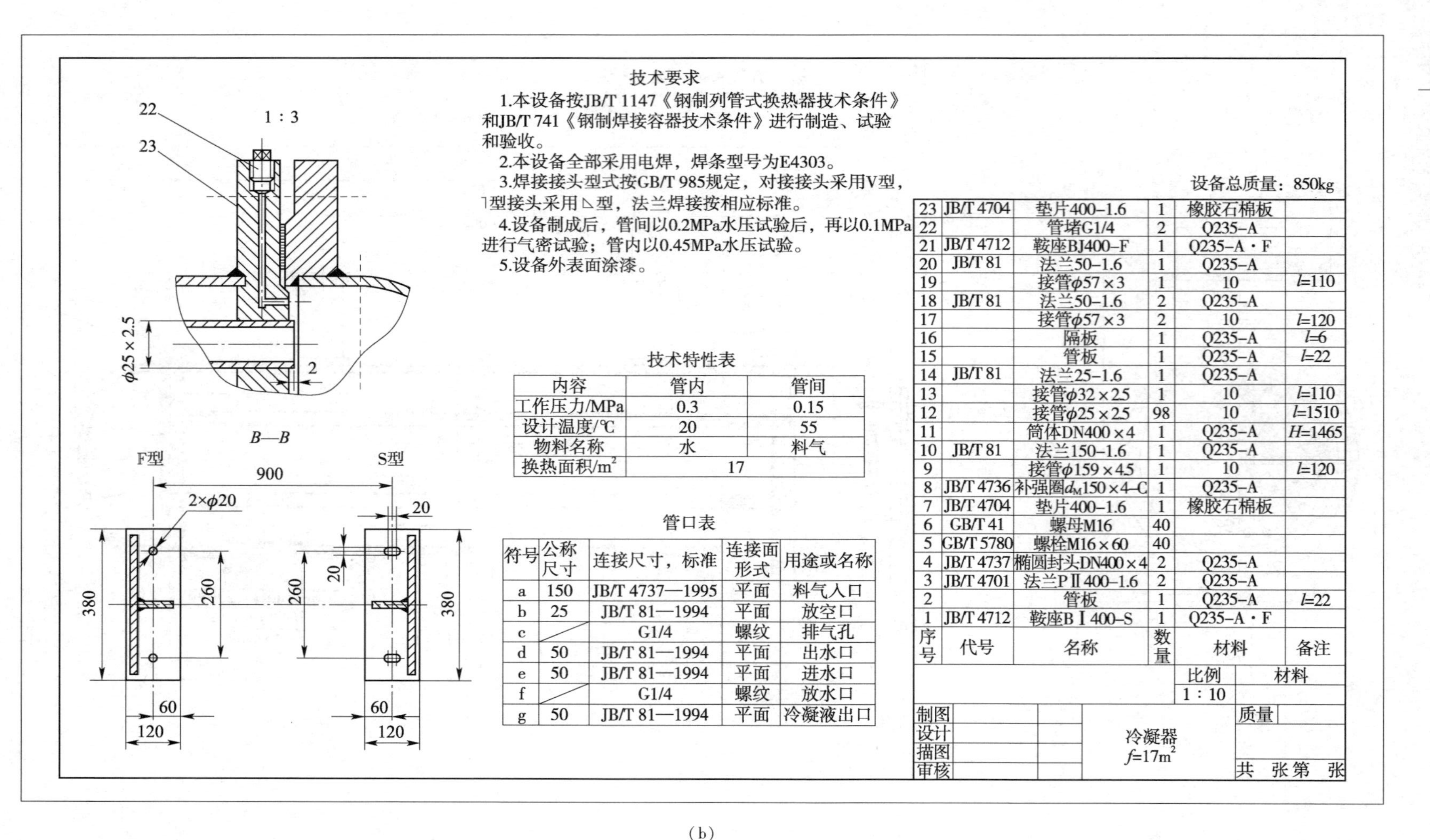

技术要求

1.本设备按JB/T 1147《钢制列管式换热器技术条件》和JB/T 741《钢制焊接容器技术条件》进行制造、试验和验收。

2.本设备全部采用电焊，焊条型号为E4303。

3.焊接接头型式按GB/T 985规定，对接接头采用V型，T型接头采用⊾型，法兰焊接按相应标准。

4.设备制成后，管间以0.2MPa水压试验后，再以0.1MPa进行气密试验；管内以0.45MPa水压试验。

5.设备外表面涂漆。

技术特性表

内容	管内	管间
工作压力/MPa	0.3	0.15
设计温度/℃	20	55
物料名称	水	料气
换热面积/m²	17	

管口表

符号	公称尺寸	连接尺寸，标准	连接面形式	用途或名称
a	150	JB/T 4737—1995	平面	料气入口
b	25	JB/T 81—1994	平面	放空口
c		G1/4	螺纹	排气孔
d	50	JB/T 81—1994	平面	出水口
e	50	JB/T 81—1994	平面	进水口
f		G1/4	螺纹	放水口
g	50	JB/T 81—1994	平面	冷凝液出口

设备总质量：850kg

序号	代号	名称	数量	材料	备注
23	JB/T 4704	垫片400–1.6	1	橡胶石棉板	
22		管堵G1/4	2	Q235–A	
21	JB/T 4712	鞍座BJ400–F	1	Q235–A·F	
20	JB/T 81	法兰50–1.6	1	Q235–A	
19		接管ϕ57×3	1	10	l=110
18	JB/T 81	法兰50–1.6	2	Q235–A	
17		接管ϕ57×3	2	10	l=120
16		隔板	1	Q235–A	l=6
15		管板	1	Q235–A	l=22
14	JB/T 81	法兰25–1.6	1	Q235–A	
13		接管ϕ32×2.5	1	10	l=110
12		接管ϕ25×2.5	98	10	l=1510
11		筒体DN400×4	1	Q235–A	H=1465
10	JB/T 81	法兰150–1.6	1	Q235–A	
9		接管ϕ159×4.5	1	10	l=120
8	JB/T 4736	补强圈d_M150×4–C	1	Q235–A	
7	JB/T 4704	垫片400–1.6	1	橡胶石棉板	
6	GB/T 41	螺母M16	40		
5	GB/T 5780	螺栓M16×60	40		
4	JB/T 4737	椭圆封头DN400×4	2	Q235–A	
3	JB/T 4701	法兰PⅡ400–1.6	2	Q235–A	
2		管板	1	Q235–A	l=22
1	JB/T 4712	鞍座BⅠ400–S	1	Q235–A·F	

制图			冷凝器 f=17m²	比例 1∶10	材料
设计				质量	
描图					
审核				共 张 第 张	

（b）

图4－16 冷凝器装配图

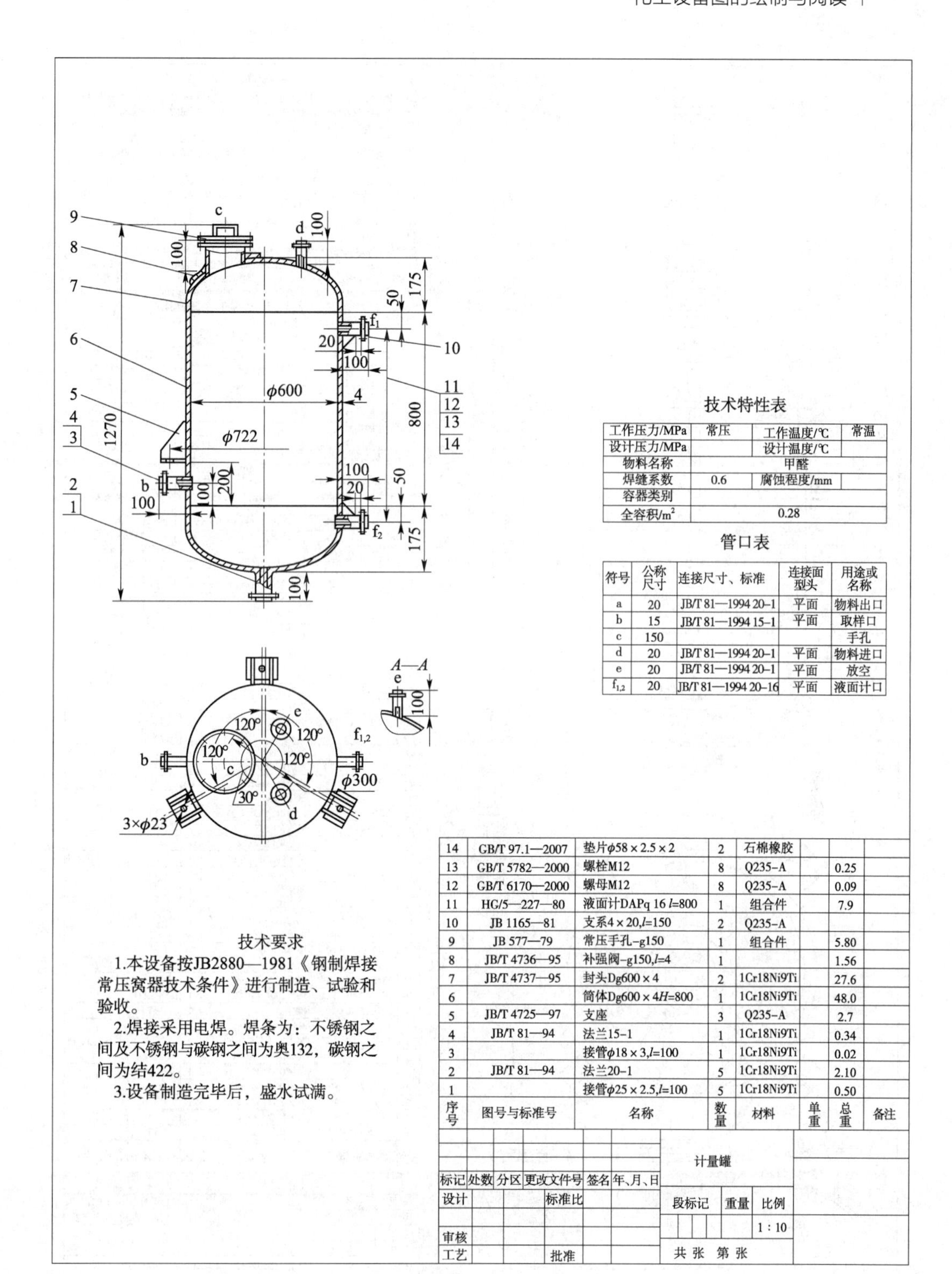
技术特性表
工作压力/MPa 常压 工作温度/℃ 常温
设计压力/MPa 设计温度/℃
物料名称 甲醛
焊缝系数 0.6 腐蚀程度/mm
容器类别
全容积/m² 0.28
管口表
符号 公称尺寸 连接尺寸、标准 连接面型头 用途或名称
a 20 JB/T 81—1994 20-1 平面 物料出口
b 15 JB/T 81—1994 15-1 平面 取样口
c 150 手孔
d 20 JB/T 81—1994 20-1 平面 物料进口
e 20 JB/T 81—1994 20-1 平面 放空
f1,2 20 JB/T 81—1994 20-16 平面 液面计口
技术要求
1.本设备按JB2880—1981《钢制焊接常压窝器技术条件》进行制造、试验和验收。
2.焊接采用电焊。焊条为：不锈钢之间及不锈钢与碳钢之间为奥132，碳钢之间为结422。
3.设备制造完毕后，盛水试满。
14 GB/T 97.1—2007 垫片φ58×2.5×2 2 石棉橡胶
13 GB/T 5782—2000 螺栓M12 8 Q235-A 0.25
12 GB/T 6170—2000 螺母M12 8 Q235-A 0.09
11 HG/5—227—80 液面计DAPq 16 l=800 1 组合件 7.9
10 JB 1165—81 支系4×20,l=150 2 Q235-A
9 JB 577—79 常压手孔-g150 1 组合件 5.80
8 JB/T 4736—95 补强阀-g150,l=4 1 1.56
7 JB/T 4737—95 封头Dg600×4 2 1Cr18Ni9Ti 27.6
6 筒体Dg600×4H=800 1 1Cr18Ni9Ti 48.0
5 JB/T 4725—97 支座 3 Q235-A 2.7
4 JB/T 81—94 法兰15-1 1 1Cr18Ni9Ti 0.34
3 接管φ18×3,l=100 1 1Cr18Ni9Ti 0.02
2 JB/T 81—94 法兰20-1 5 1Cr18Ni9Ti 2.10
1 接管φ25×2.5,l=100 5 1Cr18Ni9Ti 0.50
序号 图号与标准号 名称 数量 材料 单重 总重 备注
计量罐
标记 处数 分区 更改文件号 签名 年、月、日
设计 标准比 段标记 重量 比例
1:10
审核
工艺 批准 共 张 第 张
A—A
φ600
φ722
φ300
3×φ23
1270
800

图 4－17　计量罐装配图

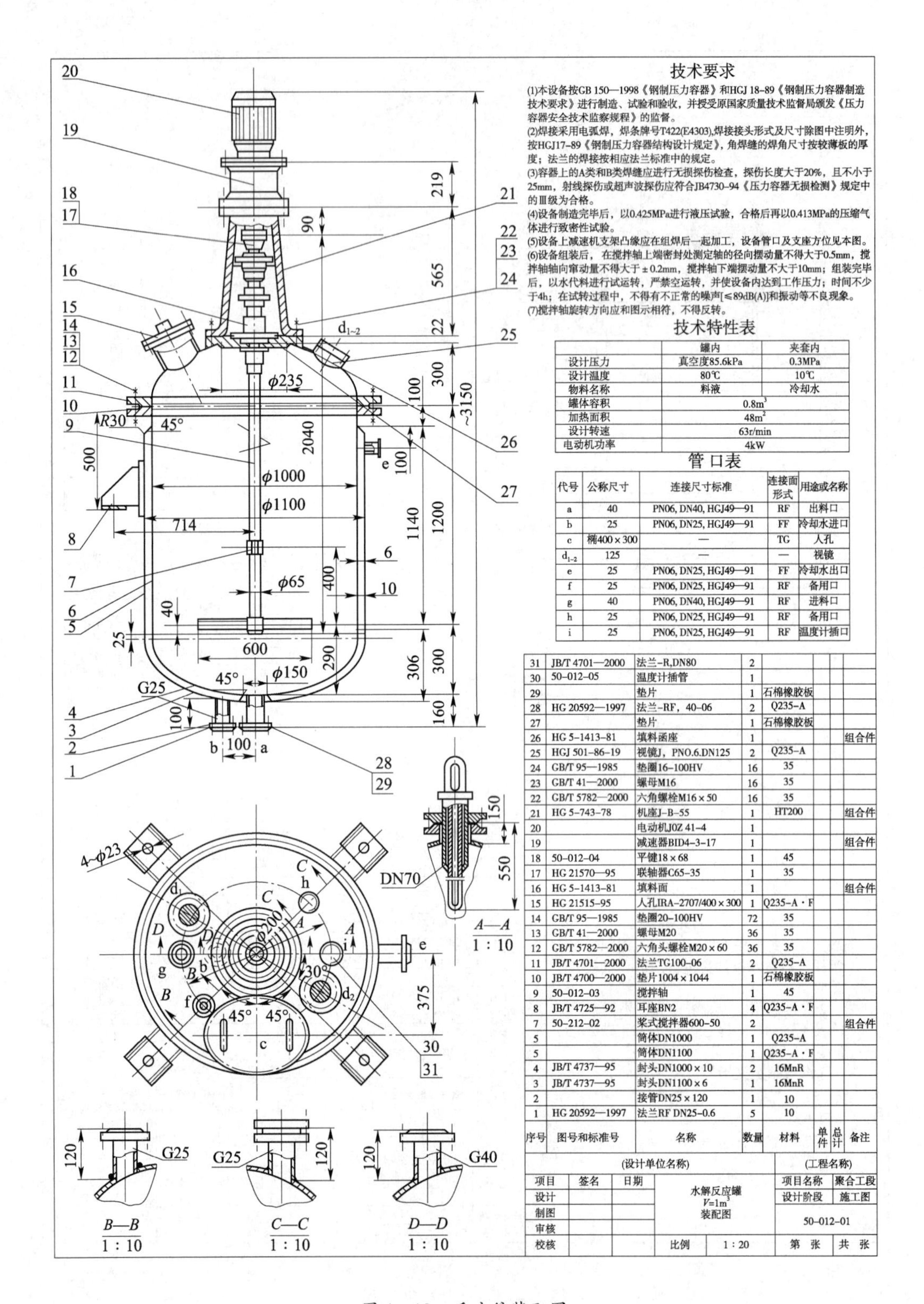

技术要求

(1)本设备按GB 150—1998《钢制压力容器》和HGJ 18-89《钢制压力容器制造技术要求》进行制造、试验和验收，并授受原国家质量技术监督局颁发《压力容器安全技术监察规程》的监督。

(2)焊接采用电弧焊，焊条牌号T422(E4303),焊接接头形式及尺寸除图中注明外，按HGJ17-89《钢制压力容器结构设计规定》，角焊缝的焊角尺寸按较薄板的厚度；法兰的焊接按相应法兰标准中的规定。

(3)容器上的A类和B类焊缝应进行无损探伤检查，探伤长度大于20%，且不小于25mm，射线探伤或超声波探伤应符合JB4730-94《压力容器无损检测》规定中的Ⅲ级为合格。

(4)设备制造完毕后，以0.425MPa进行液压试验，合格后再以0.413MPa的压缩气体进行致密性试验。

(5)设备上减速机支架凸缘应在组焊后一起加工，设备管口及支座方位见本图。

(6)设备组装后， 在搅拌轴上端密封处测定轴的径向摆动量不得大于0.5mm，搅拌轴轴向窜动量不得大于±0.2mm，搅拌轴下端摆动量不大于10mm；组装完毕后，以水代料进行试运转，严禁空运转，并使设备内达到工作压力；时间不少于4h；在试转过程中，不得有不正常的噪声[≤89dB(A)]和振动等不良现象。

(7)搅拌轴旋转方向应和图示相符，不得反转。

技术特性表

	罐内	夹套内
设计压力	真空度85.6kPa	0.3MPa
设计温度	80℃	10℃
物料名称	料液	冷却水
罐体容积	$0.8m^3$	
加热面积	$48m^2$	
设计转速	63r/min	
电动机功率	4kW	

管口表

代号	公称尺寸	连接尺寸标准	连接面形式	用途或名称
a	40	PN06, DN40, HGJ49—91	RF	出料口
b	25	PN06, DN25, HGJ49—91	FF	冷却水进口
c	椭400×300	—	TG	人孔
d_{1-2}	125	—	—	视镜
e	25	PN06, DN25, HGJ49—91	FF	冷却水出口
f	25	PN06, DN25, HGJ49—91	RF	备用口
g	40	PN06, DN40, HGJ49—91	RF	进料口
h	25	PN06, DN25, HGJ49—91	RF	备用口
i	25	PN06, DN25, HGJ49—91	RF	温度计插口

序号	图号和标准号	名称	数量	材料	单件	总计	备注
31	JB/T 4701—2000	法兰-R,DN80	2				
30	50-012-05	温度计插管	1				
29		垫片	1	石棉橡胶板			
28	HG 20592—1997	法兰-RF，40-06	2	Q235-A			
27		垫片	1	石棉橡胶板			
26	HG 5-1413-81	填料函座	1				组合件
25	HGJ 501-86-19	视镜J，PNO.6.DN125	2	Q235-A			
24	GB/T 95—1985	垫圈16-100HV	16	35			
23	GB/T 41—2000	螺母M16	16	35			
22	GB/T 5782—2000	六角螺栓M16×50	16	35			
21	HG 5-743-78	机座J-B-55	1	HT200			组合件
20		电动机J0Z 41-4	1				
19		减速器BID4-3-17	1				组合件
18	50-012-04	平键18×68	1	45			
17	HG 21570—95	联轴器C65-35	1	35			
16	HG 5-1413-81	填料面	1				组合件
15	HG 21515-95	人孔IRA-2707/400×300	1	Q235-A·F			
14	GB/T 95—1985	垫圈20-100HV	72	35			
13	GB/T 41—2000	螺母M20	36	35			
12	GB/T 5782—2000	六角头螺栓M20×60	36	35			
11	JB/T 4701—2000	法兰TG100-06	2	Q235-A			
10	JB/T 4700—2000	垫片1004×1044	1	石棉橡胶板			
9	50-012-03	搅拌轴	1	45			
8	JB/T 4725—92	耳座BN2	4	Q235-A·F			
7	50-212-02	桨式搅拌器600-50	2				组合件
5		筒体DN1000	1	Q235-A			
5		筒体DN1100	1	Q235-A·F			
4	JB/T 4737—95	封头DN1000×10	2	16MnR			
3	JB/T 4737—95	封头DN1100×6	1	16MnR			
2		接管DN25×120	1	10			
1	HG 20592—1997	法兰RF DN25-0.6	5	10			

(设计单位名称)					(工程名称)	
项目	签名	日期	水解反应罐 V=1m^3 装配图		项目名称	聚合工段
设计					设计阶段	施工图
制图					50-012-01	
审核						
校核			比例	1 : 20	第 张	共 张

图 4－18 反应釜装配图

项目五

工艺流程图的绘制与阅读

学习目标

知识要求 **1. 了解** 工艺流程图的分类及流程框图的作用、内容及画法。

2. 掌握 方案流程图的作用、内容、画法及阅读方法。

3. 熟悉 工艺管道及仪表流程图的绘制方法及标注方法。

技能要求 1. 能绘制简单工艺流程框图。

2. 会绘制及阅读方案流程图。

3. 能识读工艺管道及仪表流程图。

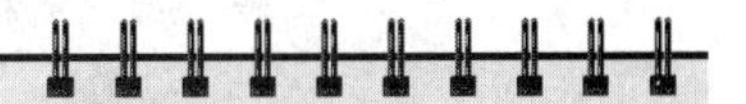

案例导入

案例：无论是中药制药、化学制药还是生物制药行业，各种药物从原料到成品的生产都需要通过一系列的设备，经过一系列的单元操作和化学反应，利用一系列的仪表来监测和控制工艺参数来共同完成的。

讨论：1. 举例说明药物生产过程可能会用到的设备、单元操作和化学反应、仪表；

2. 说出你知道的在各设备之间用来输送各种物料的管道的参数和技术要求。

任务一　工艺流程图的分类及流程框图的绘制

一、工艺流程图概述

工艺流程，也叫生产流程，是指从原材料变为成品需要通过一定的设备按顺序连续进行加工的生产过程。在化工行业当中，工艺流程的概念包括下面三方面的内容。

1. 原材料到产品经历的包括连接管路在内的各种化工设备和化工机械。

2. 原材料到产品经历的各种化学和物理手段。

3. 原材料到产品经历的各种单元操作和单元反应的组合。

为将生产流程的内容完整、直观地表达出来，需要借助工艺流程图。工艺流程图是采用统一规定的图形符号和文字代号，以图样的形式将组成化工工艺流程的全部设备、仪表、管道、阀门及主要管件，按其各自功能，以满足工艺要求和安全、经济为目的，组成的一个完整的生产工艺过程。工艺流程图作为能够直观表达工艺装置结构和功能的化工生产技术文件，不仅是化工行业人员进行工艺设计的主要内容，也是设备安装和管道布置的依据，更是施工、操作、运行及检修的指南。

化工工艺流程图属于化工制图的内容之一，因此，国家《机械制图》标准对化工制图的要求，在绘制化工工艺流程图同样有效，除此之外，化工流程图的绘制应遵循下列规定。

1. 图纸要求 化工工艺流程一般采用A1规格图纸横幅绘制，对于简单的工艺流程可采用A2规格图纸绘制。当工艺流程线过长时，可采用标准面延长的格式绘制，每次延长图纸宽度的1/4或分段分张绘制。

2. 图线要求 所有线条要清晰、光洁、均匀，宽度应符合要求。线与线间要有充分的间隔，平行线之间的最小间隔不小于最宽线条宽度的两倍，且不得小于1.5mm，以保证复印件上的图线不会分不清或重叠。图线宽度分为3种：粗线0.6~0.9mm，中粗线0.3~0.5mm，细线0.15~0.25mm。

3. 文字和字母的高度要求 工艺流程图中的汉字采用长仿宋体或正楷（签名除外），以国家正式公布的简化字为标准，不得任意简化、杜撰。汉字高度不宜小于2.5mm（2.5号字），A1规格标准尺寸图纸的汉字高度应大于5mm。指数、分数、注脚尺寸的数字一般采用小一号字体。分数数字最小高度为3mm，且和分数线之间至少应有1.5mm的空隙，推荐的字体适用对象见表5-1。

表5-1 流程图文字及字母高度（HG/T 20519-2009）

书写内容	推荐字高（mm）
图名及视图符号	5~7
工程制图	5
文字说明及轴线号	5
数字及字母	2~3
图名	7
表格文字（格高小于6mm）	5或3

二、工艺流程图分类

化工流程图按照其使用目的、设计要求及内容可分为工艺流程框图、方案流程图、物料流程图、工艺管道及仪表流程图等。

工艺流程图的绘制一般经过三个阶段：①确定生产方法后，绘制工艺流程框图；②进一步绘制方案流程图，并在方案流程图基础上绘制物料流程图；③绘制工艺管道及仪表流程图，编入设计文件。

三、工艺流程框图

（一）工艺流程框图的作用与内容

1. 工艺流程框图作用 在工艺的设计初期，一般采用最简单的框图形式来表达原料到成品经历的生产过程。用矩形方框及简单的文字说明表示的工艺过程及设备，用箭头表示物料流动方向，把生产步骤以图示的方式表达出来。工艺流程框图的目的是初步确定生产方法，通过工艺流程框图可以了解原料、成品及各种物料的名称及其来源、去向；了解从原料到最终产品工艺流程的加工步骤、工艺原理及单元操作。

2. 工艺流程框图内容 工艺流程框图由矩形方框、箭头及文字说明组成：方框及内部文字表示工艺流程经历的反应单元操作、反应过程、车间、设备、工序或工段；箭头为工艺流程线，表示物料的流动方向，箭头上文字说明表达物料的种类、来源、数量等。工艺流程框图中，各个方框之间由工艺流程线相联系，前一方框的输出物料可能是后一方框的输入物料。

（二）工艺流程框图的绘制

1. 用细实线绘制矩形，以原料加工为成品的顺序，依据实际情况从左至右或从上至下绘制。工艺流程框图绘制时应注意保持矩形的大小和各矩形之间的位置，以便接下来布置物料工艺流程线。

2. 用带箭头的细实线表示物料工艺流程线来连接矩形，箭头的指向应该与物料的流向一致，并用文字注明物料的名称、数量等相关信息。

3. 如两条工艺线实际过程中交叉但不相交，应在流程框图中相交处将其中的一条工艺流程线断开绘制。

图 5－1 为葛根总黄酮的提取流程设计，方框表示流程涉及的单元操作。取经过清洗、粉碎的葛根粗粉放入回流提取器中，以 70% 乙醇为提取剂进行回流提取，提取两次，每次 2 小时。将提取液过滤后，滤饼加入 $Ca(OH)_2$ 提取 1 次，去除滤饼，将两次提取的滤液混合加用入真空浓缩罐，减压浓缩，乙醇回收，浓缩液离心后加入浓硫酸调节 pH 值，再次过滤后喷雾干燥得到产品。整个提取流程涉及到工艺过程的一切物流，包括废水、废气、废料，应在方框图上标明，不得遗漏。

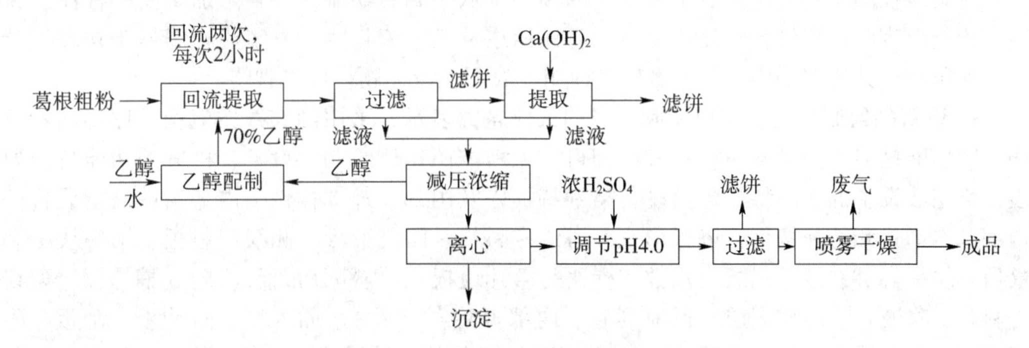

图 5－1　葛根总黄酮提取工艺流程框图

方框流程图由物流与单元过程组合而成。

图 5－2 为氮和氢在高温高压和催化剂作用下直接合成液氨的流程图，方框表示具体的设备。

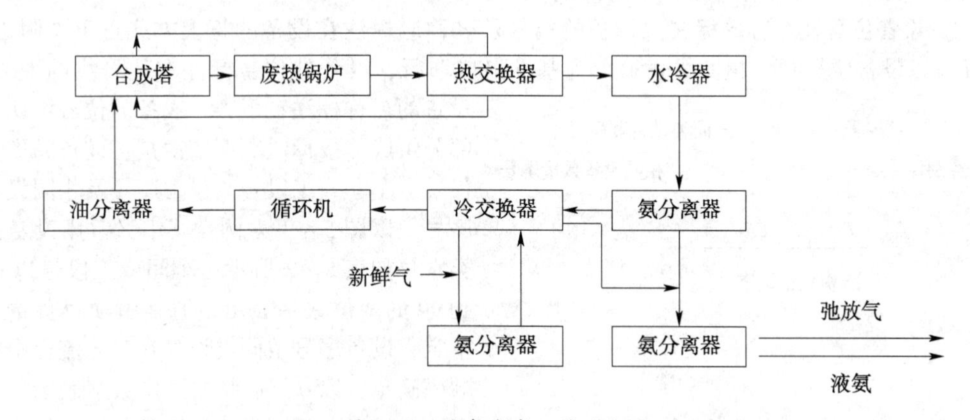

图 5－2　液氨合成工艺流程图

任务二　方案流程图的绘制及阅读

一、方案流程图的作用与内容

1. 方案流程图的作用　在设计初期，流程框图完成之后，如果想对设计方案进一步细化，将设备的外观作进一步表达，即用到方案流程图。方案流程图是工艺设计讨论和初步设计的基本依据。方案流程图是针对某一段反应单元操作、反应过程、车间、设备、工序或工段绘制的示意性工艺流程图，主要表达物料从原材料到成品或者半成品的工艺过程，以及使用的设备和管线简要情况。

2. 方案流程图的内容　方案流程图的组成内容主要包括以下两方面。

（1）设备　不同于流程框图，方案流程图要求以示意图的形式表达生产过程中所使用的机器、设备等，附以文字、字母、数字来标注设备的名称和位号。

（2）工艺流程　用工艺流程线及文字表达物料由原料到成品或半成品的工艺流程。

二、方案流程图绘制

方案流程图绘制时应按照工艺流程的顺序，从左到右绘制，并且附加必要的标注及说明。绘制内容应包括设备、设备位号、名称标注及工艺流程线。方案流程图属于初级设计文件保留在设计说明书中，但不做施工使用，故图框及标题栏可以省略。

1. 设备的绘制　设备应以实际外形的大致轮廓表示，采用细实线按流程顺序画出示意图，图形能描述不同设备的相对大小即可，无需按照比例绘制。设备、机械的功能特征要表示恰当。设备的功能特征包括设备类别特征以及内部、外部构件。内部构件是指设备的内部基本形式和特征构件：塔板形式、塔的进料板、回流液板、侧线出料板、第一块板和最后一块板（并在这些塔板上用数字标明是第几块板）、内部分布板（器）、捕沫器、切线进料管、降液管、内部床层、反应列管、内部换热器（管）、插入管、防冲板、刮板、隔板、套管、搅拌器、防涡流板、过滤板（网）、升气管、喷淋管等。外部构件：外部加热器（板）、夹套、伴热管、搅拌电机、视镜（观察孔）等。

同一设计项目中，同类设备的尺寸和比例一般应有固定数值或一定范围。设备的主题与其附属设备或内外附件要注意尺寸和比例协调。对未规定的设备和机械图形，可根据实物的类型特征和主要部件特点简略绘制。

2. 设备位号及名称的标注　设备的位号及名称应标注在设备的正上方或正下方附近，标注应以设备位号线（粗实线表示）为基准自成一行，设备的位号标注在位号线的上方，设备的名称标注在下方。设备的位号由四个部分组成，按标注顺序依次是：设备的类别代号、车间或工段号、设备序号及相同设备序号，以图 5－3 为例。其中，常用设备的类别号如表 5－2 所示；车间或工段号以 01 到 99 的两位数字表示，通常由项目负责人指定；设备序号按同类设备在工艺流程中的顺序确定，以 01 到 99 的两位数字表示。当有两台或以上相同设备，设备分类代号、车间或工段号、设备序号完全相同，这时按照

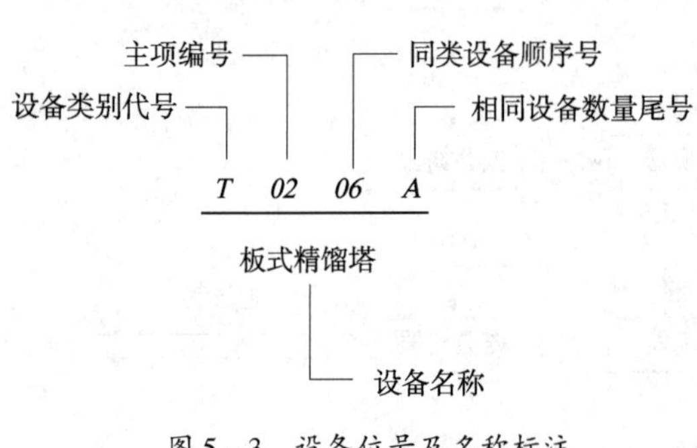

图 5－3　设备位号及名称标注

设备的数量和排列顺序分别以大写英文字母 A、B、C、D…作为尾号（相同设备的序号）进行区别。

表 5－2 常用设备类别代号（HG/T 20519－2009）

代号	设备类别	代号	设备类别
T	塔	S	火炬、烟囱
P	泵	V	容器（槽、罐）
C	压缩机、风机	L	起重运输设备
E	换热器	W	计量设备
R	反应器	M	其他机械
F	工业炉	X	其他设备

3. 工艺流程线的绘制 方案流程图中，主要物料的工艺流程线以粗实线来绘制，次要物料以细实线绘制。物料的流动方向以箭头表示，物料的名称、来源、去向等信息需在流程线的起点和终点位置标注。方案流程图一般只画出主要工艺流程线，其他辅助流程线不必全部画出。如果流程图绘制时遇到工艺流程线发生交错或重叠（不相连）的情况，通常采用图 5－4 方式表达。

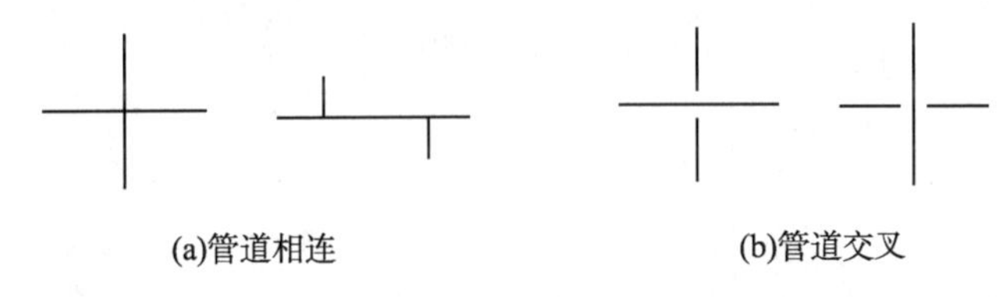

图 5－4 管道相连或交叉时工艺流程线绘制

三、物料流程图

物料流程图相较方案流程图来说更进一步，在方案流程图的基础上附以表格，表达流程中的物料衡算和热量衡算结果，与方案流程图相比较，增加如下内容。

1. 物料流程图的图框和标题栏需按照制图要求画出。
2. 设备标注下方增加设备的特性数据或参数，如储罐容积、塔设备的高度、直径等。
3. 在流程中物料变化的前后，依据实际情况，以细实线列表表示物料前后组分变化及组分名称、摩尔数、流量等参数。
4. 流程中增加了一些工艺参数，如温度、压力等，可在流程线旁标注。

物料流程图是工艺设计初期的主要成果，是对工艺过程进一步设计的基础，能够为实际生产操作提供参考。

任务三 工艺管道及仪表流程图的绘制及阅读

一、工艺管道及仪表流程图的作用与内容

1. 工艺管道及仪表流程图的作用 以方案流程图为基础，绘制出生产流程所需的设备、管道、阀门及各种仪表控制点的流程图，称为工艺管道流程图，也称作带控制点的工艺流程图或施工流程图。工艺管道及仪表流程图的内容较为详尽，从功能上来说，既可作为设备布置图和管道布置图的基础，同时也是施工安装、生产操作和维护检修的依据。

2. 工艺管道及仪表流程图的内容

（1）图名、图号、签名等内容的标题栏。

（2）带标注的各种设备示意图。

（3）标注了阀门、管件及仪表控制点的管道流程线。

（4）对阀门、管件、仪表控制点的说明图例。

二、工艺管道及仪表流程图的绘制

一般采用标准规格的A1图纸。横幅绘制，流程简单者可用A2图纸。对同一装置只能使用一种规格的图纸，不允许加长、缩短（特殊情况除外）。

1. 设备的绘制 工艺管道及仪表流程图的设备绘制要求与方案流程图基本一致，但相同设备不可省略，应全部画出。设备及机械上的管口应尽量全部画出，管口通常以细实线绘制，个别用双实线绘制，与所连管道线宽相同，也可与所连设备的管道线宽度相同。有绝热要求的设备应在相应位置绘制绝热层图示，如图5－5所示。地下或半地下设备需绘制地面图示，设备底座无需图示表示。设备位置绘制需安排便于管道连接及标注，设备的高低位置应与实际相似，有位差应标出限位尺寸。

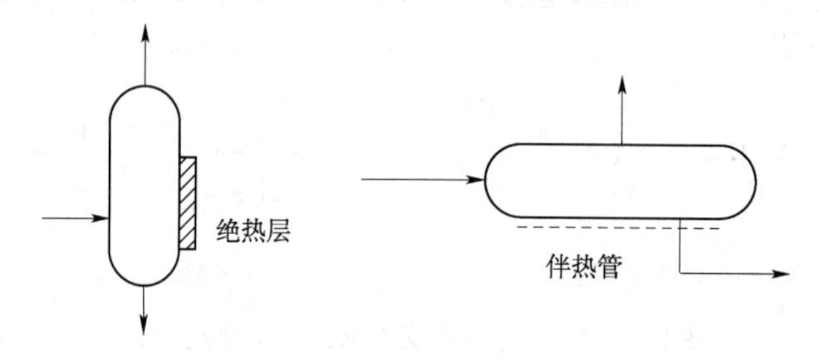

图5－5 绝热要求设备的绘制

2. 设备位号及名称的标注 设备位号及名称的标注方法同方案流程图相同，但需要注意的是工艺管道及仪表流程图的设备通常需要在两处进行标注：①与方案流程图相同，标注于设备的上方或下方，设备位号及名称均需标示；②标注于设备内部或旁边，仅标示设备位号，无需标注设备名称。

3. 管道流程线绘制 工艺流程中涉及的所有管道流程线均应画出，以水平和垂直表示，转弯处绘制成直角表示。主要物料流程线以粗实线绘制，次要物料流程以中实线绘制，辅助物料流程以细实线绘制。应尽量避免管道交叉，如无可避免时，应将次要管道断开绘制。表5－3为各种常用管道的图线规格。

表5－3 常用管图线规格（HG/T20519－2009）

名称	图例	备注
主物料管道	———（粗实线）	粗实线
次要物料管道、辅助物料管道	———（中实线）	中实线
引线、设备、管件、阀门、仪表图形符号及仪表管线	———（细实线）	细实线
原有管道（原有设备轮廓线）	—··—··—··—	管线宽度与其相接的新管线宽度相同

续表

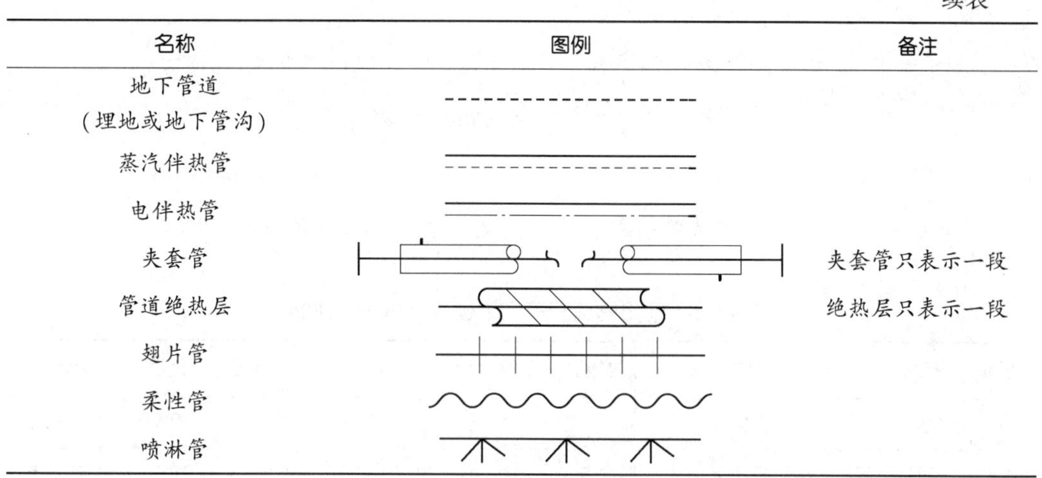

名称	图例	备注
地下管道（埋地或地下管沟）		
蒸汽伴热管		
电伴热管		
夹套管		夹套管只表示一段
管道绝热层		绝热层只表示一段
翅片管		
柔性管		
喷淋管		

管道与其他图纸有关时，应将端点绘制于图的左方或右方，以空心箭头表示物料的流入或流出，箭头内注明相应的图号或序号，并在其上方标明来或去的设备位号、管道号或仪表号，空心箭头符号如图5－6所示。

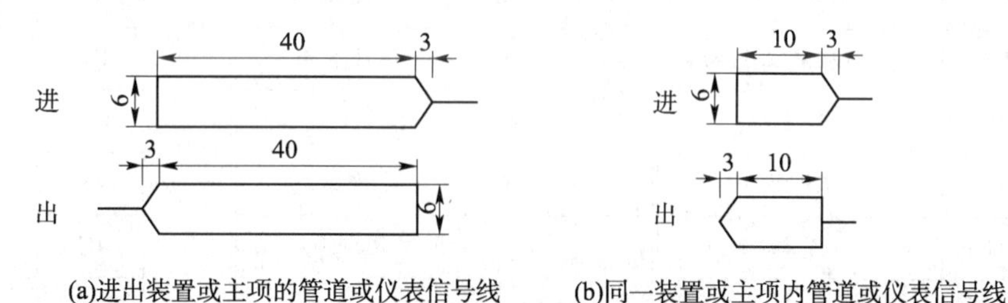

(a)进出装置或主项的管道或仪表信号线　(b)同一装置或主项内管道或仪表信号线

图5－6　图纸接续标志

4. 管道流程线标注　流程图中的每条管道均需标注管道代号。横向管道的管道代号标注在管道线的上方，竖向管道标注在管道线左侧，字头向左。如图5－7所示，管道代号按顺序依次为：物料代号、主项编号或工段号、管道序号、管径、管道等级以及有绝热（或隔声）要求管道的绝热（或隔声）代号。其中物料代号如表5－4所示；主项编号按工程规定，采用01至99的两位数表示；管段序号采用01至99的两位数表示；管径一般标注公称直径，只标数字，不标单位；管道等级代号表达如图5－8所示，其中管道公称压力代号见表5－5，管道材质代号见表5－6，绝热（或隔声）代号见表5－7。当工艺流程较为简单，管道品种规格不多时，也可按图5－9所示格式简单标注。

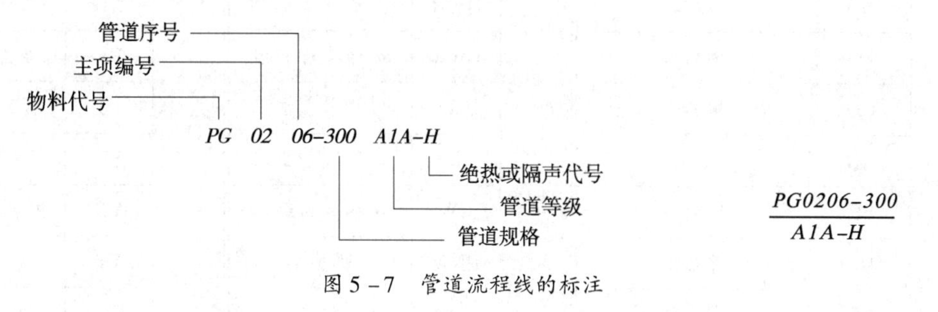

图5－7　管道流程线的标注

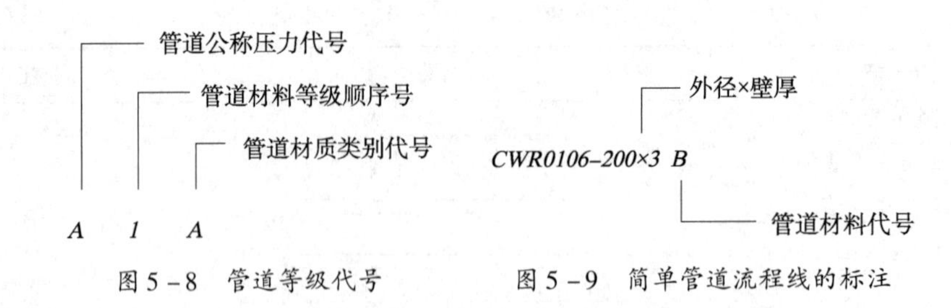

图 5-8 管道等级代号　　　　图 5-9 简单管道流程线的标注

表 5-4 常用物料代号（HG/T 20519-2009）

类别	代号	名称	类别	代号	名称	类别	代号	名称
工艺物料	PA	工艺空气	空气	AR	空气	水	DW	生活用水
	PG	工艺气体		CA	压缩空气		WW	生产废水
	PGL	气液两相流工艺物料		IA	仪表空气	其他	H	氢
	PGS	气固两相流物料	蒸汽冷凝水	HS	高压蒸汽		N	氮
	PL	工艺流体		MS	中压蒸汽		O	氧
	PLS	液固两相流工艺物料		LS	低压蒸汽		DR	排液导淋
	PS	工艺固体		SC	蒸汽冷凝水		FSL	熔盐
	PW	工艺水		TS	伴热蒸汽		FV	火炬排放气
制冷剂	AG	气氨	燃料	FG	燃料气		IG	惰性气
	AL	液氨		FL	液体燃料		SL	泥浆
	ERG	气体乙炔或乙烷		LPG	液化石油气		VE	真空排放
	ERL	液体乙炔或乙烷		FS	固体燃料		VT	放空
	FRG	氟利昂气体		NG	天然气		WG	废气
	PRG	气体丙炔或丙烷		LNS	液化天然气		WS	废渣
	PRL	液体丙炔或丙烷	水	BW	锅炉给水		WO	废油
	RWR	冷冻盐水回水		FW	消防水		FLG	烟道气
	RWS	冷冻盐水上水		CSW	化学污水		CAT	催化剂
油	DO	污油		HWR	热水回水		AD	添加剂
	FO	燃料油		CWR	循环冷却回水		FV	火炬排放气
	GO	填料油		HWS	热水上水		IG	惰性气
	RO	原油		CWS	循环冷却上水		SL	泥浆
	SO	密封油		RW	原水、新鲜水		VE	真空排放
	HO	导热油		DNW	脱盐水		VT	放空
	LO	润滑油		SW	软水		WG	废气

表 5-5 常用公称压力等级代号（HG/T 20519-2009）

压力等级（国内标准）						压力等级（ASME 标准）			
代号	公称压力/MPa	代号	公称压力/MPa	代号	公称压力/MPa	代号	公称压力/LB	代号	公称压力/LB
L	1.0	Q	6.4	U	22.0	A	150	E	900
M	1.5	R	10.0	V	25.0	B	300	F	1500
N	2.5	S	16.0	W	32.0	C	400	G	2500
P	4.0	T	20.0			D	600		

表 5-6 常用管道材料代号（HG/T 20519-2009）

代号	A	B	C	D	E	F	G	H
材料类别	铸铁	碳钢	普通低合金钢	合金钢	不锈钢	有色金属	非金属	衬里及内防腐

表 5-7 隔热（隔声）代号（HG/T 20519-2009）

代号	功能类型	备注
H	保湿	采用保湿材料
C	保冷	采用保冷材料
P	人身防护	采用保温材料
D	防结露	采用保冷材料
E	电伴热	采用电热带和保温材料
S	蒸汽伴热	采用蒸汽伴管和保温材料
W	热水伴热	采用热水伴管和保温材料
O	热油伴热	采用热油伴管和保温材料
J	夹套伴热	采用夹套和保温材料
N	隔声	采用隔声材料

5. 管道附件画法 常见的管道附件包括阀门及管件等，阀门主要用于调节和切换管道中流体，管件则包括连接管路的接管头、使管道改变方向的弯头、改变口径的异径接管头、能够分（合）流体的三通四通、用于安装和检修的法兰及螺纹件等。管件在流程图中应以细实线按规定符号在相应位置绘制，常用阀门及其他管件符号如表 5-8 所示。

表 5-8 常用阀门及管件符号（HG/T 20519-2009）

名称	符号	名称	符号
截止阀		闸阀	
节流阀		球阀	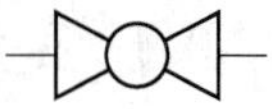

续表

名称	符号	名称	符号
旋塞阀		隔膜阀	
蝶阀	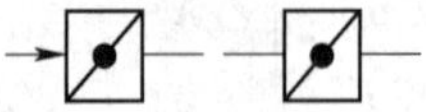	减压阀	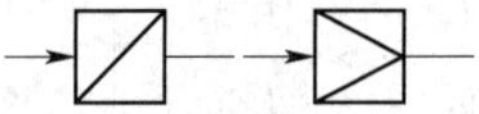
直流截止阀	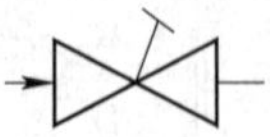	疏水阀	
角式截止阀	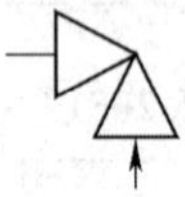	底阀	
角式节流阀	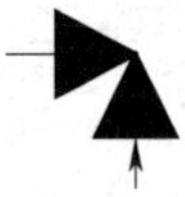	呼吸阀	
角式球阀		三通截止阀	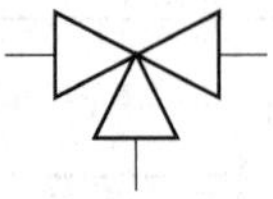
四通截止阀	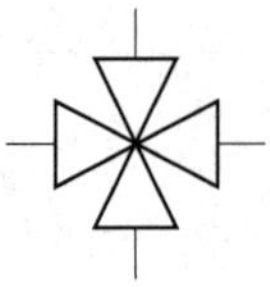	三通球阀	
四通球阀		三通旋塞阀	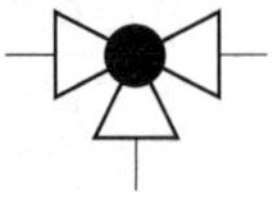
四通旋塞阀	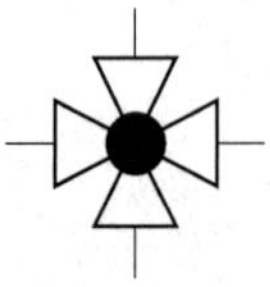	管端盲板	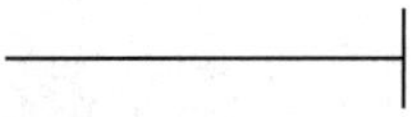
管帽	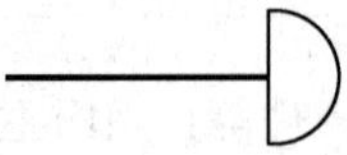	螺纹管帽	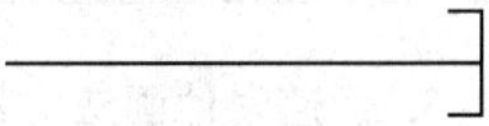
法兰连接	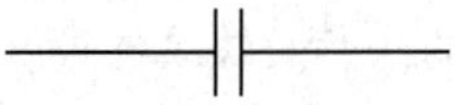	管端法兰	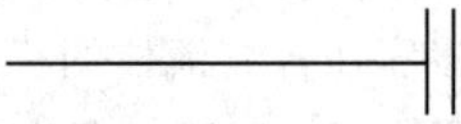

6. 管件标注 阀门及管件在标注时，如其工程直径与所处管道直径不同时，需注明尺寸；阀门两端的管道等级不同时，应标出分界线，等级应以高等级管道为标准，异径管应标注大端公称直径×小端公称直径。

7. 仪表控制点的画法 仪表控制点用细实线在相应管道上的大致安装位置用规定符号画出，控制点包括所有与工艺有关的阀门、检测仪表、控制系统、分析取样点等。规定符号包括图形符号和字母代号，组合使用能够表达被测变量（参数）、仪表工程及测量方式方法。

仪表控制点的画法：以细实线绘制直径约为10mm的圆代表各种功能的仪表，用细实线连接工艺管道或设备线上的检测点，如图5－10所示。仪表安装位置图形符号见表5－9。

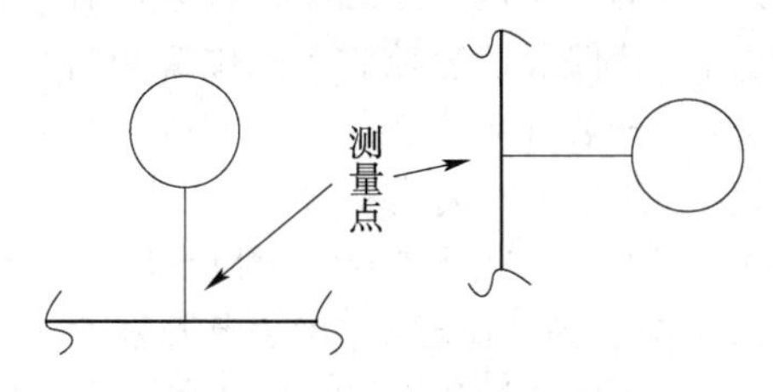

图5－10 仪表测量点画法

表5－9 仪表安装位置图形符号（HG/T 20519－2009）

安装位置	图形符号	安装位置	图形符号	安装位置	图形符号
就地安装仪表		集中仪表盘安装仪表		集中仪表盘面后装仪表	
		就地仪表盘安装仪表		集中仪表盘面后装仪表	

8. 仪表位号的标注 仪表位号由字母及阿拉伯数字组成，如图5－11所示，其中，第一个字母表示被测变量，后续为仪表功能代号；数字表示工段代号及顺序代号。标注时，字母代号写在表示仪表圆圈的上半部分，数字编号写在下半部分，如图5－12所示；被测变量及仪表功能如表5－10所示。

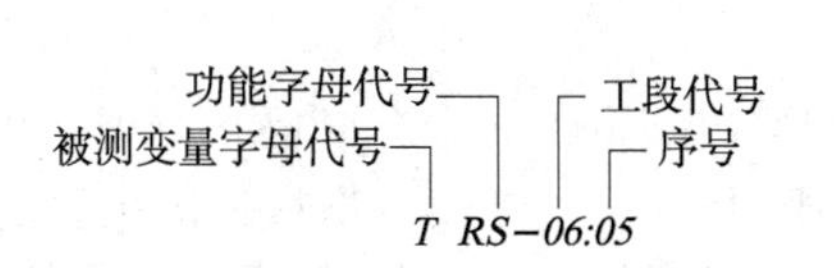

图5－11 仪表测量点的标注位号组成

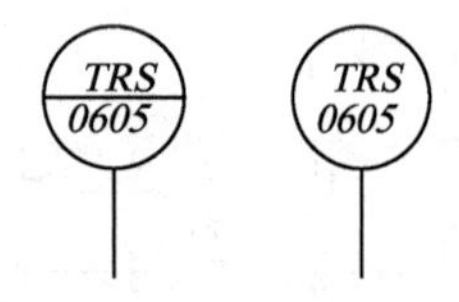

图5－12 仪表位号标注

表5－10 常见被测变量及仪表功能字母组合（HG/T 20519－2009）

仪表功能	被测变量								
	温度	温差	压力	流量	分析	密度	位置	速率	黏度
指示	TI	TdI	PI	FI	AI	DI	ZI	SI	VI
记录	TR	TdR	PR	FR	AR	DR	ZR	SR	VR
控制	TC	TdC	PC	FC	AC	DC	ZC	SC	VC
报警	TA	TdA	PA	FA	AA	DA	ZA	SA	VA
开关	TS	TdS	PS	FS	AS	DS	ZS	SS	VS
指示、控制	TIC	TdIC	PIC	FIC	AIC	DIC	ZIC	SIC	VIC
指示、报警	TIA	TdIA	PIA	FIA	AIA	DIA	ZIA	SIA	VIA
指示、开关	TIS	TdIS	PIS	FIS	AIS	DIS	ZIS	SIS	VIS
记录、控制	TRC	TdRC	PRC	FRC	ARC	DRC	ZRC	SRC	VRC
记录、报警	TRA	TdRA	PRA	FRA	ARA	DRA	ZRA	SRA	VRA
记录、开关	TRS	TdRS	PRS	FRS	ARS	DRS	ZRS	SRS	VRS
控制、变送	TCT	TdCT	PCT	FCT	ACT	DCT	ZCT	SCT	VCT

三、管道及仪表流程图的阅读

管道及仪表流程图阅读的目的是了解并掌握生产工艺流程，包括设备名称、位号及数量，管道的编号与规格，阀门、管件及仪表控制点的位置和名称，将这些信息全部掌握清楚，才能顺利地进行后续的管道安装和生产操作。我们以图 5－13 的某二元混合物的精馏操作为例，简要介绍管道及仪表流程图的阅读步骤与方法。

1. 掌握设备的名称、位号、数量 由图 5－13 可以看出，该流程中共有 11 台设备，分别是原料罐 V0101、进料泵 P0101、高位储罐 V0102、预热器 E0101、精馏塔 T0101、再沸器 E0102、回流泵 P0102、全凝器 E0103、回流罐 V0103、冷却器 E0104、产品储罐 V0104。

2. 了解物料工艺流程线 粗实线为主要流程线，包括工艺液体管 PL、工艺气体管 PG；细实线为次要流程线，包括水蒸气 LS、循环冷却上水 CWS、循环冷却下水 CWR。

3. 了解阀门、仪表控制点的情况 阀门仪表包括截止阀，PI（4 个）为压力指示功能仪表，PIS 为压力指示开关仪表（1 个）、开关功能仪表，TI 为温度指示仪表（6 个）。

重点小结

重点：方案流程图的绘制。

难点：工艺管道及仪表流程图的绘制及其阅读。

目标检测

一、填空

1. 工艺流程框图应用________绘制矩形，以原料加工为成品的顺序，从________至________、从________至________绘制；用________表示物料工艺流程线连接矩形，箭头的指向应该与________一致，并用文字注明物料的名称、数量等相关信息。
2. 方案流程图中，设备的位号由四个部分组成，按标注顺序依次是：________、________、________及________。
3. 方案流程图中，主要物料的工艺流程线以________来绘制，物料的流动方向以________表示，物料的名称、来源、去向等信息需在流程线的________和________位置标注。
4. 物料流程图相较方案流程图来说更进一步，在方案流程图的基础上附以________，表达流程中的________结果。
5. 工艺管道及仪表流程图，以方案流程图为基础，绘制出生产流程所需的设备、管道、阀门及各种仪表控制点的流程图，也称作________的工艺流程图或________流程图。工艺管道及仪表流程图包括的内容如下：图名、图号、签名等内容的________；带标注的各种________；标注了阀门、管件及仪表控制点的________；对阀门、管件、仪表控制点的________。

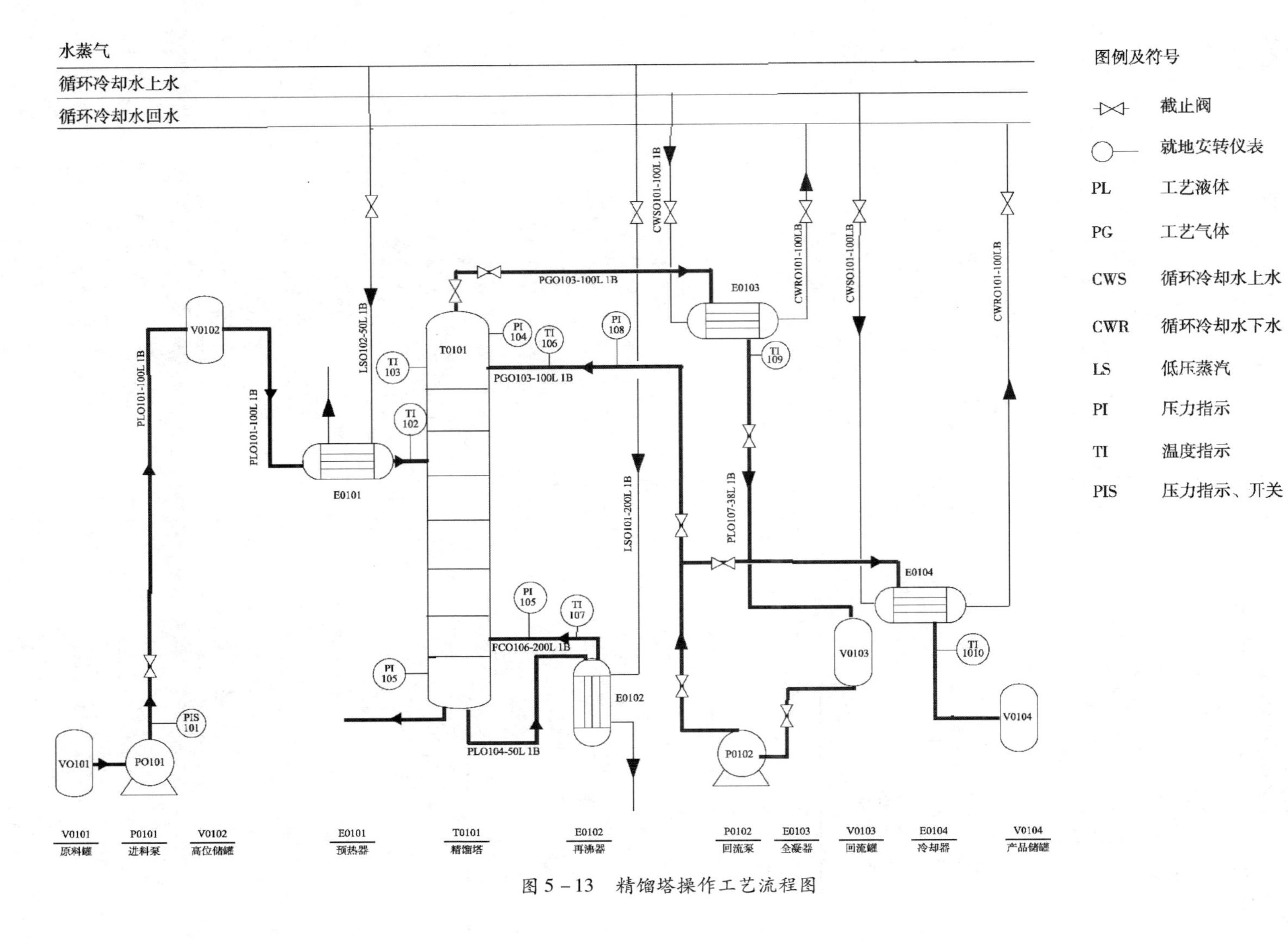

图 5－13 精馏塔操作工艺流程图

二、说明下列标注或符号的含义

1. *T　03　05　A*

板式精馏塔

2. *PL 02 06–200 B1B–H*

3. 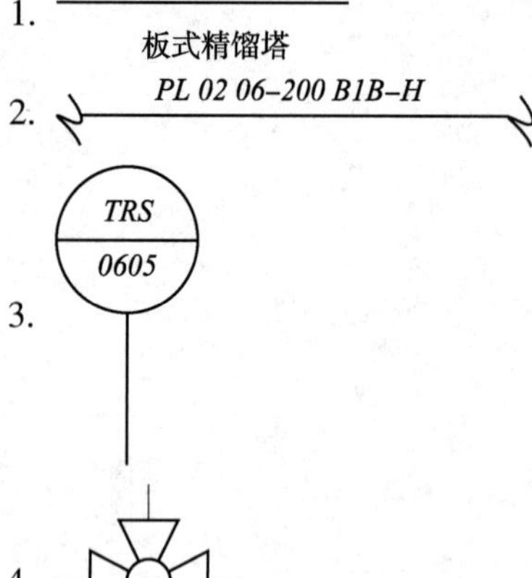

4.

5. 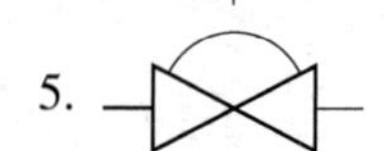

6. 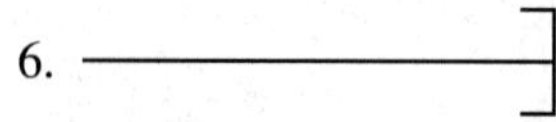

7.

8. *CWR0206–196×3 B*

参考文献

[1] 孙安荣，朱国民．化工制图［M］．北京：人民卫生出版社，2013.
[2] 胡建生．化工制图［M］．北京：化学工业出版社，2010.
[3] 乔友杰．制图基础［M］．北京：高等教育出版社，2001.
[4] 韩静．制药工程工制图［M］．北京：中国医药科技出版社，2011.
[5] 林大钧，于传浩，杨静．化工制图［M］．北京：高等教育出版社，2007.
[6] 赵慧清，蔡纪宁．化工制图［M］．北京：化学工业出版社，2013.
[7] 陆英．化工制图［M］．北京：高等教育出版社，2013.
[8] 张绪峤．制剂单元操作与制剂工程设计［M］．北京：中国医药科技出版社，2006.
[9] 赵大兴．工程制图［M］．北京：高等教育出版社，2004.
[10] 何铭新，钱可强．机械制图［M］．北京：高等教育出版社，2005.
[11] 金大鹰．机械制图［M］．北京：机械工业出版社，2002.

附　　录

一、螺纹

1. 普通螺纹（摘自 GB/T 196～197—1981）

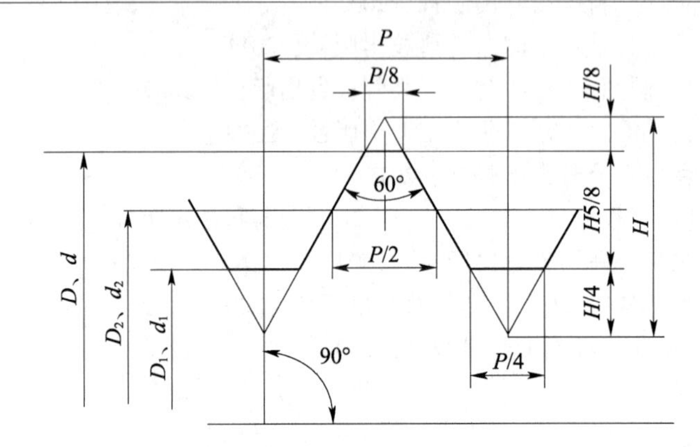

d——外螺纹大径；
D——内螺纹大径；
d_1——外螺纹小径；
D_1——内螺纹小径；
d_2——外螺纹中径；
D_2——内螺纹中径；
P——螺距；
H——原始三角形高度

标记示例：

M12－5g（粗牙普通外螺纹，公称直径 $d=12$、右旋，中径及大径公差带均为5g、中等旋合长度）

M12×1.5LH—6H（普通细牙内螺纹、公称直径 $D=12$、螺距 $P=1$、左旋、中径及小径公差带均为6H、中等放心旋合长度）

附表1　普通螺纹　　（mm）

公称直径 D、d			螺距 P		粗牙螺纹小径 D_1、d_1
第一系列	第二系列	第三系列	粗牙	细牙	
4			0.7	0.5	3.242
5			0.8		4.134
6			1	0.75、(0.5)	4.917
		7			5.917
8			1.25	1、0.75、(0.5)	6.647
10			1.5	1.25、1、0.75、(0.5)	8.376
12			1.75	1.5、1.25、1、(0.75)、(0.5)	10.106
	14		2		11.835
		15		1.5、(1)	13.376
16			2	1.5、1、(0.75)、(0.5)	13.835
	18		2.5	21.5、1、(0.75)、(0.5)	15.294
20					17.294
	22				19.294
24			3	2、1.5、1、(0.75)	20.752

续表

<table>
<tr><th colspan="3">公称直径 D、d</th><th colspan="2">螺距 P</th><th rowspan="2">粗牙螺纹
小径 D_1、d_1</th></tr>
<tr><th>第一系列</th><th>第二系列</th><th>第三系列</th><th>粗牙</th><th>细牙</th></tr>
<tr><td></td><td></td><td>25</td><td></td><td>2、1.5、(1)</td><td>22.835</td></tr>
<tr><td></td><td>27</td><td></td><td>3</td><td>2、1.5、(1)、(0.75)</td><td>23.752</td></tr>
<tr><td>30</td><td></td><td></td><td rowspan="2">3.5</td><td rowspan="2">(3)、2、1.5、
(1)、(0.75)</td><td>26.211</td></tr>
<tr><td></td><td>33</td><td></td><td>29.211</td></tr>
<tr><td></td><td></td><td>35</td><td></td><td>1.5</td><td>33.376</td></tr>
<tr><td>36</td><td></td><td></td><td rowspan="2">4</td><td rowspan="2">3、2、1.5、(1)</td><td>31.670</td></tr>
<tr><td></td><td>39</td><td></td><td>34.670</td></tr>
<tr><td></td><td></td><td>40</td><td></td><td>(3)、(2)、1.5</td><td>36.752</td></tr>
<tr><td>42</td><td></td><td></td><td rowspan="2">4.5</td><td rowspan="3">(4)、3、2、1.5、(1)</td><td>37.129</td></tr>
<tr><td></td><td>45</td><td></td><td>40.129</td></tr>
<tr><td>48</td><td></td><td></td><td>5</td><td>42.587</td></tr>
</table>

注：1. 优先选用第一系列，其次是第二系列，第三系列尽可能不选用。

2. M14×1.25 仅用于火花塞；M35×1.5 仅用于滚动轴承锁紧螺钉。

3. 括号内尺寸尽可能不选用。

2. 梯形螺纹（摘自 GB/T 5796.1—5796.4—1986）

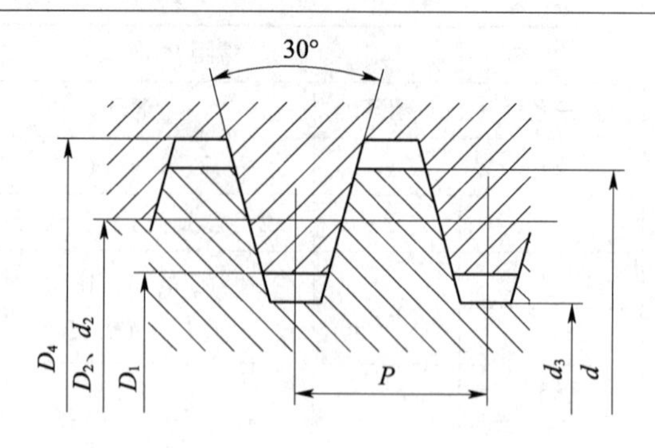

标记示例：

Tr36×6—6H—L

（单线梯形内螺纹、公称直径 $d=36$、螺距 $P=6$、右旋、中径公差带代号为6H、长旋合长度）

Tr40×14（P7）LH—7e

（双线梯形外螺纹、公称直径 $d=40$、导程 $S=14$、螺距 $P=7$、左旋、中径公差带为7e、中等旋合长度）

附表 2　梯 形 螺 纹　（mm）

d 公称直径		螺距	中径	大径	小径		d 公称直径		螺距	中径	大径	小径	
第一系列	第二系列	P	$D_2=d_2$	D_4	d_3	D_1	第一系列	第二系列	P	$D_2=d_2$	D_4	d_3	D_1
8		1.5	7.25	8.30	6.20	6.50	32			29.00	33.00	25.00	26.00
	9		8	9.50	6.50	7.00		34	6	31.00	35.00	27.00	28.00
10		2	9.00	10.50	7.50	8.00	36			33.00	37.00	29.00	30.00
	11		10.00	11.50	8.50	9.00		38		34.50	39.00	30.00	31.00
12		3	10.50	12.50	8.50	9.00	40		7	36.50	41.00	32.00	33.00
	14		12.50	14.50	10.50	11.00		42		38.50	43.00	34.00	35.00
16			14.00	16.50	11.50	12.00	44			40.50	45.00	36.00	37.00
	18	4	16.00	18.50	13.50	14.00		46		42.00	47.00	37.00	38.00
20			18.00	20.50	15.50	16.00	48		8	44.00	49.00	39.00	40.00
	22	5	19.50	22.50	16.50	17.00		50		46.00	51.00	41.00	42.00
24			21.50	24.50	18.50	19.00	52			48.00	53.00	43.00	44.00
	26		23.50	26.50	20.50	21.00		55	9	50.50	56.00	45.00	46.00
28			25.50	28.50	22.50	23.00	60			55.50	61.00	50.00	51.00
	30	6	27.00	31.00	23.00	24.00		65	10	60.00	66.00	54.00	55.00

注：1. 优先选用第一系列的直径。

2. 表中所列的直径与螺距系优先选择的螺距及与之对应的直径。

3. 管螺纹

用螺纹密封的管螺纹（摘自 GB/T 7306—1987）

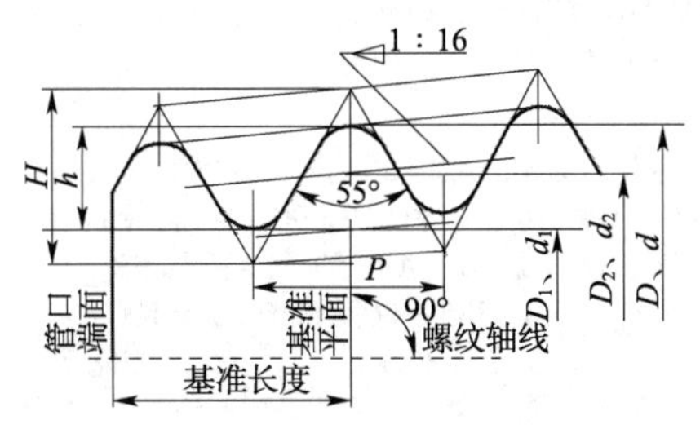

标记示例

R $\frac{1}{2}$（圆锥外螺纹、右旋、尺寸代号为$\frac{1}{2}$）

$R_C\frac{1}{2}$（圆锥内螺纹、右旋、尺寸代号为$\frac{1}{2}$）

$R_P\frac{1}{2}$—LH（圆柱内螺纹、左旋、尺寸代号为$\frac{1}{2}$）

非螺纹密封的管螺纹（摘自 GB/T 7307—1987）

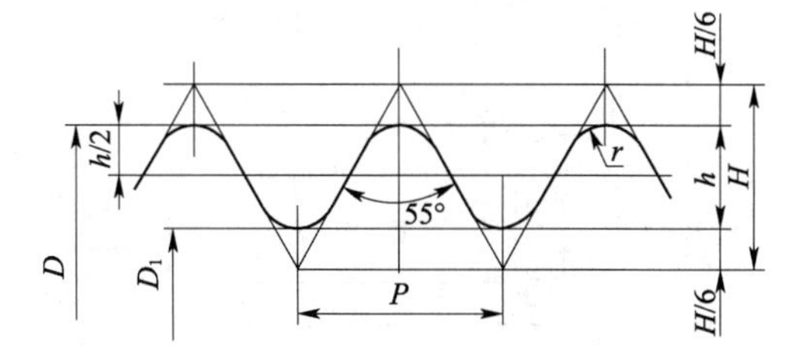

标记示例

G $\frac{1}{2}$A—LH（外螺纹、左旋、A 级、尺寸代号为$\frac{1}{2}$）

G $\frac{1}{2}$B（外螺纹、右旋、B 级、尺寸代号为$\frac{1}{2}$）

G $\frac{1}{2}$（内螺纹、右旋、尺寸代号为$\frac{1}{2}$）

附表 3　管 螺 纹　　（mm）

尺寸代号	基面上的直径（GB/T 7306）基本直径（GB/T 7307）			螺距 P（mm）	牙高 h（mm）	圆弧半径 r（mm）	每 25.4mm 内的牙数 n	有效螺纹长度（GB/T 7306）（mm）	基准的基本长度（GB/T 7306）（mm）
	大径 $d=D$（mm）	中径 $d_2=D_2$（mm）	小径 $d_1=D_1$（mm）						
1/16	7.723	7.142	76.561	0.907	0.581	0.125	28	6.5	4.0
1/8	9.728	9.147	8.566						
1/4	13.157	12.301	11.445	1.337	0.856	0.184	19	9.7	6.0
3/8	16.662	15.806	14.950					10.1	6.4
1/2	20.955	19.793	18.631	1.814	1.162	0.249	14	13.2	8.2
3/4	26.441	25.279	24.117					14.5	9.5
1	33.249	31.770	30.291	2.309	1.479	0.317	11	16.8	10.4
$1\frac{1}{4}$	41.910	40.431	38.952					19.1	12.7
$1\frac{1}{2}$	47.803	46.324	44.845						
2	59.614	58.135	56.656					23.4	15.9
$2\frac{1}{2}$	75.184	73.705	72.226					26.7	17.5
3	87.884	86.405	84.926					29.8	20.6
4	113.030	111.551	136.951					35.8	25.4
5	138.430	136.951	135.472					40.1	28.6
6	163.830	162.351	160.872						

二、常用标准件

1. 六角头螺栓（一）

六角头螺栓—A 级和 B 级（摘自 GB/T 5782—1986）
六角头螺栓—细牙—A 级和 B 级（摘自 GB/T 5785—1986）

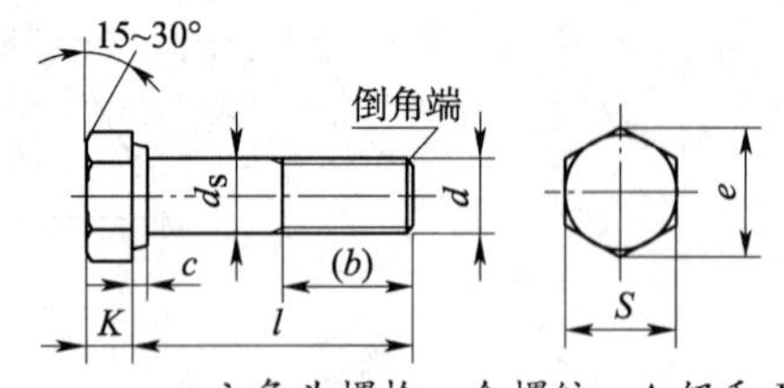

标记示例：
螺栓 GB 5782—86 M16×90
（螺丝规格 d = 16、l = 90、性能等级为 8.8 级、表面氧化、A 级的六角头螺栓）
螺栓 GB 5785—86 M30×2×100
（螺丝规格 d = 30×2、l = 100、性能等级为 8.8 级、表面氧化、B 级的细牙六角头螺栓）

六角头螺栓—全螺纹—A 级和 B 级（摘自 GB/T 5783—1986）
六角头螺栓—细牙—全螺纹—A 级和 B 级（摘自 GB/T 5786—1986）

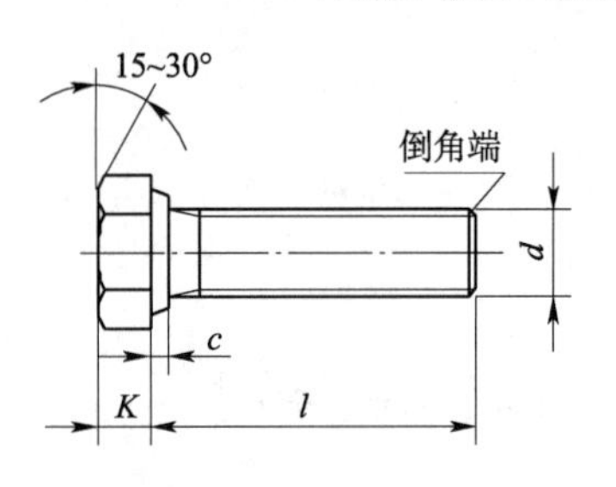

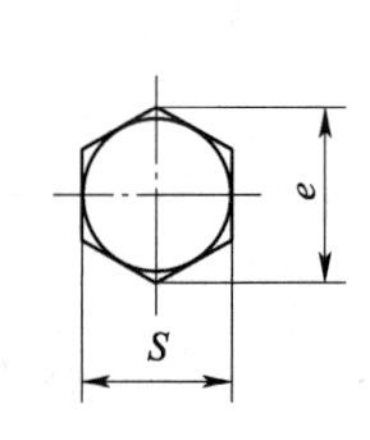

标记示例：
螺栓 GB/T 5783—1986 M8×90
（螺丝规格 d = 8、l = 90、性能等级为 8.8 级、表面氧化、全螺纹、A 级的六角头螺栓）
螺栓 GB/T 5785—1986 M24×2×100
（螺丝规格 d = 24×2、l = 100、性能等级为 8.8 级、表面氧化、全螺纹、B 级的细牙六角头螺栓）

附表 4 六角头螺栓（一） （mm）

		M4	M5	M6	M8	M10	M12	M16	M20	M24	M30	M36	M42	M48
螺纹规格	d	M4	M5	M6	M8	M10	M12	M16	M20	M24	M30	M36	M42	M48
	$d \times p$	—	—	—	M8×1	M10×1	M12×1.5	M16×1.5	M20×2	M24×2	M30×2	M36×3	M42×1	M48×3
$b_{参考}$	$l \leqslant 125$	14	16	18	22	26	30	38	46	54	66	78	—	—
	$125 < l \leqslant 200$	—	—	—	28	32	36	44	52	60	72	84	96	108
	$l > 200$	—	—	—	—	—	—	57	65	73	85	97	109	121
C_{MAX}		0.4	0.5		0.6			0.8					1	
$K_{公称}$		2.8	3.5	4	5.3	6.4	7.5	10	12.5	15	18.7	22.5	26	30
d_{samx}		4	5	6	8	10	12	16	20	24	30	36	42	48
S_{max} = 公称		7	8	10	13	16	18	24	30	36	46	55	65	75
e_{min}	等级 A	7.66	8.79	11.05	14.38	17.77	20.03	26.75	33.53	39.98	—	—	—	—
	等级 B	—	8.63	10.89	14.2	17.59	19.85	26.17	32.95	39.55	50.85	60.79	72.02	82.6
d_{min}	等级 A	5.9	6.9	8.9	11.6	14.6	16.6	22.5	28.2	33.6	—	—	—	—
	等级 B	—	6.7	8.7	11.4	14.4	16.4	22	27.7	33.2	42.7	51.1	60.6	69.4
l 范围	GB/T 5782 GB/T 5785	25~40	25~50	30~60	35~80	40~100	45~120	55~160	65~200	80~240	90~300	110~360 110~300	130~400	140~400
	GB/T 5783	8~40	10~50	12~60	16~80	20~100	25~100	35~100	40~100	40~100	40~100	40~100	80~500	100~500
	GB/T 5786	—	—	—			25~100	35~160	40~200	40~200	40~200	40~200	90~400	100~500
l 系列	GB/T 5782 GB/T 5785	20~65（5 进位）、70~160（10 进位）、180~400（20 进位）												
	GB/T 5783 GB/T 5786	6、8、10、12、16、18、20~65（5 进位）、70~160（10 进位）、180~400（20 进位）												

注：1. 螺纹公差为 6g、机械性能等级为 8.8。
2. 产品等级 A 用于 $d \leqslant 24$ 和 $l \leqslant 10d$ 或 $l \leqslant 150$mm（按较小值）的螺栓。
3. 产品等级 B 用于 $d > 24$ 和 $l > 10d$ 或 $l > 150$mm（按较小值）的螺栓。

2. 六角头螺栓（二）

六角头螺栓—C 级（摘自 GB/T 5780—1986）

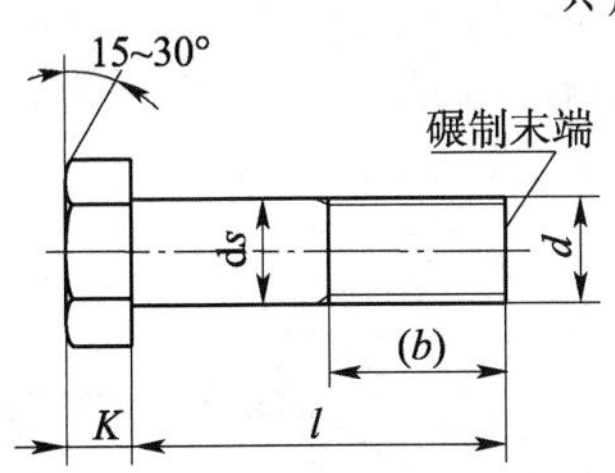

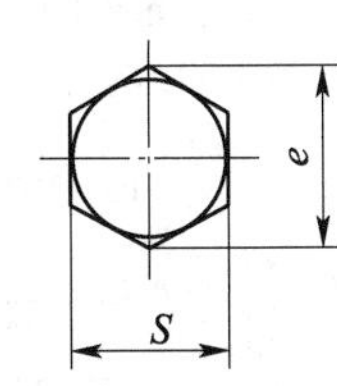

标记示例：

螺栓　GB 5780—86　M16×90

（螺丝规格 $d=16$、公称长度 $l=90$、性能等级为 4.8 级、不经表面处理、杆身半螺纹、C 级的六角头螺栓）

六角头螺栓—全螺纹—C 级（摘自 GB/T 5781－1986）

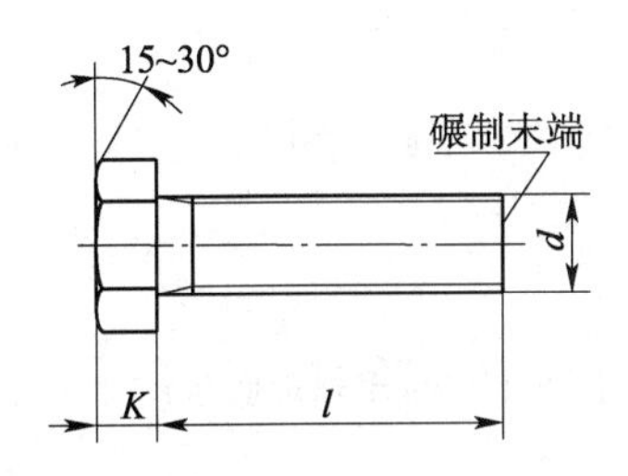

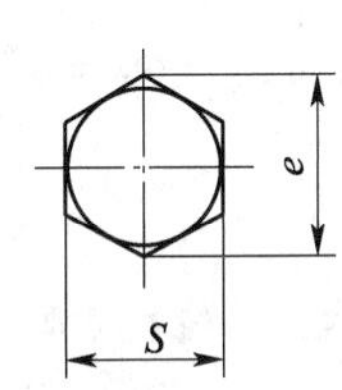

标记示例：

螺栓　GB 5781—86　M20×100

（螺丝规格 $d=20$、公称长度 $l=100$、性能等级为 4.8 级、不经表面处理、全螺纹、C 级的六角头螺栓）

附表 5　六角头螺栓（二）　（mm）

螺纹规格 d		M5	M6	M8	M10	M12	M16	M20	M24	M30	M36	M42	M48
$b_{参考}$	$l\leqslant125$	16	18	22	26	30	38	40	54	66	78	—	—
	$125<l\leqslant200$	—	—	28	32	36	44	52	60	72	84	96	108
	$l>200$	—	—	—	—	—	57	65	73	85	97	109	121
k		3.5	4	5.3	6.4	7.5	10	12.5	15	18.7	22.5	26	30
S_{max}		8	10	13	16	18	24	30	36	46	55	65	75
e_{min}		8.63	10.89	14.20	17.59	19.85	26.17	32.95	30.55	50.85	60.79	72.02	82.6
$d_{s\,max}$		5.84	6.48	8.58	10.58	12.7	16.7	20.8	24.84	30.84	37	43	49
l 范围	GB/T 5780	25 ~ 50	30 ~ 60	35 ~ 80	40 ~ 100	45 ~ 120	55 ~ 160	65 ~ 200	80 ~ 240	90 ~ 300	110 ~ 300	160 ~ 420	180 ~ 480
	GB/T 5781	10 ~ 40	12 ~ 50	16 ~ 65	20 ~ 80	25 ~ 100	35 ~ 100	40 ~ 100	50 ~ ! 00	60 ~ 100	70 ~ 100	80 ~ 420	90 ~ 480
l 系列		10、12、16、18、20 ~ 50（5 进位）、(55)、60、(65)、70 ~ 160（10 进位）、180、220 ~ 500（20 进位）											

注：1. 括号内的规格尽可能不用，末端按 GB/T 2—1985 的规定。

2. 螺纹公差为 8g（GB/T 5780－1986）；6g（GB/T 578—1986）；机械性能等级：4.6、4.8。

3. 螺母

Ⅰ型六角螺母—A级和B级（摘自GB/T 6170—1986）
Ⅰ型六角螺母—细牙—A级和B级（摘自GB/T 6171—1986）
Ⅰ型六角螺母—C级（摘自GB/T 41—1986）

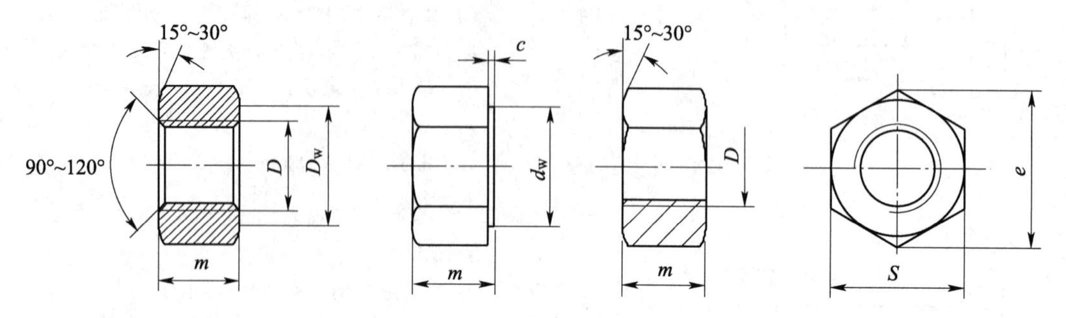

标记示例：

螺母　GB/T 6171—1986　M20×2

（螺纹规格 D=24、螺距 P=2、性能等级为10级、不经表面处理的B级Ⅰ型细牙六角螺母）

螺母　GB/T 41—1986　M16

（螺纹规格 D=16、性能等级为5级、不经表面处理的C级Ⅰ型六角螺母）

附表6　螺母　　（mm）

螺纹规格	D	M4	M5	M6	M8	M10	M12	M16	M20	M24	M30	M36	M42	M48
	$D\times P$	—	—	—	M8×1	M10×1	M12×1.5	M16×1.5	M20×2	M24×2	M30×2	M36×3	M42×3	M48×3
C		0.4	0.5		0.6			0.8					1	
S_{max}		7	8	10	13	16	18	24	30	36	46	55	65	75
e_{max}	A、B	7.66	8.79	11.05	14.38	17.77	20.03	26.75	32.95	39.55	50.85	60.79	72.02	82.6
	C	—	8.63	10.89	14.2	17.59	19.85	26.17	32.95	39.55	50.85	60.79	72.07	82.6
m_{max}	A、B	3.2	4.7	5.2	6.8	8.4	10.8	14.8	18	21.5	25.6	31	34	38
	C	—	5.6	6.1	7.9	9.5	12.2	15.9	18.7	22.3	26.4	31.5	34.9	38.9
d_{wmin}	A、B	5.9	6.9	8.9	11.6	14.6	16.6	22.5	27.7	33.2	42.7	51.1	60.6	69.4
	C	—	6.9	8.9	11.6	14.6	16.6	22.5	27.7	33.2	42.7	51.1	60.6	69.4

注：1. A级用于 $D\leqslant16$ 的螺母；B级用于 $D>16$ 的螺母；C级用于 $D\geqslant5$ 的螺母。

2. 螺纹公差：A、B级为6H，C级为7H。机械性能等级：A、B级为6、8、10级。C级为4、5级。

4. 垫圈

平垫圈—A 级（摘自 GB/T 97. 1—1985）　平垫圈倒角型—A 级（摘自 GB/T 97. 2—1985）　小垫圈—A 级（摘自 GB/T 848—1985）　平垫圈—C 级（摘自 GB/T 95—1985）　大垫圈—A 和 C 级（摘自 GB/T 96—1985）

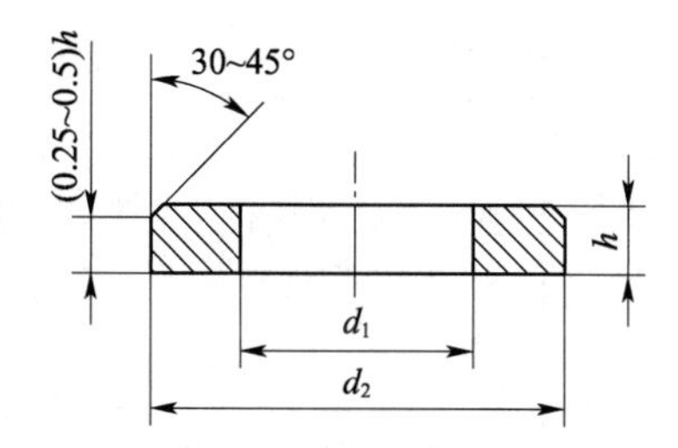

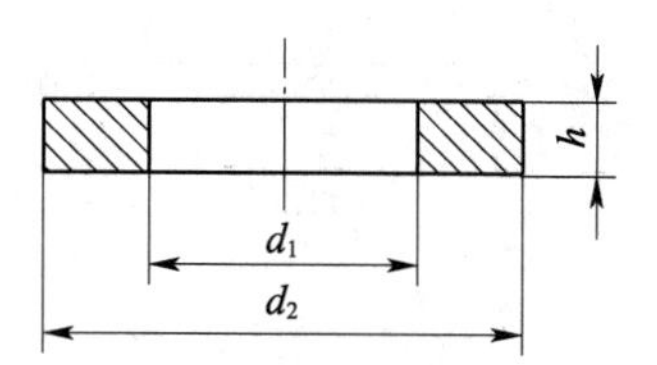

标记示例：

垫圈　GB/T 95—1985　10—100HV

（标准系列、公称尺寸 $d=10$、性能等级为 100HV 级、不经表面处理的平垫圈）

垫圈　GB/T 97. 2—1985　10—A140

（标准系列、、公称尺寸 $d=10$、性能等级为 A140HV 级、倒角型、不经表面处理的平垫圈）

附表 7　垫圈　（mm）

公称直径 d（螺纹规格）		4	5	6	8	10	12	14	16	20	24	30	36	42	48
GB/T 848—1985（A 级）	d_1	4. 3	5. 3	6. 4	8. 4	10. 5	13	15	17	21	25	31	37	—	—
	d_2	8	9	11	15	18	20	24	28	34	39	50	60	—	—
	h	0. 5	1	1. 6	1. 6	1. 6	2	2. 5	2. 5	3	4	4	5	—	—
GB/T 97. 1—1985（A 级）	d_1	4. 3	5. 3	6. 4	8. 4	10. 5	13	15	17	21	25	31	37	—	—
	d_2	9	10	12	16	20	24	28	30	37	44	56	66	—	—
	h	0. 8	1	1. 6	1. 6	2	2. 5	2. 5	3	3	4	4	5	—	—
GB/T 97. 2—1985（A 级）	d_1	—	5. 3	6. 4	8. 4	10. 5	13	15	17	21	25	31	37	—	—
	d_2	—	10	12	16	20	24	28	30	37	44	56	66	—	—
	h	—	1	1. 6	1. 6	2	2. 5	2. 5	3	3	4	4	5	—	—
GB/T 95—1985（C 级）	d_1	—	5. 5	6. 6	9	11	13. 5	15. 5	17. 5	22	26	33	39	45	52
	d_2	—	10	12	16	20	24	28	30	37	44	56	66	78	92
	h	—	1	1. 6	1. 6	2	2. 5	2. 5	3	3	4	4	5	8	8
GB/T 96—1985（A 级和 C 级）	d_1	4. 3	5. 6	6. 4	8. 4	10. 5	13	15	17	22	26	33	39	45	52
	d_2	12	15	18	24	30	37	44	50	60	72	92	110	125	145
	h	1	1. 2	1. 6	2	2. 5	3	3	3	4	5	6	8	10	10

注：1. A 级适用于精装配系列，C 级适用于中等装配系列。

2. C 级垫圈没有 Ra3. 2 和去毛刺的要求。

三、常用材料

附表 8 常用的金属材料和非金属材料

名称		编号	说明	应用举例
黑色金属	灰铸铁（GB9439）	HT150	HT—“灰铁”代号 150—抗拉强度/MPa	用于制造端盖、带轮、轴承座、阀壳、管子及管子附件、机床底座、工作台等
		HT200		用于较重要铸件，如气缸、齿轮、机架、飞轮、床身、阀壳、衬筒等
	球墨铸铁（GB1348）	QT450－10 QT500－7	QT—“球铁”代号 450—抗拉强度/（MPa） 10—伸长率（%）	具有较高强度和塑性。广泛用于机械制造业中受磨损和受冲击的零件，如曲轴、汽缸套、活塞环、摩擦片、中低压阀门、千斤顶座等
	铸钢（GB11352）	ZG200－400 ZG270－500	ZG—“铸钢”代号 200—屈服强度/（MPa） 400—抗拉强度/（MPa）	用于各种形状的零件，如机座、变速箱座、飞轮、重负荷机座、水压机工作缸等
	碳素结构钢（GB700）	Q215－A Q235－A	Q—“屈”字代号 215—屈服点数值/（MPa） A—质量等级	有较高的强度和硬度，易焊接，是一般机械上的主要材料。用于制造垫圈、铆钉、轻载齿轮、键、拉杆、螺栓、螺母、轮轴等
	优质碳素结构钢（GB699）	15	15—平均含碳量（万分之几）	塑性、韧性、焊接性和冷充性能均良好，但强度较低，用于制造螺钉、螺母、法兰盘及化工储器等
		35		用于强度要求高的零件，如汽轮机叶轮、压缩机、机床主轴、花键轴等
		15Mn 65Mn	15—平均含碳量（万分之几） Mn—含锰量较高	其性能与 15 钢相似，但其塑性、强度比 15 钢高
				强度高，适宜制作大尺寸各种扁弹簧和圆弹簧
	低合金结构钢（GB1591）	15MnV	15—平均含碳量（万分之几） Mn—含锰量较高 V—合金元素钒	用于制作高、中压石油化工容器，桥梁，船舶，起重机等
		16Mn		用于制作车辆、管道、大型容器、低温压力容器、重型机械等

续表

名　称		编　号	说　明	应用举例
有色金属	普通黄铜（GB5232）	H96	H—“黄”铜的代号 96—基体元素铜的含量	用于导管、冷凝管、散热器件、散热片等
		H59		用于一般机器零件、焊接件、热冲及热轧零件等
	铸造锡青铜（GB1176）	ZCuSn10Zn2	Z—“铸”造代号 Cu—基体金属铜元素符号 Sn10—锡元素符号及名义含量（%）	在中等及较高载荷下工作的重要管件以及阀、旋塞、泵体、齿轮、叶轮等
	铸造铝合金（GB1173）	ZAlSi5Cu1Mg	Z—“铸”造代号 Al—基体元素铝元素符号 Si5—锡元素符号及名义含量（%）	用于水冷发动机的汽缸体、汽缸头、汽缸盖、空冷发动机头和发动机曲轴箱等
非金属	耐油橡胶板（GB5574）	3707 3807	37、38—顺序号 07—扯断强度/（kPa）	硬度较高，可在温度为 -30 ~ 100℃的机油、变压器油、汽油等介质中工作，适于冲制各种形状的垫圈
	耐热橡胶板（GB5574）	4708 4808	47、48—顺序号 08—扯断强度/（kPa）	较高硬度，具有耐热性能，可在温度为 30 ~ 100℃且压力不大的条件下于蒸汽、热空气等介质中工作，用作冲制各种垫圈和垫板
	油浸石棉盘根（JC68）	YS350 YS250	YS—“油石”代号 350—适用的最高温度	用于回转轴、活塞或阀门杆上做密封材料，介质为蒸汽、空气、工业用水、重质石油等
	橡胶石棉盘根（JC67）	XS550 XS350	XS—“橡石”代号 550—适用的许高温度	用于蒸汽机、往复泵的活塞和阀门杆上做密封材料
	聚四氟乙烯（PTFE）			主要用于耐腐蚀、耐高温的密封元件，如填料、衬垫、涨圈、阀座，也用作输送腐蚀介质的高温管路、耐腐蚀衬里、容器的密封圈等

四、化工设备的常用标准零部件

1. 椭圆形封头（摘自 JB/T 4737－1995）

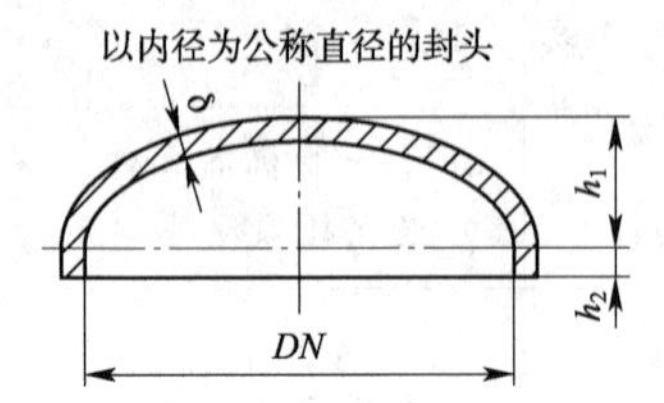

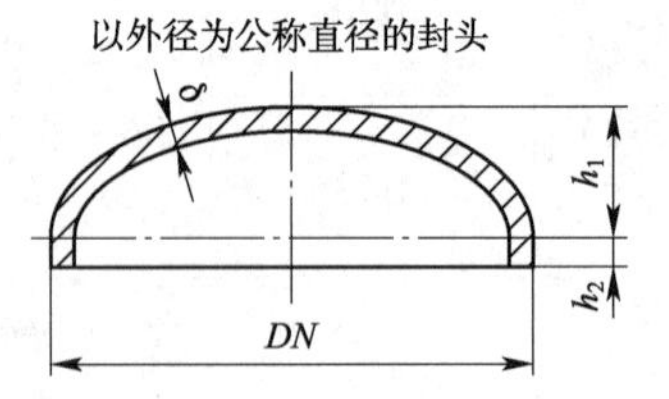

标记示例：椭圆封头　JB/T 4737—1995　DN1200×12—16MnR

（内经为 1200mm、名义厚度 12mm、材料为 16MnR 的椭圆封头）

附表 9　以内径为公称直径的封头　（mm）

公称直径 DN	曲面高度 $h1$	直边高度 $h2$	厚度 δ	公称直径 DN	曲面高度 $h1$	直边高度 $h2$	厚度 δ
300	75	25	4~8	1600	400	25	6~8
350	88	25	4~8			40	10~18
400	100	25	4~8			50	20~42
		40	10~16	1700	425	25	8
450	125	25	4~8			40	10~18
		40	10~18			50	20~50
500	125	25	4~8	1800	450	25	8
		40	10~18			40	10~18
		50	20			50	20~50
550	137	25	4~8	1900	475	25	8
		40	10~18			40	10~18
		50	20~22	2000	500	25	8
600	150	25	4~8			40	10~18
		40	10~18			50	20~50
		50	20~24	2100	525	40	10~14
650	162	25	4~8	2200	550	25	8，9
		40	10~18			40	10~18
		50	20~24			50	20~50
700	175	25	4~8	2300	575	40	10~14
		40	10~18	2400	600	40	10~18
		50	20~24			50	20~50

续表

公称直径 DN	曲面高度 $h1$	直边高度 $h2$	厚度 δ	公称直径 DN	曲面高度 $h1$	直边高度 $h2$	厚度 δ
750	188	25	4 ~ 8	2500	625	40	12 ~ 18
		40	10 ~ 18			50	20 ~ 50
		50	20 ~ 26	2600	650	40	12 ~ 18
800	200	25	4 ~ 8			50	20 ~ 50
		40	10 ~ 18	2800	700	40	12 ~ 18
		50	20 ~ 26			50	20 ~ 50
900	225	25	4 ~ 8	3000	750	40	12 ~ 18
		40	10 ~ 18			50	20 ~ 46
		50	20 ~ 28	3200	800	40	14 ~ 18
1000	250	25	4 ~ 8			50	20 ~ 42
		40	10 ~ 18	3400	850	50	20 ~ 36
		50	20 ~ 30	3500	875	50	12 ~ 38
1100	275	25	6 ~ 8	3600	900	50	20 ~ 36
		40	10 ~ 18	3800	950	50	20 ~ 36
		50	20 ~ 24	4000	1000	50	20 ~ 36
1200	300	25	4 ~ 8	4200	1050	50	12 ~ 38
		40	10 ~ 18	4400	1100	50	12 ~ 38
		50	20 ~ 34	4500	1125	50	20 ~ 38
1300	325	25	6 ~ 8	4600	1150	50	20 ~ 38
		40	10 ~ 18	4800	1200	50	20 ~ 38
		50	20 ~ 24	5000	1250	50	20 ~ 38
1400	350	25	6 ~ 8	5200	1300	50	20 ~ 38
		40	10 ~ 18	5400	1350	50	20 ~ 38
		50	20 ~ 38	5500	1375	50	20 ~ 38
1500	375	25	6 ~ 8	5600	1400	50	20 ~ 38
		40	10 ~ 18	5800	1450	50	20 ~ 38
		50	20 ~ 24	6000	1500	50	20 ~ 38
以外径为公称直径的封头							
159	40	25	4 ~ 8	325	81	25	8
219	55	25	4 ~ 8			40	10 ~ 12
273	68	25	4 ~ 8	377	94	40	10 ~ 12
		40	10 ~ 12	426	106	40	10 ~ 12

注：厚度 δ 系列 4 ~ 50 之间 2 进位。

2. 管路法兰及垫片

凸面板式平焊钢制管法兰
(摘自JB/T 81-1994)

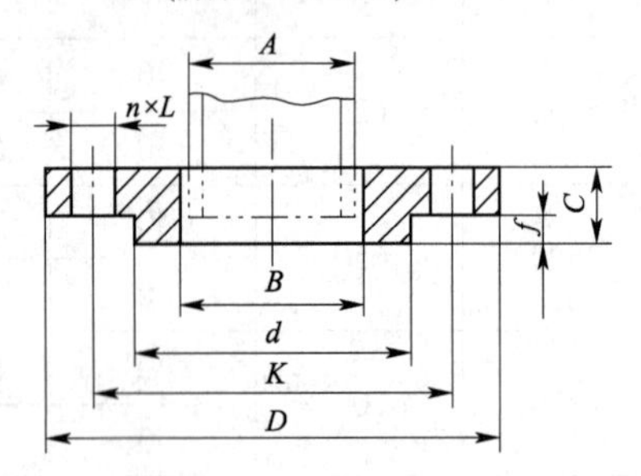

管道法兰用石棉橡胶垫片
(摘自JB/T 87-1994)

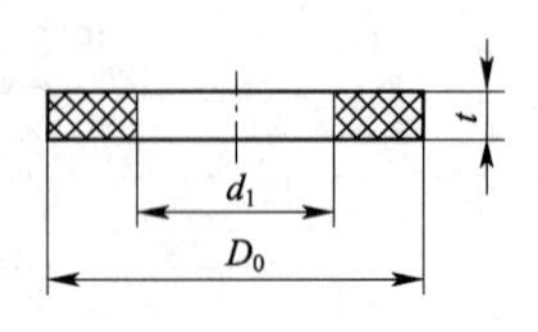

标记示例：法兰 100-1.6 JB/T 81-1994
(公称直径为100mm，公称压力1.6MPa的凸面板式钢制管法兰)

附表10 凸面板式平焊钢制管法兰 (mm)

PN/MPa	公称直径DN	10	15	20	25	32	40	50	65	80	100	125	150	200	250	300
直径																
0.25 0.6 1.0 1.6	管子外径A	14	18	25	32	38	45	57	73	89	108	133	159	219	273	325
	法兰内径B	15	19	26	33	39	46	59	75	91	110	135	161	222	276	328
	密封面厚度f	2	2	2	2	2	3	3	3	3	3	3	3	3	3	4
0.25 0.6	法兰外径D	75	80	90	100	120	130	140	160	190	210	240	265	320	375	440
	螺栓中心直径K	50	55	65	75	90	100	110	130	150	170	200	225	280	335	395
	密封面直径d	32	40	50	60	70	80	90	110	125	145	175	200	255	310	362
1.0 1.6	法兰外径D	90	95	105	115	140	150	165	185	200	220	250	285	340	395	445
	螺栓中心直径K	60	65	75	85	100	110	125	145	160	180	210	240	295	350	400
	密封面直径d	40	45	55	65	78	85	100	120	135	155	185	210	265	320	368
厚度																
0.25	法兰厚度C	10	10	12	12	12	12	14	12	14	14	14	16	18	22	22
0.6		12	12	14	14	16	16	16	16	16	18	20	20	22	24	24
1.0		12	12	14	14	16	16	18	20	20	22	24	24	24	26	28
1.6		14	14	16	18	18	20	22	24	24	26	28	28	30	32	32

续表

螺栓																
0.25，0.6	螺栓数量（n）	4	4	4	4	4	4	4	4	4	4	8	8	8	12	12
1.0		4	4	4	4	4	4	4	4	4	8	8	8	8	12	12
1.6		4	4	4	4	4	4	4	4	8	8	8	8	12	12	12
0.25 0.6	螺栓孔直径（L）	12	12	12	12	14	14	14	14	18	18	18	18	18	18	23
	螺栓规格	M10	M10	M10	M10	M12	M12	M12	M12	M16	M16	M16	M16	M16	M16	M20
1.0	螺栓孔直径（L）	14	14	14	14	18	18	18	18	18	18	18	23	23	23	23
	螺栓规格	M12	M12	M12	M12	M16	M16	M16	M16	M16	M16	M16	M20	M20	M20	M20
1.6	螺栓孔直径（L）	14	14	14	14	18	18	18	18	18	18	18	23	23	26	26
	螺栓规格	M12	M12	M12	M12	M16	M16	M16	M16	M16	M16	M16	M20	M20	M24	M24
管路法兰用石棉橡胶垫片																
0.25，0.6	垫片外径（D_0）	38	43	53	63	76	86	96	116	132	152	182	207	262	317	372
1.0		46	51	61	71	82	92	107	127	142	162	192	217	272	327	377
1.6		46	51	61	71	82	92	107	127	142	162	192	217	272	330	385
垫片内径（d_1）		14	18	25	32	38	45	57	76	89	108	133	159	219	273	325
垫片厚度（t）		2														

3. 设备法兰及垫片

甲型平焊法兰(平密封面)
(摘自JB 4701-2000)

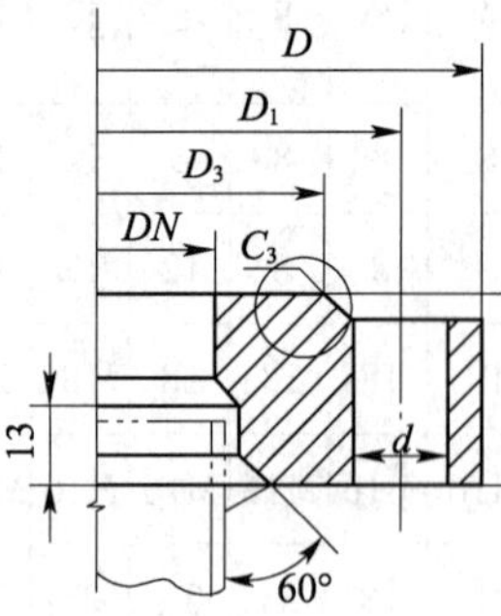

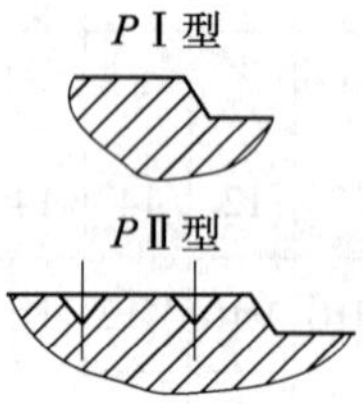

非金属软垫片
(摘自JB 4704-2000)

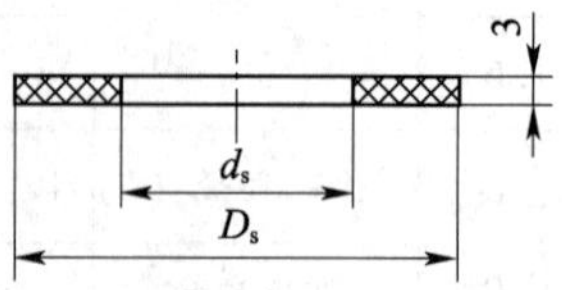

标记示例：法兰 - PⅡ 600 - 1.0 JB/T 4701 - 1992
(压力容器法兰，公称直径600mm，公称压力1.0MPa，密封面为PⅡ型平密封面的甲型平焊法兰)

附表11 设备法兰及垫片 (mm)

公称直径 DN	甲型平焊法兰					螺柱		非金属软垫片	
	D	*D*1	*D*3	*δ*	*d*	规格	数量	*D*s	ds
PN = 0.25MPa									
700	815	780	740	36	18	M16	28	739	703
800	915	880	840	36			32	839	803
900	1015	980	940	40			36	939	903
1000	1130	1090	1045	40	23	M20	32	1044	1004
1200	1330	1290	1241	44			36	1240	1200
1400	1530	1490	1441	46			40	1440	1400
1600	1730	1690	1641	50			48	1640	1600
1800	1930	1890	1841	56			52	1840	1800
2000	2130	2090	2041	60			60	2040	2000
PN = 0.6MPa									
500	615	580	540	30	18	M16	20	539	503
600	715	680	640	32			24	639	603
700	830	790	745	36	23	M20	24	744	704
800	930	890	845	40			24	844	804
900	1030	990	945	44			32	944	904
1000	1130	1090	1045	48			36	1044	1004
1200	1300	1290	1241	60			52	1240	1200

续表

公称直径 DN	甲型平焊法兰					螺柱		非金属软垫片	
	D	*D*1	*D*3	*δ*	*d*	规格	数量	*D*s	ds
PN = 1. 0MPa									
300	415	380	340	26	18	M16	16	339	303
400	515	480	440	30			20	439	403
500	630	590	545	34	23	M20	20	544	504
600	730	690	645	40			24	644	604
700	830	790	745	46			32	744	704
800	930	890	845	54			40	844	804
900	1030	990	945	60			48	944	904
PN = 1. 6MPa									
300	430	390	345	30	23	M20	16	344	304
400	530	490	445	36			20	444	404
500	630	590	545	44			28	544	504
600	730	690	645	54			40	644	604

4. 人孔与手孔

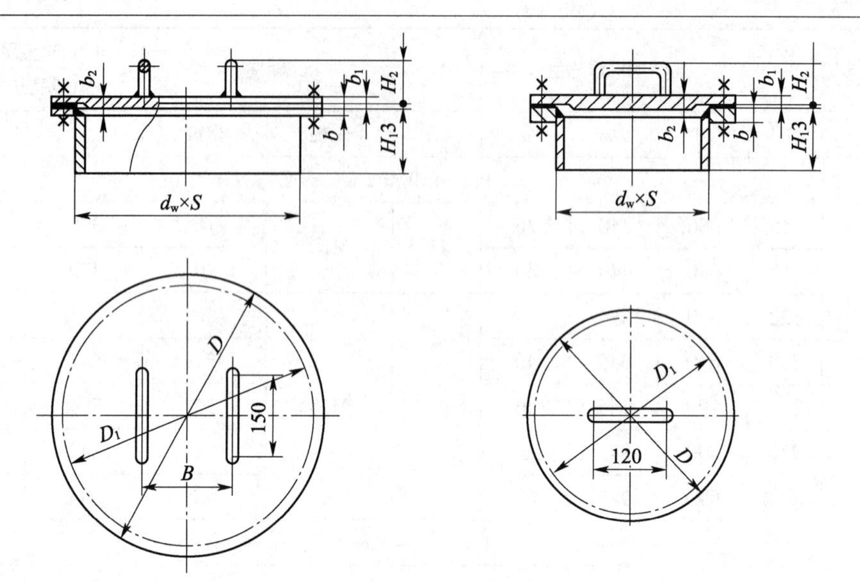

标记示例：人孔（A—XB350）450　HG/T 21515—2005

（公称直径DN450、H_1 =160、采用石棉橡胶板垫片的常压人孔）

标记示例：手孔（A—XB350）250　HG/T 21528—2005

（公称直径DN250、H_1 =120、采用石棉橡胶板垫片的常压手孔）

附表12　人孔与手孔　（mm）

密封面形式	公称直径	$d_w×S$	D	D1	b	b1	b2	H1	H2	B	螺栓		总质量(kg)
											数量	规格	
常压人孔													
全平面	(400)	426×6	515	480	14	10	12	150	90	250	16	M16×50	37.0
	450	480×6	570	535	14	10	12	160	90	250	20	M16×50	44.4
	500	530×6	620	585	14	10	12	160	92	300	20	M16×50	50.5
	600	630×6	720	685	16	12	14	180	92	300	24	M16×50	74.0
常压手孔													
全平面	150	159×4.5	235	205	10	6	8	100	72	—	8	M16×40	6.57
	250	273×8	350	320	12	8	10	120	74	—	12	M16×45	16.3

注：1. 人（手）孔高度H_1系根据容器的直径不小于人（手）孔公称直径的两倍而定；如有特殊要求，允许改变，但需注明改变后的H_1尺寸，并修正人（手）孔总质量。

2. 表中带括号的公称直径尽量不采用。

5. 鞍式支座（摘自 JB/T 4712－1992）

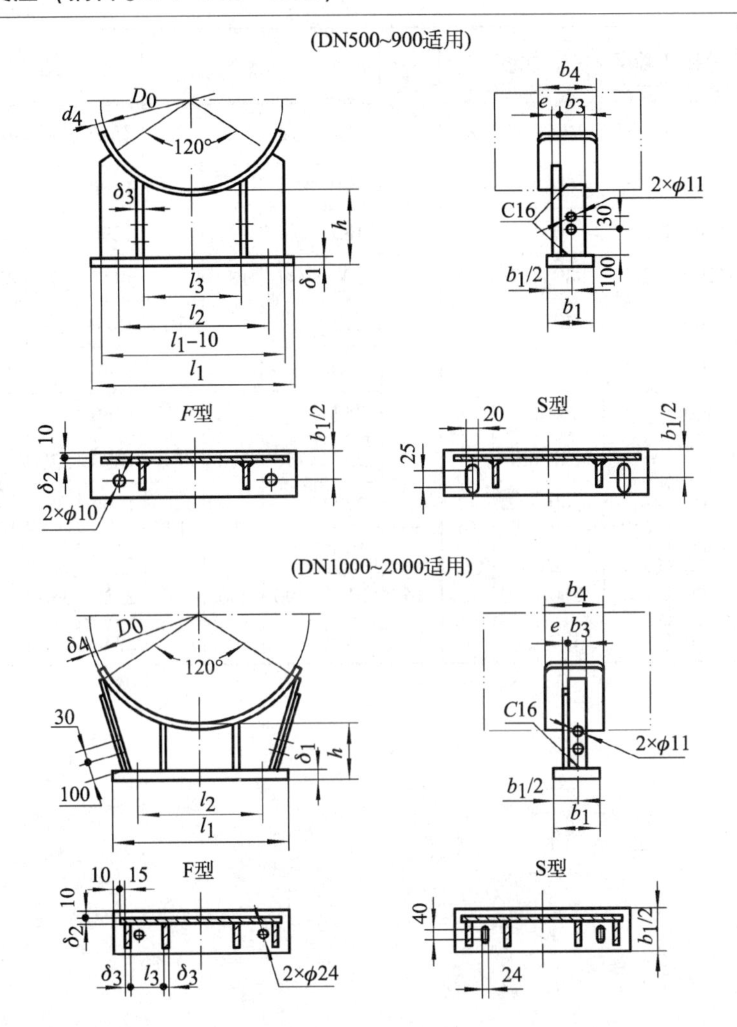

标记示例：鞍座　BⅤ500-F　JB/T 4712-1992

（公称直径 DN500mm，包角 120°、重型不带垫板、标准尺寸的固定式鞍座）

附表 13　鞍 式 支 座　　　　（mm）

形式特征	公称直径 DN	鞍座高度 h	底板 l_1	底板 b_1	底板 δ_1	腹板 δ_2	肋板 l_3	肋板 b_2	肋板 b_3	肋板 δ_3	垫板 弧长	垫板 b_4	垫板 δ_4	垫板 e	螺栓间距 l_2
	500		460				250				590				330
	550		510				275				650				360
	600		550			8	300			8	710				400
DN500－900 120°包角 重型带垫板或 不带垫板	650	200	590	150	10		325	—	120		770	200	6	36	430
	700		640				350				830				460
	800		720			10	400			10	940				530
	900		810				450				1060				590

续表

<table>
<tr><th rowspan="2">形式特征</th><th rowspan="2">公称直径DN</th><th rowspan="2">鞍座高度h</th><th colspan="3">底板</th><th rowspan="2">腹板δ2</th><th colspan="4">肋板</th><th colspan="4">垫板</th><th>螺栓间距</th></tr>
<tr><th>l1</th><th>b1</th><th>δ1</th><th>l3</th><th>b2</th><th>b3</th><th>δ3</th><th>弧长</th><th>b4</th><th>δ4</th><th>e</th><th>l2</th></tr>
<tr><td rowspan="11">DN1000－2000
120°包角
重型带垫板
或不带垫板</td><td>1000</td><td rowspan="5">200</td><td>760</td><td rowspan="5">170</td><td rowspan="5">12</td><td rowspan="2">8</td><td>170</td><td rowspan="5">140</td><td rowspan="5">180</td><td rowspan="2">8</td><td>1180</td><td rowspan="5">270</td><td rowspan="5">80</td><td rowspan="11">40</td><td>600</td></tr>
<tr><td>1100</td><td>820</td><td>185</td><td>1290</td><td>660</td></tr>
<tr><td>1200</td><td>880</td><td rowspan="3">10</td><td>200</td><td rowspan="3">10</td><td>1410</td><td>720</td></tr>
<tr><td>1300</td><td>940</td><td>215</td><td>1520</td><td>780</td></tr>
<tr><td>1400</td><td>1000</td><td>230</td><td>1640</td><td>840</td></tr>
<tr><td>1500</td><td rowspan="6">250</td><td>1060</td><td rowspan="3">200</td><td rowspan="6">16</td><td rowspan="3">12</td><td>242</td><td rowspan="3">170</td><td rowspan="3">230</td><td rowspan="6">12</td><td>1760</td><td rowspan="3">320</td><td rowspan="6">10</td><td>900</td></tr>
<tr><td>1600</td><td>1120</td><td>257</td><td>1870</td><td>960</td></tr>
<tr><td>1700</td><td>1200</td><td>277</td><td>1990</td><td>1040</td></tr>
<tr><td>1800</td><td>1280</td><td rowspan="3">220</td><td rowspan="3">14</td><td>296</td><td rowspan="3">190</td><td rowspan="3">260</td><td>2100</td><td rowspan="3">350</td><td>1120</td></tr>
<tr><td>1900</td><td>1360</td><td>316</td><td>2220</td><td>1200</td></tr>
<tr><td>2000</td><td>1420</td><td>331</td><td>2330</td><td>1260</td></tr>
</table>

6. 耳式支座（摘自 JB/T 4725－1992）

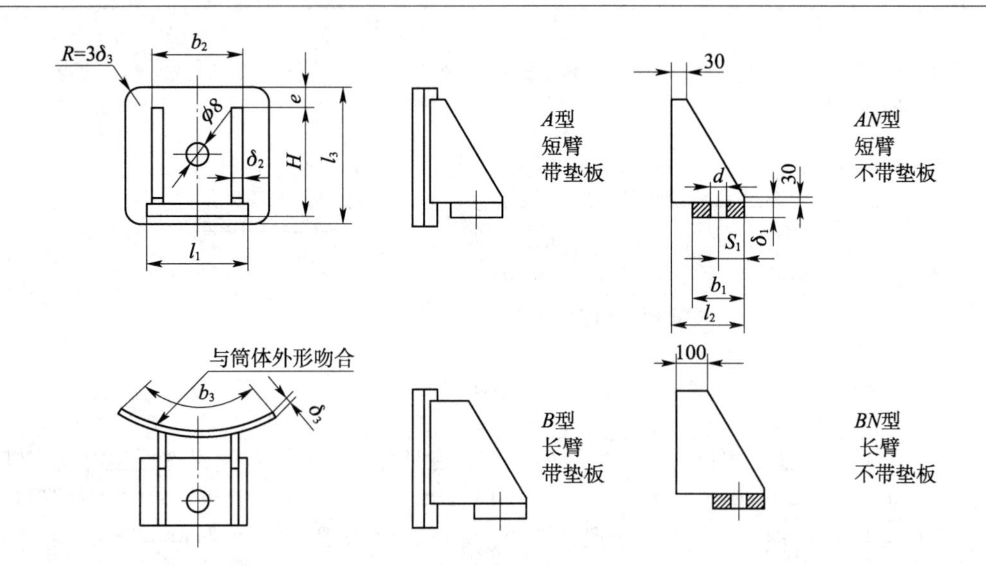

标记示例 JB/T 4725—1992　耳座 B3　$\delta_3=12$

（B 型，带垫板，垫板厚度为 12 的 3 号耳式支座）（δ_3 与标准尺寸相同时不必注明）

附表 14　耳式支座　（mm）

支座号			1	2	3	4	5	6	7	8
适用容器公称直径 DN			300 ~ 600	500 ~ 1000	700 ~ 1400	1000 ~ 2000	1300 ~ 2600	1500 ~ 3000	1700 ~ 3400	2000 ~ 4000
高度 H			125	160	200	250	320	400	480	600
底板	$l1$		100	125	160	200	250	315	375	480
	$b1$		60	80	105	140	180	230	280	360
	$\delta 1$		6	8	10	14	16	20	22	26
	$S1$		30	40	50	70	90	115	130	145
肋板	$l2$	A、AN 型	80	100	125	160	200	250	300	380
		B、BN 型	160	180	205	290	330	380	430	510
	$\delta 2$	A、AN 型	4	5	6	8	10	12	14	16
		B、BN 型	5	6	8	10	12	14	16	18
	$b2$		80	100	125	160	200	250	300	380
垫板	$l3$		160	200	250	315	400	500	600	700
	$b3$		125	160	200	250	320	400	480	600
	$\delta 3$		6	6	8	8	10	12	14	16
	e		20	24	30	40	48	60	70	72
地脚螺栓	d		24	24	30	30	30	36	36	36
	规格		M20	M20	M24	M24	M25	M30	M30	M30

7. 补强圈（摘自 JB/T 4736－2002）

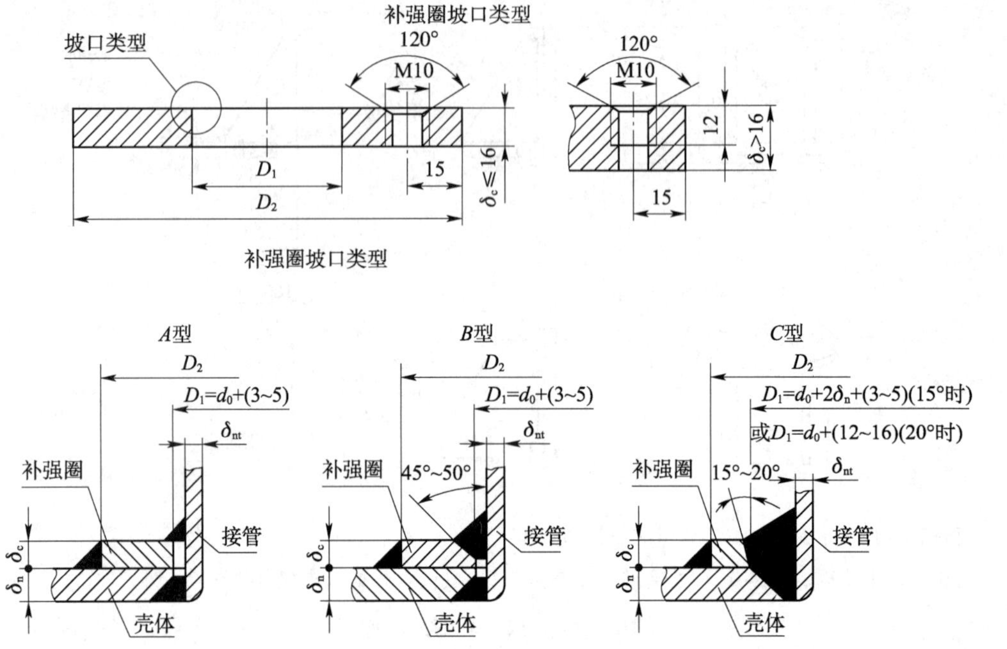

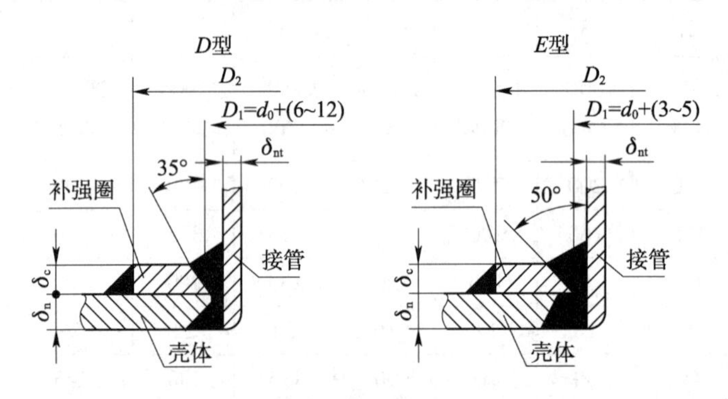

标记示例：DN100x8—D—Q235—B　JB/T 4736—2002

（接管公称直径 100mm、补强圈厚度为 8mm、坡口类型为 D 型、材质为 Q235—B 的补强圈）

附表 15　补　强　圈　　（mm）

接管公称直径 *DN*	50	65	80	100	125	150	175	200	225	250	300	350	400	450	500	600
外径 D_2	130	160	180	200	250	300	350	400	440	480	550	620	680	760	840	980
内径 D_1	按补强圈坡口类型确定															
厚度系列 δ_c	4，6，8，10，12，14，16，18，20，22，24，26，28，30															

六、化工工艺图的代号和图例

附表 16 化工工艺图常见设备的代号和图例（摘自 HG/T 20519.31－1992）

名称	符号	图例	名称	符号	图例
容器	V	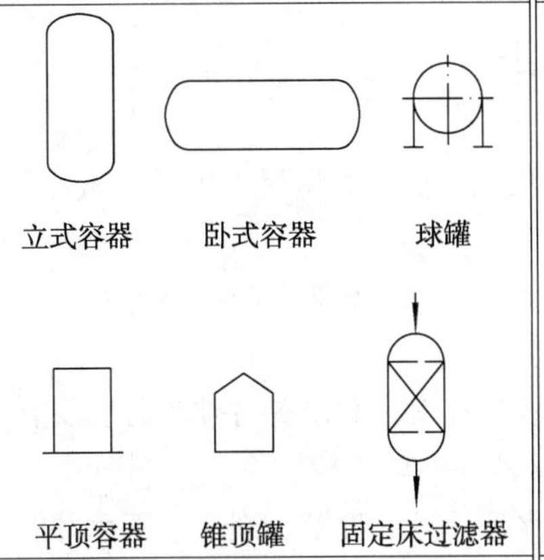 立式容器 卧式容器 球罐 平顶容器 锥顶罐 固定床过滤器	压缩机	C	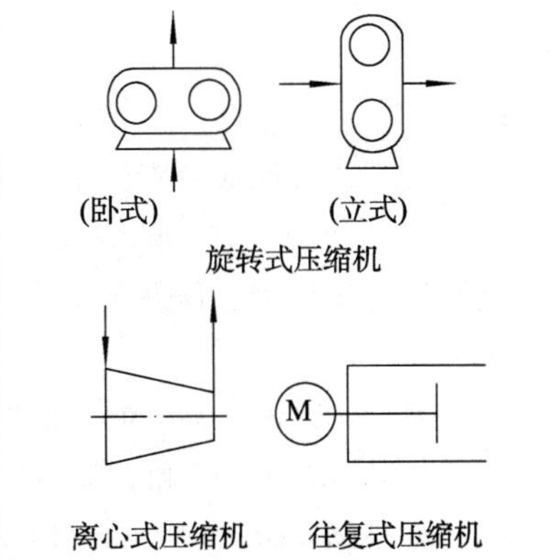 (卧式) (立式) 旋转式压缩机 离心式压缩机 往复式压缩机
塔器	T	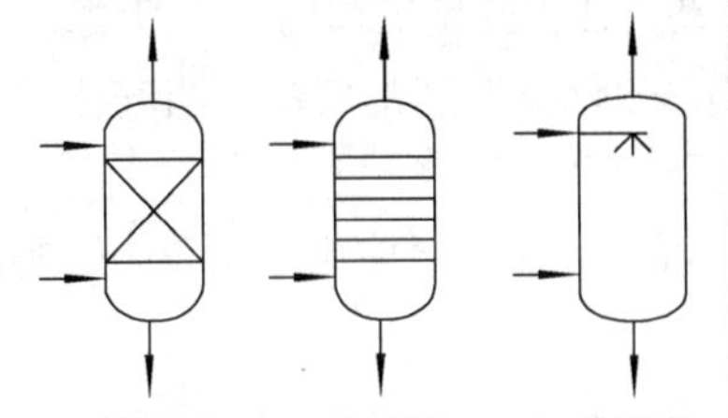 填料塔 板式塔 喷洒塔	工业炉	F	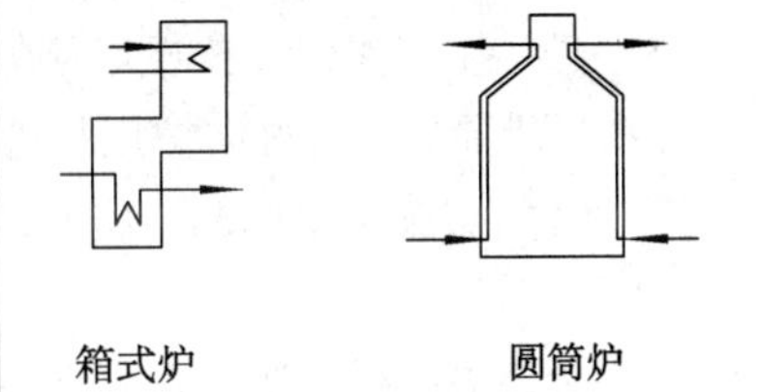 箱式炉 圆筒炉
换热器	E	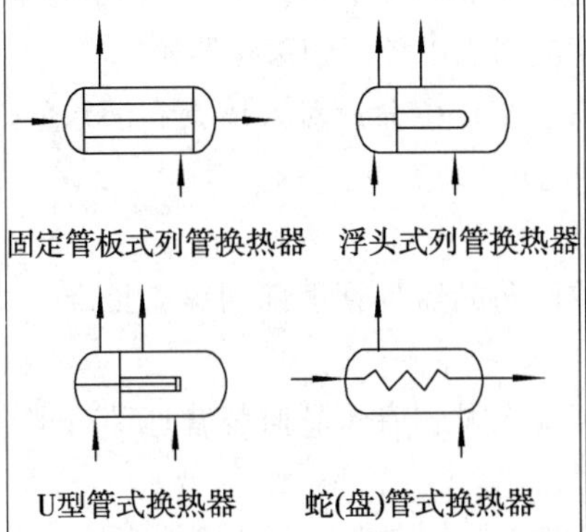 固定管板式列管换热器 浮头式列管换热器 U型管式换热器 蛇(盘)管式换热器	泵	P	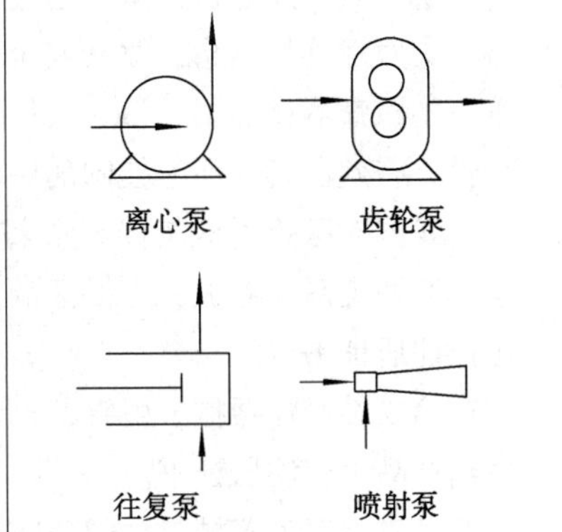 离心泵 齿轮泵 往复泵 喷射泵
确定反应器	R	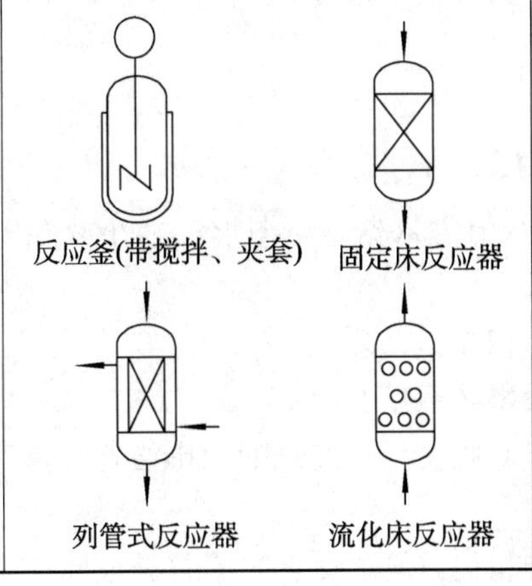 反应釜(带搅拌、夹套) 固定床反应器 列管式反应器 流化床反应器	其他机械	M	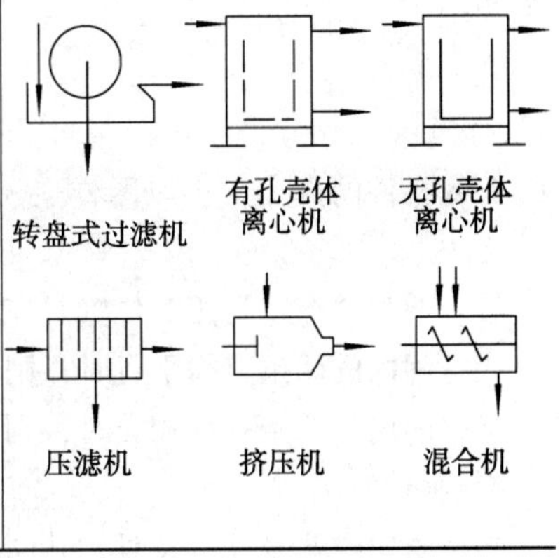 转盘式过滤机 有孔壳体离心机 无孔壳体离心机 压滤机 挤压机 混合机

目标检测参考答案

项目一

1. 略
2. 答：（1）加强明火管理，不将火柴、打火机或其他引火物带入生产车间，在生产厂区内不吸烟。

   （2）不穿带钉子的鞋进入易燃易爆车间；手持工具时不随便敲敲打打；不在厂房内投掷工具零件。

   （3）不使用汽油等易燃液体擦洗设备、用具和衣物；不在室内排放易燃及有毒的液体和气体；不将清洗易燃和有毒物料设备的清洗渣在室内排放。

   （4）在易燃易爆车间内动火检修，要办动火证；进入设备、地沟、下水井时要事先分析可燃物、毒物的液体含氧量；养成认真检查动火证再开始工作的工作习惯。

   （5）进入生产岗位，按规定穿戴劳动保护用品。注意车间的气味，当气味异常时要检查出物料泄漏处，带好防护用品进行处理。
3. 答：（1）实施全身麻醉：将麻醉气体与氧气混合后输入气体循环系统，输送给患者以完成麻醉。

   （2）为患者提供呼吸管理：向患者提供氧、吸入麻醉药及进行呼吸管理。
4. 答：第一类医疗器械是指，通过常规管理足以保证其安全性、有效性的医疗器械。

   第二类医疗器械是指，对其安全性、有效性应当加以控制的医疗器械。

   第三类医疗器械是指，植入人体；用于支持、维持生命；对人体具有潜在危险，对其安全性、有效性必须严格控制的医疗器械。
5. 答：我国对医疗器械实行产品生产注册制度。

   生产第一类医疗器械，由设区的市级人民政府药品监督管理部门审查批准，并发给产品生产注册证书。

   生产第二类医疗器械，由省、自治区、直辖市人民政府药品监督管理部门审查批准，并发给产品生产注册证书。

   生产第三类医疗器械，由国务院药品监督管理部门审查批准，并发给产品生产注册证书。
6. 略

项目二

1. 答：机件的真实大小以图样上所注的尺寸数值为依据，与图形的大小及绘图的准确度无关。
2. 答：两直线在空间相对位置有三种：平行、相交、交叉。

   当空间内的两条直线平行时，则其各同名投影必相互平行。

   当空间内的两条直线相交时，则其同名投影必相交，且交点的投影必符合空间一点的投影规律。

   当空间内的两直线交叉时，其同名投影可能相交，但“交点”不符合空间一个点的投影规律。

3. 答：平面在三投影面体系中分三种：一般位置面、垂直面、平行面。
   一般位置面不反映平面图形的实形，没有积聚性，均为类似形。
   垂直面有一面投影积聚成直线，其他两面为类似形。
   平行面有一面投影反映实形，其他两面积聚成直线。
4. 答：平面与圆柱相交有三种情况：①截平面平行于轴线，交线为平行于轴线的两条直线。②截平面垂直于轴线，交线为圆。③截平面倾斜于轴线，交线为椭圆。
5. 答：平面与圆锥面的交线有：三角形、圆、椭圆、抛物线加直线段、双曲线加直线段。
   椭圆截交线方法：素线法、纬圆法。
6. 答：三视图的投影特性：长对正、高平齐、宽相等。
7. 答：组合体的组合形式：叠加型、切割型、综合型。
   各基本体表面间连接关系有：平齐、相交、相切。
8. 答：在轴测投影中，直角坐标轴的轴测投影称为轴测轴；轴测轴之间的夹角称为轴测角；轴测轴上的单位长度与相应坐标轴上的单位长度的比值称为轴向伸缩系数。
9. 答：正等轴测投影的投射方向 S 垂直于轴测投影面 P，且确定物体空间位置的三个坐标平面与轴测投影面均倾斜，其上的三根直角坐标轴与轴测投影面的倾角均相等，物体上平行于三个坐标平面的平面图形的正等轴测投影的形状和大小的变化均相同，因此，物体的正等轴投影的立体感很强。
   斜二轴测图投射方向 S 倾斜于轴测投影面 P，使确定物体位置的一个坐标平面 XOZ（既令坐标轴 OZ 处于铅垂位置的正面）平行于轴测投影面 P，则坐标平面 XOZ 上的两根直角坐标轴 OX、OZ 也都平行于轴测投影面 P，则轴测轴 OX、OZ 分别仍为水平、铅直方向，且它们的轴向伸缩系数均为 1，既 $p=r=1$。
10. 答：剖视图常用的有三种：全剖视、半剖、局剖。
    全剖视适用范围为外形较简单，内形较复杂，而图形又不对称的形体。
    半剖适用于形状基本对称的机件。
    局部剖适用于：只有局部内形需要剖切表示，而又不宜采用全剖视图时；当不对称机件的内、外形都需要表达时；当对称机件的轮廓线与中心线重合，不宜采用半剖视图时；实心杆上有孔、槽时，应采用局部剖视。

项目三

1. 答：

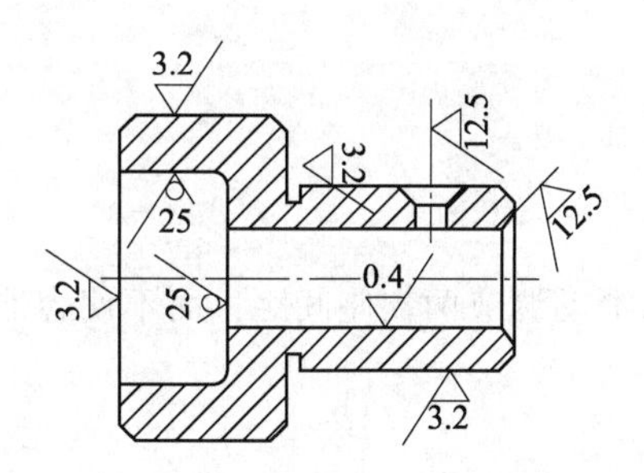

2. 答：（1） +0.021、0、0.021

（2） -0.020、-0.041、0.021

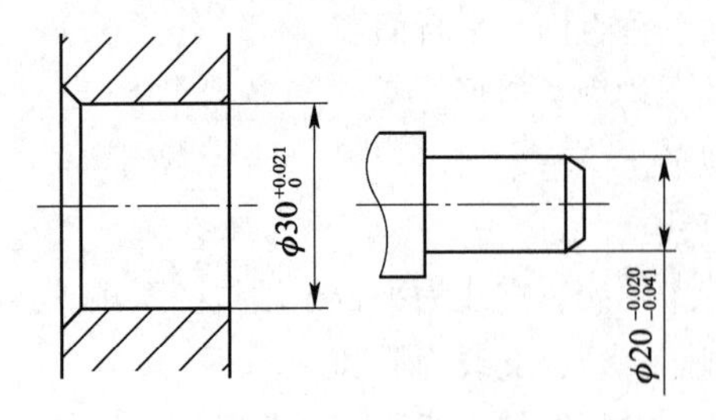

3. 答：

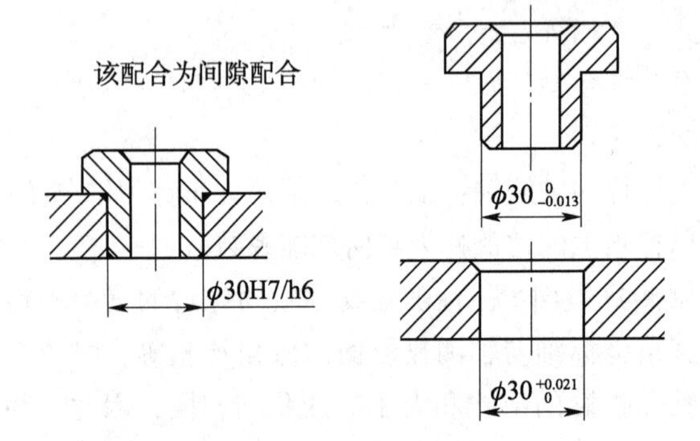

4. 答：

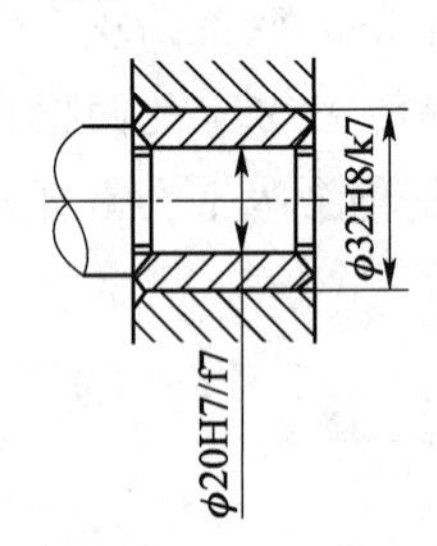

5. 答：（1）ϕ100h6 的圆柱、圆跳动、0.015、ϕ15p7 孔的轴线

（2）ϕ100h6 的圆柱表面、圆度、0.004、无

（3）零件左（右）端面、平行度、0.01、零件右（左）端面

项目四

1. 答：（1）储罐、DN1400

（2）15、11、6

（3）2、主视、局部、简化

（4）焊接、焊接

（5）固定、滑动、紧固

容器因温差膨胀或收缩时，S 型滑动式支座可以滑动调节两支座间距，而不使容器受附加应力作用。

（6）d、a、常压

（7）1820、定位、定位、定形

（8）Q235－A、10号钢

（9）进行内部清理、安装、检修

2. 答：（1）23、13、7

（2）0.15MPa、0.3MPa、55℃、20℃、17m^2

（3）两、主、左、全剖、半剖

（4）F、S

F型、S型经常配对使用，其目的是容器因温差膨胀或收缩时，S型滑动式支座可以滑动调节两支座间距，而不使容器受附加应力作用。

（5）1、封头、筒体、筒体、接管、管板

（6）98、1510、2.5、水、料气、（略）

（7）400、408、~1840、700

（8）焊接、2、法兰

3. 答：（略）

项目五

一、

1. 细实线，左，右，上，下，带箭头的细实线，物料流向
2. 设备类别代号，车间或工段号，设备序号，相同设备序号
3. 粗实线，箭头，起点，终点
4. 表格，物料衡算和能量衡算
5. 带控制点，施工标题栏，设备示意图，管道流程线，说明图例

二、

1. 设备代号T（板式精馏塔）；主项编号03；同类设备序号06；相同设备数量尾号A
2. PL工艺流体；主项目编号02；管道序号06；管道规格200；管道等级B1B，其中第一个B为公称压力代号（300Lb），1为管道材料等级顺序号，后一个B为管道材质类别代号（碳钢）；H为绝热代号（保湿）。
3. T被测变量代号（温度）；RS功能字母代号（记录、开关）；工段号06；序号05
4. 四通球阀
5. 隔膜阀
6. 螺纹管帽
7. 法兰连接
8. CWR常用物料代号（循环冷却回水）；主项目编号02；管道序号06；196×3中外径196，壁厚3；B管道材料代号（碳钢）

教学大纲

（供药学、中药学、药品生产技术专业用）

一、课程任务

《化工制图技术》在药品生产技术专业人才培养方案中属于技能训练课，课程主要讲授制图国家标准的有关规定，正投影法的基本理论、方法和应用，流程图、零件图、设备图的绘制与阅读等内容。本课程的任务是培养学生的空间想象能力、图示能力、读图能力，树立国家标准的法规意识，培养学生综合运用所学知识解决实际问题的能力、独立工作的能力和创新意识。

二、课程目标

1. 了解国家对制图技术的基本规定。
2. 掌握平面绘图的基础知识。
3. 会绘制物体的三视图、轴测图。
4. 掌握零件图的绘制及阅读方法。
5. 掌握表达化工设备的基本方法和技能。
6. 掌握工艺流程图中各种图例的绘制方法，会绘制带工艺质量控制点的生产工艺流程图。
7. 具备良好的职业道德修养，能遵守职业道德规范；能灵活处理现场出现的各种特殊情况，具有合作精神和协调能力，有责任心；具有一定的分析能力，善于总结经验和创新。

三、教学时间分配

教学内容	学时数		
	理论	实践	合计
一、设备的认识	0	4	4
二、识图基础	0	36	36
三、零件图的绘制与阅读	0	10	10
四、化工设备图的绘制与阅读	0	12	14
五、工艺流程图的绘制与阅读	0	8	8
合　计	0	72	72

四、教学内容与要求

项目	教学内容	教学要求	教学活动建议	参考学时	
				理论	实践
一、设备的认识	（一）典型设备的认识	掌握	多媒体演示		2
	（二）对企业的了解	熟悉	讨论		2
二、识图基础	（一）常用绘图工具的使用	熟悉	技能实践		4
	（二）国家标准的有关规定及平面绘图	了解	技能实践		4
	（三）平面图形的绘制	掌握	技能实践		8
	（四）投影基础知识	掌握	多媒体演示		8
	（五）轴测图的绘制	了解	技能实践		4
	（六）物体的表达方法	熟悉	技能实践		8

续表

项目	教学内容	教学要求	教学活动建议	参考学时	
				理论	实践
三、零件图的绘制与阅读	(一)零件图的表达方案	了解	讨论		2
	(二)零件图的视图选择	掌握	技能实践		2
	(三)零件图的尺寸标注	掌握	技能实践		2
	(四)零件图上的技术要求	掌握			2
	(五)读零件图	熟悉	技能实践		2
四、化工设备图的绘制与阅读	(一)化工设备的结构特点和各部分名称	了解	多媒体演示		2
	(二)化工设备图的表达方法及简化画法	熟悉	技能实践		2
	(三)阅读化工设备图	掌握	技能实践		2
	(四)绘制化工设备图	掌握	技能实践		8
五、工艺流程图的绘制与阅读	(一)工艺流程图的分类及流程框图的绘制	了解	技能实践		2
	(二)方案流程图的绘制及阅读	掌握	技能实践		2
	(三)工艺管道及仪表流程图的绘制及阅读	熟悉	技能实践		4

五、大纲说明

(一)适用专业及参考学时

本教学大纲主要供药学、中药学、药品生产技术专业教学使用。总学时为72学时，本课程为理实一体化课程。

(二)教学要求

本课程为理论与实践一体化课程，我们采用的是边练边讲的教学组织形式。要求学生能够熟练运用所学会的技能，充分利用学校的实训条件，独立思考绘制方法，动手测量，根据实际绘图并能读懂各类图纸。

(三)教学建议

1.《化工制图技术》这门课着重阐明识读和绘制图样的基本理论和方法，突出制图为主、读画结合的特点，但学生由于缺乏空间想象能力，学习起来普遍感到很困难，往往产生畏惧情绪。几周下来，有些学生甚至还没入门，学生的学习情况参差不齐，直接影响教学效果。在教学中需要根据不同学生、不同的教学内容，大胆实验创新，选择合适的教学方法，激发学生兴趣，培养空间想象能力，把知识化难为易，起到事半功倍的教学效果。

(1)课上学生动手实践　让学生自己动手实践找结论，不但易于学生记忆而且理解得会比较透彻。项目二中的投影基础，是从立体图到平面转化的基础，也是提高看图和绘图能力的关键。这部分内容比较抽象不容易理解，因此可在讲课时让学生自己动手从实践中找结论。

(2)学生自由讨论，激发创新思维　以讨论形式解决问题既可以活跃课堂气氛，又可以调动学生的主动性和积极性，激发他们的学习兴趣，并可培养他们的创造性思维。制图课里有些问题的答案往往不是唯一的，也不可能是唯一的，有些问题的解决只有最合理的方法，没有绝对的对错之分，这样的问题用讨论形式解决比较好。如“零件图的表达方案”这部分内容采用讨论形式效果明显。因为表达方案比较多，对于某个零件来说，可能有好几种表达方案，而用哪一种表达方案比较合适，这就可以通过讨论来解决了。

（3）分层教学，让学生尝试成功的喜悦　化工制图技术主要是以看图、画图为主，不管是画图还是看图，都要有良好的空间想象能力，而有的同学立体感比较强，对立体图一看便知，有的同学立体感比较弱，连最基本的正方形都看不懂。例如练习三视图的画法时，把一些模型发给同学，立体感强的同学，很快就画出来，而那些立体感差的同学绘图效果较差。这样的课可采用分层教学。所谓分层教学就是根据学生不同的学习基础和个性差异，提出不同的学习要求，通过学习，使每个学生都能获得成功的喜悦，从而对下面的学习产生兴趣。还是以学习“三视图的练习”为例，首先，按学生学习基础和空间想象能力分成三个层次，并在课前准备了三类不同层次的木模，一类为最简单的正方类，一类为以“方形-方形”为主的叠加类，一类为切割类（或带斜面），放在同一箱中。然后，在课堂中，把不同的木模分发给相应层次的学生，让他们分别画出三视图。结果几乎所有的学生都能正确地画出。

2. 考核方法可采用集中考核与日常考核相结合的方法，具体可采用：考勤、作业、测验、讨论、实践、综合评定等多种方法。

元素周期表

原子序数 — 92 U — 元素符号，红色指放射性元素

元素名称 注*的是人造元素 — 铀

外围电子层排布，括号指可能的电子层排布 — $5f^3 6d^1 7s^2$

相对原子质量（加括号的数据为该放射性元素半衰期最长同位素的质量数） — 238.0

金 属 | 非金属 | 稀有气体 | 过渡元素

族 周期	I A 1	II A 2	III B 3	IV B 4	V B 5	VI B 6	VII B 7	VIII 8	VIII 9	VIII 10	I B 11	II B 12	III A 13	IV A 14	V A 15	VI A 16	VII A 17	0 18	电子层	0族电子数
1	1 H 氢 $1s^1$ 1.008																	2 He 氦 $1s^2$ 4.003	K	2
2	3 Li 锂 $2s^1$ 6.941	4 Be 铍 $2s^2$ 9.012											5 B 硼 $2s^2 2p^1$ 10.81	6 C 碳 $2s^2 2p^2$ 12.01	7 N 氮 $2s^2 2p^3$ 14.01	8 O 氧 $2s^2 2p^4$ 16.00	9 F 氟 $2s^2 2p^5$ 19.00	10 Ne 氖 $2s^2 2p^6$ 20.18	L K	8 2
3	11 Na 钠 $3s^1$ 22.99	12 Mg 镁 $3s^2$ 24.31											13 Al 铝 $3s^2 3p^1$ 26.98	14 Si 硅 $3s^2 3p^2$ 28.09	15 P 磷 $3s^2 3p^3$ 30.96	16 S 硫 $3s^2 3p^4$ 32.06	17 Cl 氯 $3s^2 3p^5$ 35.45	18 Ar 氩 $3s^2 3p^6$ 39.95	M L K	8 8 2
4	19 K 钾 $4s^1$ 39.10	20 Ca 钙 $4s^2$ 40.08	21 Sc 钪 $3d^1 4s^2$ 44.96	22 Ti 钛 $3d^2 4s^2$ 47.87	23 V 钒 $3d^3 4s^2$ 50.94	24 Cr 铬 $3d^5 4s^1$ 52.00	25 Mn 锰 $3d^5 4s^2$ 54.94	26 Fe 铁 $3d^6 4s^2$ 55.85	27 Co 钴 $3d^7 4s^2$ 58.93	28 Ni 镍 $3d^8 4s^2$ 58.69	29 Cu 铜 $3d^{10} 4s^1$ 63.55	30 Zn 锌 $3d^{10} 4s^2$ 65.39	31 Ga 镓 $4s^2 4p^1$ 69.72	32 Ge 锗 $4s^2 4p^2$ 72.64	33 As 砷 $4s^2 4p^3$ 74.92	34 Se 硒 $4s^2 4p^4$ 78.96	35 Br 溴 $4s^2 4p^5$ 79.90	36 Kr 氪 $4s^2 4p^6$ 83.80	N M L K	8 18 8 2
5	37 Rb 铷 $5s^1$ 85.47	38 Sr 锶 $5s^2$ 87.62	39 Y 钇 $4d^1 5s^2$ 88.91	40 Zr 锆 $4d^2 5s^2$ 91.22	41 Nb 铌 $4d^4 5s^1$ 92.91	42 Mo 钼 $4d^5 5s^1$ 95.94	43 Tc 锝 $4d^5 5s^2$ 〔98〕	44 Ru 钌 $4d^7 5s^1$ 101.1	45 Rh 铑 $4d^8 5s^1$ 102.9	46 Pd 钯 $4d^{10}$ 106.4	47 Ag 银 $4d^{10} 5s^1$ 107.9	48 Cd 镉 $4d^{10} 5s^2$ 112.4	49 In 铟 $5s^2 5p^1$ 114.8	50 Sn 锡 $5s^2 5p^2$ 118.7	51 Sb 锑 $5s^2 5p^3$ 121.8	52 Te 碲 $5s^2 5p^4$ 127.6	53 I 碘 $5s^2 5p^5$ 126.9	54 Xe 氙 $5s^2 5p^6$ 131.3	O N M L K	8 18 18 8 2
6	55 Cs 铯 $6s^1$ 132.9	56 Ba 钡 $6s^2$ 137.3	57~71 La~Lu 镧 系	72 Hf 铪 $5d^2 6s^2$ 178.5	73 Ta 钽 $5d^3 6s^2$ 180.9	74 W 钨 $5d^4 6s^2$ 183.8	75 Re 铼 $5d^5 6s^2$ 186.2	76 Os 锇 $5d^6 6s^2$ 190.2	77 Ir 铱 $5d^7 6s^2$ 192.2	78 Pt 铂 $5d^9 6s^1$ 195.1	79 Au 金 $5d^{10} 6s^1$ 197.0	80 Hg 汞 $5d^{10} 6s^2$ 200.6	81 Tl 铊 $6s^2 6p^1$ 204.4	82 Pb 铅 $6s^2 6p^2$ 207.2	83 Bi 铋 $6s^2 6p^3$ 209.0	84 Po 钋 $6s^2 6p^4$ 〔209〕	85 At 砹 $6s^2 6p^5$ 〔210〕	86 Rn 氡 $6s^2 6p^6$ 〔222〕	P O N M L K	8 18 32 18 8 2
7	87 Fr 钫 $7s^1$ 〔223〕	88 Ra 镭 $7s^2$ 〔226〕	89~103 Ac~Lr 锕 系	104 Rf 𬬻* $(6d^2 7s^2)$ 〔261〕	105 Db 𬭊* $(6d^3 7s^2)$ 〔262〕	106 Sg 𬭳* $(6d^4 7s^2)$ 〔263〕	107 Bh 𬭛* $(6d^5 7s^2)$ 〔264〕	108 Hs 𬭶* $(6d^6 7s^2)$ 〔265〕	109 Mt 鿏* $(6d^7 7s^2)$ 〔268〕	110 Ds 𫟼* 〔269〕	111 Rg 𬬭* 〔272〕	112 Cn 鿔* 〔277〕	113 Nh 鿭* 〔284〕	114 Fl 𫓧* 〔289〕	115 Mc 镆* 〔288〕	116 Lv 𫟷* 〔293〕	117 Ts 鿬 〔294〕	118 Og 鿫* 〔294〕		

	1	2	3	4	5	6	7	8	9	10	11	12	13	14	15
镧系	57 La 镧 $5d^1 6s^2$ 138.9	58 Ce 铈 $4f^1 5d^1 6s^2$ 140.1	59 Pr 镨 $4f^3 6s^2$ 140.9	60 Nd 钕 $4f^4 6s^2$ 144.2	61 Pm 钷 $4f^5 6s^2$ 〔145〕	62 Sm 钐 $4f^6 6s^2$ 150.4	63 Eu 铕 $4f^7 6s^2$ 152.0	64 Gd 钆 $4f^7 5d^1 6s^2$ 157.3	65 Tb 铽 $4f^9 6s^2$ 158.9	66 Dy 镝 $4f^{10} 6s^2$ 162.5	67 Ho 钬 $4f^{11} 6s^2$ 164.9	68 Er 铒 $4f^{12} 6s^2$ 167.3	69 Tm 铥 $4f^{13} 6s^2$ 168.9	70 Yb 镱 $4f^{14} 6s^2$ 173.0	71 Lu 镥 $4f^{14} 5d^1 6s^2$ 175.0
锕系	89 Ac 锕 $6d^1 7s^2$ 〔227〕	90 Th 钍 $6d^2 7s^2$ 232.0	91 Pa 镤 $5f^2 6d^1 7s^2$ 231.0	92 U 铀 $5f^3 6d^1 7s^2$ 238.0	93 Np 镎 $5f^4 6d^1 7s^2$ 〔237〕	94 Pu 钚 $5f^6 7s^2$ 〔244〕	95 Am 镅* $5f^7 7s^2$ 〔243〕	96 Cm 锔* $5f^7 6d^1 7s^2$ 〔247〕	97 Bk 锫* $5f^9 7s^2$ 〔247〕	98 Cf 锎* $5f^{10} 7s^2$ 〔251〕	99 Es 锿* $5f^{11} 7s^2$ 〔252〕	100 Fm 镄* $5f^{12} 7s^2$ 〔257〕	101 Md 钔* $5f^{13} 7s^2$ 〔258〕	102 No 锘* $5f^{14} 7s^2$ 〔259〕	103 Lr 铹* $5f^{14} 6d^1 7s^2$ 〔262〕

注：相对原子质量录自1999年国际原子量表，并全部取4位有效数字。